本书出版获以下资助：

乐山师范学院学术著作出版基金

乐山师范学院人才引进科研启动项目『宋代巴蜀名儒孝道思想研究』（80120520043）

刘延超 著

宋代巴蜀名儒 **孝道** 思想研究

A Study on the
Filial Piety Thought of
Famous Confucian Scholars in
Bashu during
the Song Dynasty

社会科学文献出版社
SOCIAL SCIENCES ACADEMIC PRESS (CHINA)

序　言

　　中华传统文化以"仁"为核心，以"孝"为根本，孝道伦理成为中国社会关系维系的基础，故中华民族崇尚孝道久成传统。在中国历史上，宋代堪称中国古代文化巅峰时期，经学、哲学、文学、艺术等领域的儒学名家辈出，耀若星河。与宋代思想文化盛况相比，元明清三朝逐渐走向衰落，故明末清初学者王船山云："二汉、唐之亡，皆自亡也。宋亡，则举黄帝、尧、舜以来道法相传之天下而亡之也。"[①] 陈寅恪亦评价宋代文化道："华夏民族之文化，历数千载之演进，造极于赵宋之世。"[②] 同时，因政治背景、时代背景之故，宋代亦是一个非常重视孝道的朝代，倡导以孝治国。太祖以"不得杀士大夫及上书言事人"[③] 奠国祚之基，宋高宗以推崇《孝经》和推行孝治续国之中兴，宋代文人士大夫思想活跃，热衷学术，倡导忠孝合一，心怀天下。

　　人杰地灵的巴蜀大地，忠臣孝子、文人雅士、乡绅名贤和节妇烈女不胜枚举，造就了巴蜀浓厚的崇尚忠孝之风。周代巴蔓子割头以践诺，汉代严君平常卜筮于市教人以忠、孝、悌之道。据《华阳国志》记载，巴地"其民质直好义，土风敦厚，有先民之流"[④]，又称蜀地"其忠臣孝子、烈士贞女，不胜咏述，虽鲁之咏洙泗，齐之礼稷下，未足尚也"[⑤]，又言巴蜀先贤士女"其耽怀道术，服膺六艺，弓车之招，旌旃之命，征名聘德，忠臣孝子，烈士贤女，高勘足以振玄风，贞淑可以方蘋蘩者，奕世载美"[⑥]，等

---

① 何新华：《中国外交史》下册，中国经济出版社，2017，第452页。
② 杜雅萍、时应禄：《中国用人史鉴》，中国言实出版社，2022，第185页。
③ 余耀华：《文青皇帝宋徽宗》，中国书籍出版社，2022，第1961页。
④ 常璩撰，刘琳校注：《华阳国志校注》卷三，巴蜀书社，1984，第223页。
⑤ 常璩撰，刘琳校注：《华阳国志校注》卷三，巴蜀书社，1984，第223页。
⑥ 常璩撰，刘琳校注：《华阳国志校注》卷十（上），第699页。

等，不胜枚举。由此可见，巴蜀德孝之风可谓久矣！迨至清代，巴蜀地区忠义、节烈、友爱"代不乏人，是蜀中风俗原非浇漓者比也"①，此种风俗，沿至于今。

终宋一代，土风敦厚、钟灵毓秀的巴蜀孕育了一大批名儒、名吏，其中代表人物有北宋的苏舜钦、王珪、苏轼、范镇、范祖禹，南宋的张浚、张栻、魏了翁、度正、李心传等。他们发挥各自所学、所思，纷纷在孝经学的阐释、孝道思想的阐发及践履方面"立德""立言"，成为宋代文化的一个亮点。

巴蜀独特的地理特征、思想文化特点和历史传统，决定了宋代巴蜀学术、思想乃至文化既具有宋代的共性，又具有其不可忽视的风格特色。有鉴于此，《宋代巴蜀名儒孝道思想研究》一书选取三十余名宋代巴蜀名儒，对其孝道思想及孝行展开细致的考察，并对其中的十几名名儒（名吏、名贤）进行了重点研究。其人物选取面广，且具有较强的代表性，文献搜集翔实，研究充分，值得肯定。在对宋代巴蜀名儒思想研究、孝文化全面性研究上，该书称得上是一部不错的学术著作。

综览全书，无论是在选题方面，还是在研究内容、研究方法等方面，是书都呈现出一定的研究价值和学术特色。

首先，在选题方面，《宋代巴蜀名儒孝道思想研究》一书具有较强的社会价值和学术价值。其一，社会价值。党的十八大召开以来，党和国家一贯把文化自信自强作为持久的精神力量，倡导社会主义核心价值观，川渝两地也在大力推动巴蜀文化大发展大繁荣的文化战略的实施，全面推进"巴蜀文化旅游走廊"建设。而该书的研究主题，不仅涉及中华民族优良传统的继承、公民的社会主义核心价值观的构建等方面的内容，同时又涉及对巴蜀文化内涵的深入挖掘和对巴蜀文化精神的弘扬，显而易见是紧密契合社会实际需求的。其二，学术价值。近些年来，学术界对《孝经》乃至孝道思想、孝文化的相关研究着力较多，且多从以下六个方面展开：一是从经学文献的角度对《孝经》开展研究；二是对某个历史阶段（如汉代、魏晋南北朝、唐代、宋代、清代等）开展孝道思想、孝文化、孝道伦理研究；三是从儒家思想的角度阐述伦理思想及孝道思想，不立足于某个具体

---

① （清）常明、杨芳灿修《（嘉庆）四川通志》，巴蜀书社，1984，第19页。

研究对象；四是从孝的某个方面（如家庭伦理、移孝作忠、现代价值或当代意义等）着重进行阐述；五是对某个具体地点的孝道传承、孝文化进行一般性、通俗性的研究；六是对某个名儒、家族及其孝道思想进行研究。因此，目前学术界关于孝道思想、孝文化的相关研究，基本上处于大量个案研究（某部经典、某人、某家族、某地域、某朝代）或通论性研究（如学术史、思想史）的层面，系统全面讨论宋代巴蜀名儒孝道思想的专门性论著尚付阙如。因而，从对宋代巴蜀名儒孝道思想综合性研究角度看，该书在一定程度上具有填补学术空白的价值。

其次，在研究内容方面，该书呈现鲜明的多角度交叉研究特色。在开展宋代巴蜀名儒孝道思想研究时，延超博士注重对文献的考察、分析，并从名儒本身及家族群体两个维度展开，围绕学术思想（家学）、家教、家风等方面体现的孝道思想展开论述，对一些代表性强、影响力较大的宋代巴蜀名儒的孝道思想研究用力较多。同时，作者又兼顾对这些名儒的家庭背景、家族关系及社会关系的梳理分析，以期多角度、全面地考察宋代巴蜀名儒孝道思想的特征，这在一定程度上确保了研究结论的可信度。

最后，在研究方法方面，延超博士注重对历史文献研究法的运用，从多方面搜集资料，如正史、文集、方志、族谱家谱、碑刻题记等，力求多层面、多角度地展开孝道思想研究。从纵向上看，研究的时间范畴兼及北宋、南宋两代，同时也在一定程度上考虑到宋代学术思想、孝道思想与宋代之前学者的承继关系。从横向上看，既兼及对《孝经》、名儒思想和家族传承的考察，又兼及对部分宋代巴蜀名儒展开比较研究。通过各种方法的运用，力求做到历史实证与逻辑推理相结合、定量分析和定性阐释相结合，从而较全面客观地归纳、概括出宋代巴蜀名儒学术特点及孝道思想诠释特征。

总之，该书是一部全面系统梳理、总结宋代巴蜀名儒孝道思想的专著，在该领域具有填补学术空白的价值。该书结构合理、内容翔实、材料丰富、论述允当，相信能为进一步挖掘巴蜀文化的丰富内涵起到积极作用。虽然书中对个别名儒的选取标准还有待商榷，对个别巴蜀名儒孝道思想的诠释、理解还有深入发掘的空间，但是从总体上来说，该书是一部具有开创性的、颇有益处的尝试之作。

刘延超博士早年毕业于四川大学古籍整理研究所，师从舒大刚问学，学养深厚，学术视野开阔，对巴蜀文化亦素有研究。我和延超博士的师兄潘斌教授是礼学同道，并通过潘教授认识了延超博士，有数面之缘，其间曾言及早年编纂过《五德：忠孝节勇和》。承蒙延超博士的信任，其书稿完成后，即赐下让我先睹为快，并索序于余。辞不获命，遂写下以上感想，权作此书序言。

邓声国

2023 年 3 月 28 日于井冈山大学

前　言

中华民族自古以来就非常崇尚孝道，早期许多以儒家经典为代表的古籍文献就体现了丰富的孝悌思想。这些思想都将赡养父母、敬爱老人作为孝的基本内容。在很大程度上可以说中华传统文化就是以孝为"根"的文化，中国传统社会是基于孝道的伦理社会。因此，对古代孝道思想展开研究，直接涉及对中国传统思想核心的探索。巴蜀自古人杰地灵，钟灵毓秀，忠臣孝子、文人雅士举不胜举，巴蜀大地有着浓厚的崇德尚孝之风。这种传统和风气与巴蜀文化的本质特征息息相关。巴蜀文化，作为植根于巴蜀地域的一种文化，在历史上与齐鲁文化、燕赵文化、湖湘文化等其他地域文化共同构成灿烂悠久的中华文化，既具有中国传统文化的一般共性，又具有鲜明的地域色彩，是长期以来巴蜀普通劳动者和一些优秀历史人物共同创造的结果，其蕴含着丰富的孝道思想，孝道思想及孝文化成为巴蜀文化的一个组成部分，并通过历史遗存、家训、家诫、族规、思想家著述、行迹等各种载体反映出来。可以说，巴蜀文化先天就具有孝的"基因"，巴蜀文化具有鲜明的德孝文化特征。

宋代是一个非常重视孝道治理的朝代，同时也是思想学术异常繁荣的时代。宋朝建立后，由于内外各种因素，最高统治者尤为重视以孝治国，希望以孝为根本而实现忠孝一体、家国天下的目的，为此采取了各种措施推广《孝经》及孝道思想。在此历史大背景下，众多学者和思想家发挥各自所学、所长，纷纷在研究孝经学、阐发儒家孝道思想、运用孝道思想齐家治国等方面"立德""立功""立言"，他们的努力成为宋代文化研究的一个亮点。巴蜀独特的地域色彩、思想文化特点和历史传统，决定了宋代巴蜀学术、思想乃至文化既具有宋代的共性，又具有其不可忽视的特性。针对宋代巴蜀名儒的孝道思想的研究即是在此前提下开展的。

其一，宋代巴蜀名儒的孝经学文本研究。对孝经学相关的文本内容及思想进行注解、阐发的著作虽然在宋代巴蜀学术研究中不占重要地位，但仍有可圈可点之处。根据史籍记载，从唐代到清末，巴蜀的孝经学著作有二十余种，其中宋代著作所占比重较大，知名学者就有句中正、李建中、龙昌期、史绳祖、张翌、任奉古、范祖禹等，他们都对《孝经》不遗余力地注解、阐发。对有籍可查的宋代巴蜀孝经学学者生平予以梳理，厘清他们的学术特点及对《孝经》思想阐发方面的特点，不难归纳、总结出宋代巴蜀名儒对《孝经》的研究具有以下基本特征：偏重于对《古文孝经》的研究；多对《孝经》开展义理性阐说；融合儒、道、佛思想，诸经汇通；重视经世致用，切合现实。

其二，宋代巴蜀名儒孝道思想研究。唐末五代藩镇割据引发的长期动乱导致大批外地士绅和学者避乱入蜀，为蜀地带来了各地的思想文化。入宋后，崇尚文治的治国方略和重用儒术、完善科举制度等政策环境推动了宋代巴蜀文化的繁荣。仅《宋史》记载的宋代巴蜀学者、思想家就在百名以上。巴蜀宋儒中久负盛名者就有眉山"三苏"及其后人苏过、苏元老等，铜山"三苏"（苏易简、苏舜钦、苏舜元），华阳范氏（范镇、范百禄、范祖禹、范冲等），华阳王氏（王珪等），华阳宇文氏（宇文虚中等），丹棱李氏（李焘父子），井研"李氏四杰"（李舜臣及其子李心传、李道传、李性传），绵竹"二张"（张浚、张栻），新津张氏（张唐英等），邛州魏氏、高氏（魏了翁、高斯得等），另外还有谯定、唐庚、文同、度正、鲜于侁、吕陶、刘光祖、家铉翁、黄裳等，不可尽举。他们有的在经、史、文学、艺术等领域全面发展，有的长于一方并取得成就，共同促进了宋代巴蜀思想文化的繁荣。总体来看，宋代巴蜀儒者不仅在文学、史学领域成就突出，在经学研究等方面也是成绩斐然，尤其在易学领域独树一帜。有的还在孝经学研究、孝道思想阐发方面有自己的特色。本书选取具有代表性的苏轼、苏过、张栻、魏了翁、文同、王珪、吕陶、家铉翁、度正等十余位名儒作为考察重点。通过对这些学者的著述进行考察，可以较为清晰地看到他们在孝道思想阐发方面的特点：都继承了先秦儒家对孝的基本认识；普遍具有以儒家思想为根本的深厚家学渊源；大多数名儒都深受家学中儒家伦理道德思想影响，同一家族中思想、操行相似的名儒、名士辈出，家族性特征明显；阐发孝道思想的重要目的在于实现天下大治，行曾闵之孝，致尧舜之治；重视孝道的践履，提倡知行合一。

其三，宋代巴蜀名儒家族孝道思想研究。宋代巴蜀名儒的成长有赖于其家族家教家风的涵养。宋代的巴蜀文化的一个典型特征是名家辈出，经学、史学、文学、艺术等各种领域百花齐放。同时，另外一个重要特征就是影响深远的名家望族众多，这些家族多绵延百年，代有人才出，并且一些家族成员还是历史上重要的政治家、思想家、文学家，形成了壮观的政治、学术家族林立的现象。本书选取具有代表性的名家望族进行研究，如眉山苏氏、华阳范氏、绵竹张氏、阆州陈氏以及新津张氏、丹棱李氏、井研李氏、铜山苏氏等，其在宋代政治、文化、社会生活中独树一帜。这些名家望族虽然各自具有个性特征，但同时也都具有宋代巴蜀大家族的共同特点，尤其在修身、治家、治学、为官思想中体现出深深的孝道思想的"烙印"。这些家族大多由外地迁徙入蜀，体现出鲜明的移民特征；大多兼具政治性和学术性特征，且以学术性家族居多；各种家学无一不以忠孝仁义思想为核心；都以参加科举考试起家，并累世进士（个别家族不乏状元）；家族命运与王朝命运和政治气候紧密相关，具有鲜明的士大夫精神和家国情怀；都重视以忠孝传家，在家训、家诫、家学、家风上强调儒家伦理道德；都有家族发展的核心人物和母教中心人物。从名儒个体入手，立足孝道思想，考察这些名家望族治家、兴家、发家和长盛不衰的深层次原因，可以借古鉴今，对当今亦有裨益。

本书的研究对象是特定朝代特定地域的孝道思想，即便如此，在阐述过程中，并不是将宋代与其前后各朝代、巴蜀与其他地域完全割裂而孤立地去考察，而是注重研究对象的纵向和横向脉络。不管是对宋代巴蜀名儒的孝经学文本开展研究，还是针对宋代巴蜀名儒所在的家族开展孝道思想研究，其落脚点都在对人物个体的考察研究上。因此，本书在阐述时，内容大体可以分为两类：一类是对宋代巴蜀名儒的背景梳理，这包括其家族背景、个人生平、师承及学术渊源等；另一类是对巴蜀名儒的著述、行迹中体现出的孝道思想进行论述，分析、研究他们孝道思想的共性和各自的特征。本书力图通过对一批具有代表性的宋代巴蜀名儒（政治家、思想家、文学家等）的考察，借助各种历史文献的佐证，得出宋代巴蜀名儒孝道思想所具有的普遍性及个性特征。

由于历史的和现实的各种原因，社会上尚有一些人对孝、孝道、忠孝等概念存在一定的误解。这也成为对相关领域研究不足的一个原因。为此，本书专门就宋代巴蜀名儒的孝道思想开展研究，力图在以下方面体现自身的特色。一是目前尚无专门研究宋代巴蜀孝文化或宋代巴蜀名儒孝道思想的学位论文或专著，从断代的角度较全面深入考察宋代巴蜀名儒孝道思想非常重要，亦具有可行性，因此，从选题上实现创新。二是从纵向和横向两方面开展比较研究，从研究方法上实现创新。通过兼顾《孝经》相关文献、名儒和家族的综合考察，可以加深对宋代巴蜀名儒的孝道思想特征的综合认识。三是在开展宋代巴蜀名儒孝道思想研究时，除了对巴蜀名儒本身的著述及行迹进行考察，还注重从名儒的家庭背景、学术背景、社会联系等方面梳理其孝道思想的共性和个性特征，对一些影响力大的宋代巴蜀名儒的孝道思想特点进行归纳，力求反映巴蜀名儒的主要思想特点，以体现研究内容上的创新性。四是对宋代巴蜀部分孝文化历史遗迹、名贤的孝德及孝行、名家望族的家族特点进行了梳理和归纳，以求通过材料铺陈，从直观上展示宋代巴蜀德孝风貌。五是巴蜀名儒和家族研究在内容上存在一定的交叉，为处理好此矛盾，在具体撰写时，在巴蜀名儒专题中重点研究的人物，在家族研究中相关内容论述从简，在上篇、中篇中提及较少的巴蜀人物，在下篇中论述就较多，以实现详略得当，避免前后内容的重复。

历史文献的研究注重对材料的科学客观分析，但古籍文献的不足和真伪混杂会在一定程度上影响对研究对象的判断。尤其是对宋代巴蜀名儒孝道思想的研究所涉及的文献材料比较分散，既有宋代巴蜀名儒的专著、文集，又有各种方志、谱牒，还有正史、别史中的记载，另外还有一些材料散见于古籍文献和今人汇编的著作中。因此，采用科学有效的方法搜集、整理、利用这些材料本身就是一个挑战。目前，学术界对宋代巴蜀名儒孝道思想或孝文化尚缺乏全面的研究，因此，本书也是在摸索中前行，难免会出现疏漏。本书通过对各类型相关材料的铺排、说明和阐述，多角度地挖掘文献中对研究问题有价值的观点，三个专题（宋代巴蜀孝经学研究、宋代巴蜀名儒的孝道思想、名儒会集的宋代巴蜀家族孝道思想）既相互独立，又存在密切联系。对众多宋代巴蜀名儒、名家族集中进行考察，从各种历史文献中挖掘宋代巴蜀名儒孝道思想相关内容，以探求宋代巴蜀文化中的德孝特征和宋代巴蜀名儒孝道思想的个体特征，力争在对宋代巴蜀名儒、名家族的孝道思想概括上有所创新，于当今社会主义精神文明建设有所裨益，是本书立论的意义所在。

目　录

引　论

儒、释、道文化构成中华传统文化的主体，其中尤以儒家文化为重。儒家所追求的以忠、孝、仁、义、礼、智、信等为主要内容的"修齐治平"思想成为中华传统文化的"文化基因"，并熔铸了中华民族的性格，影响中国人的思维方式、行为习惯。儒家思想乃至中华传统思想的核心为"仁"，而"仁"之本为"孝"，将"孝"视为至德要道，是践"仁"的基础和根本。尤其在古代的中国，建立在各种复杂的宗法伦理关系基础之上的社会联系及家族、宗族管理主要依靠孝道来协调、维持，以达到管理和控制人们思想和行为，保持社会正常有序的目的。可以说，几千年以来，中国社会就把赡养父母、尊敬长者作为孝的基本内容，将孝道思想作为修身养性、治学、从政、齐家治国的重要理论依据。故从某种意义上看，儒家思想是以包括孝道思想的儒家伦理思想为核心的多种思想的集合，中国传统文化实际上就是以孝为重要内容的文化，中国传统社会很大程度上就是奠定于孝道基础之上的人情社会、人伦社会。

中华民族自古以来就非常崇尚孝道，早期的许多儒家经典文献就体现了丰富的孝悌思想，孔子、孟子、曾子等儒家先贤就屡有相关论述。专门论述孝道思想的经典《孝经》就言孝悌"通于神明，光于四海，无所不通"[①]。曾子也说："夫孝者，天下之大经也……"[②] 先圣先贤将孝道抬升到至高无上的地位，认为其无所不通，无所不及，甚至可以感应万物，并将其定为"德之始"和立身之本，此种思想深刻影响历朝历代。如明清时期

[①]（唐）魏徵等合编《孝经·论语》，《群书治要》学习小组译注《群书治要译注》第七册卷九，中国书店，2012，第38页。（为行文方便，凡脚注中所引文献均于初次引用时注明信息，以下不再列举版本等信息，只注明书名及卷数、页数）

[②]（清）王聘珍撰《大戴礼记解诂》卷五二，王文锦点校，中华书局，1983，第84页。

作为重要启蒙读物的《增广贤文》就言"万恶淫为首，万行孝当先"①。可以说，离开了孝悌思想，儒家思想和传统文化就缺少了"根"和"魂"。作为中国古代较重要的礼仪的丧礼、祭礼都与孝道思想存在密切关系。《管子》言"抱蜀不言而庙堂既修"②，对其中"蜀"字，古代学者多训释为"祠器""宗器"，这句话大意指有德行的国君若能实行孝治，天下社稷便可得到有效治理。祠器，作为宗庙中祭祀祖先的礼器，天然地承载着孝道之义。

巴蜀自古人杰地灵，钟灵毓秀，忠臣孝子、文人雅士世代迭出，有着浓厚的崇尚忠孝之风。据笔者统计，《宋史》中"忠义"部分为近三十位宋代巴蜀人物作传，"孝义"部分为十余位巴蜀人物作传。一般认为，巴蜀文明教化始于汉代文翁治蜀，经汉代孝治，孝悌之行蔚然成风。但实际上，根据文献记载和近现代巴蜀大量的考古发现，在尧舜禹三代时期，巴蜀先民已经具有了早期朴素的孝悌观念。历经先秦，孝悌之道得以发展、完善。蒙文通、袁珂等先生认为《山海经》与巴蜀有较密切的渊源，该书《南山经》中载讙山之东的杻阳山有鹿蜀，"佩之宜子孙"③，即佩戴鹿蜀的皮毛有利于后世子孙，其蕴含生殖崇拜之意，孝道就源自生殖崇拜和生命崇拜。按书中所载，"杻阳之山"在"讙山"之东五百公里之外。清代吕调阳在《五藏山经传》卷一中注云讙山"即达穆楚克山"④，也是雅鲁藏布江的发源地。雅鲁藏布江在该古籍中被记为赤水，赤水以东五百公里外即今川、渝南部一带。可以设想，远古的巴蜀人民便将生殖、敬仰祖先观念寄托于一些器物之上，以表达其朴素的孝道思想。

为便于对宋代巴蜀名儒孝道思想进行深入考察，有必要先对"巴蜀"及其在本书中的具体应用、巴蜀文化的一般特征及孝悌特点、孝的相关概念的含义等进行简单交代。

关于本书中"巴蜀"概念的应用。关于"巴蜀"所指的地理空间范围，

---

① 赵萍编《朱子家训·增广贤文》，吉林大学出版社，2010，第21页。
② 黎翔凤撰《管子校注》，中华书局，2004，第25页。
③ 袁珂校注《山海经校注》，上海古籍出版社，1980，第4页。
④ （清）吕调阳述《五藏山经传》，李勇先编《中国历史地理文献辑刊》第九编第三册，上海交通大学出版社，2009，第264页。

蒙文通先生认为其"在历史上不同的时期有它不同的范围"①，比如先秦时的巴国、蜀国与汉武帝之后的巴郡、蜀郡在地域范围上就存在差异，所以，巴蜀的地理范围具有时代性。按照通行的说法，巴蜀包含古代蜀国和巴国两个区域，其地域范围分别为"以岷江流域为中心，北至今天陕、甘两省的南部，南至今天云南的北部"，"以嘉陵江流域为中心，北至今天的陕西南部，东至今天的湖北、湖南西部，南至今天贵州的北部"②。可见，在古代巴、蜀两国统辖的地域是很广阔的，涉及今天的滇、黔、川、渝、陕、甘、湘、鄂等区域。战国时的秦国司马错以之为"西辟之国"和"戎狄之长"③。彼时巴、蜀两国虽地处西南边陲，尚缺乏文明开化，但在当时已拥有相当影响力，其国力不可小觑。

为便于考察研究，突出重点，本书中所指巴蜀范围仅限于今四川、重庆辖区内。因今四川、重庆地区在历史上是巴蜀（巴国、蜀国）文化的核心区域，有史籍记载的与孝道思想、孝文化有关的宋代巴蜀名儒、名胜古迹在蜀地最为集中，该区域孝道思想及孝悌民风民俗最具有代表性，故以川、渝（以蜀中为重点）之地为研究范围，则可以点带面，归纳出宋代巴蜀名儒孝道思想的共同特征。

本书中所列举的宋代巴蜀名儒总体有四类。第一类是生于斯，长于斯，秉性和学识深受其家族、巴蜀地域文化和巴蜀学术影响，青年之后大多数时间是在外地为官、游学等。此类巴蜀历史人物为主体，如华阳范镇、眉山苏轼等。第二类是籍贯为巴蜀，受到父辈祖辈的影响，有的在巴蜀短暂生活过，但一生长期居住在外地，其治学仍与巴蜀有密切联系，如张栻、张璪等。第三类是迁徙至此，一生大多数时间定居、生活于巴蜀，在文化上融入巴蜀，其影响力也主要在巴蜀，如任奉古等。第四类是本身就是巴蜀籍人，且一生大多数时间都在巴蜀为官、讲学、生活，在治学、思想等方面具有典型的巴蜀特征，如魏了翁、度正等。

对巴蜀文化一般特征的认识。巴蜀文化源远流长，内涵丰富，不同的学者从不同的角度对其给予不同的解释。第一种是从考古学的角度，认为

---

① 蒙文通：《巴蜀古史论述》，四川人民出版社，1981，第 1 页。
② 袁廷栋：《巴蜀文化》，辽宁教育出版社，1991，第 23 页。
③ （汉）刘向辑录《战国策》卷三，上海古籍出版社，1985，第 117 页。

巴蜀文化是生活于川渝一带的巴人和蜀人生息繁衍过程中"所遗留下的具有独自特征的全部遗迹和遗物"①。广汉三星堆的发掘将巴蜀文化的起始年代提早到距今四千多年的相当于"新石器晚期到夏商之际"②的时间范围内。而这类定义，侧重从物质文化的角度考察历史遗存、器物，将其等同于考古文化，具有局限性。显然，一种文化应同时涵盖物质和精神两方面的文化成果。第二种是从物质文化和精神文化并存的角度定义巴蜀文化，认为巴蜀文化应是以"巴、蜀为主的族群的先民们留下的文化遗产"③，这是从历史性的角度定义，没有涵盖当前巴蜀人民创造的物质、精神文化成果，但比较而言，这个定义更具有科学性。为此，一些学者对巴蜀文化的准确定义展开了探讨。

巴蜀文化在历史上与齐鲁文化、燕赵文化、湖湘文化等其他地域文化一样，都是中华文化的重要组成部分，既具有中国传统文化的一般特征，又具有其鲜明的风格特色。学术界一般认为"巴蜀文化"这一命题始于20世纪二三十年代的考古发现，并于1941年由卫聚贤先生明确提出。徐中舒先生在《巴蜀文化初论》中将文献、考古和民族三方面的资料与方法融汇起来综合认识巴蜀文化的内涵。按照袁庭栋先生的观点，"巴蜀文化是一种以移民文化为载体的兼容"④。蒙文通先生在《巴蜀史的问题》中从巴蜀的地理疆域、民族成分、文化传统、经济中心的转移等方面阐述了巴蜀文化的内涵，认为巴蜀文化具有典型的重辞赋、崇黄老、精历律、擅卜筮特征，巴蜀文化在汉初文翁兴学之前就很发达⑤。郝明工先生认为巴蜀文化是在"器物层、制度层、心理层这三个层面上进行过两极区间的构成发展，而形成以巴人与蜀人为起源的实存性文化现象"⑥。段渝先生在《巴蜀文化与汉晋文明》一文中认为巴蜀文化肇始于先秦古文化，与方术神仙家结缘，汉代伴随儒学影响，巴蜀文化实现转型，深受道家思想影响⑦。宋治民先生也

---

① 徐中舒编《巴蜀考古论文集》，文物出版社，1987，第1页。
② 徐中舒编《巴蜀考古论文集》，第3页。
③ 段渝主编《巴蜀文化研究》第三辑，巴蜀书社，2006，第8页。
④ 袁庭栋：《巴蜀文化志》，巴蜀书社，2009，第15页。
⑤ 蒙文通：《巴蜀史的问题》，《四川大学学报》（哲学社会科学版）1959年第5期。
⑥ 李诚主编《巴蜀文化研究》第一辑，巴蜀书社，2004，第13页。
⑦ 详见李诚主编《巴蜀文化研究》第一辑，第24~35页。

是从考古学的角度定义巴蜀文化为古巴地和蜀地的考古学文化①。谭继和先生从地域上也对巴蜀文化做了明确界定。他认为，巴蜀文化主要存在于长江上游的北至甘肃天水、陕西汉中，南到云南东部、贵州西部的广大区域，是"具有从古及今的历史延续性和连续表现形式的区域性文化"②。他进一步认为巴蜀文化具有开放性、整体性、开创性与完美性相结合的特征，"其顺应了社会结构转型和更新的超前性、冒险性精神"③。杨世明先生认为巴蜀文化是巴文化与蜀文化的结合体，其具有物质文化发达、崇尚文化教育、宗教气氛较浓、涵容性和反抗性较强、不平衡性明显④等五个最根本的特点。林向先生在《近五十年来巴蜀文化与历史的发现与研究》一文中认为对巴蜀文化的准确认识，学界仍有很多争论，"泛巴蜀文化"的研究包括基于巴蜀地域性文化模式的文化传统、科学技术、心理素质、风土民俗等各个方面⑤。20世纪90年代以来，以谭洛非、谭继和、袁庭栋为代表的一批学者提出广义的巴蜀文化新概念，即"从古至今的四川文化"⑥，那时的四川辖区也包括今天的重庆。由上可以看出，学术界对"巴蜀文化"的认识既具有一致性，又存在一定差异。

综合学术界的观点，本书认为，从广义上讲，巴蜀文化是在巴蜀地域，尤以今四川、重庆为核心区域的地域范围内人民所创造的，具有浓郁地域色彩的所有物质文明和精神文明成果的统称，是中华文化的重要组成部分。

关于孝、《孝经》、孝道与孝文化。在长期的中国社会里，"孝"是子女善待父母长辈的一种重要的伦理道德行为，是一种自小就具有的道德意识和思想观念，是一种具有普遍性、约束力的道德规范。"孝"字的产生天然跟子女对老人的孝顺紧密相关。金文中"孝"的表意字形"像小子侍奉老人之形"⑦，其表达的含义就是"孝敬"。《说文解字》解释孝为"善事父母者"⑧，其结构与"老""子"有关，就含有子女奉养老人之意。《尔雅》也

---

① 宋治民：《蜀文化与巴文化》，四川大学出版社，1998，第1页。
② 谭继和：《巴蜀文化辨思集》，四川人民出版社，2004，第87页。
③ 谭继和：《巴蜀文化辨思集》，第92页。
④ 杨世明：《巴蜀文学史》，巴蜀书社，2003，第7~12页。
⑤ 李绍明、林向、徐南洲主编《巴蜀历史·民族·考古·文化》，巴蜀书社，1991，第18页。
⑥ 文玉：《巴蜀文化研究概述》，《中华文化论坛》1994年第1期。
⑦ 马如森：《殷墟甲骨文实用字典》，上海大学出版社，2008，第199页。
⑧ （汉）许慎撰《说文解字》卷八上，（五代）徐铉校定，中华书局，1985，第275~276页。

载："善父母为孝，善兄弟为友。"① 这也指出对待父母的态度要"善"，实际这也是"孝"的内涵所在。《礼记·祭统》言"孝者，畜也"②，并认为顺乎人伦之道就是"畜"，道出了孝之本意是既要能尽生时之养，又要不逆于人伦，承顺乎亲。孔子和孟子还赋予孝以新的内容，将尊敬父母作为第一要义。如《论语·为政》曰："至于犬马，皆能有养，不敬，何以别乎?"③ 其强调践行孝道与尊敬的态度紧密相关，表明只是供养而不尊敬，就与养动物无异。《孟子》亦云"孝子之至，莫大于尊亲；尊亲之至，莫大乎以天下养"④，也指出了尊亲和倾其所能奉养父母在践行孝道方面的重要性。曾参更进一步将孝分为"大孝尊亲，其次弗辱，其下能养"⑤ 三等，将尊重放在第一位，而单纯的奉养排在"孝"之末。由此可见，自古以来中国都把对父母、对老人的尊敬、奉养作为孝悌之道的基本内容。很大程度上可以说，中华传统文化就是以"孝"伦理为根本的文化，中国传统社会实质就是"孝"伦理社会。

作为阐述孝道思想的儒家经典，数千年以来，《孝经》就一直受到人们的重视。特别在古代，学习者、研究者、为政者奉之为"宝典"，研读、阐释乐此不疲，形成了数量可观的《孝经》及孝道思想研究著述。《孝经》是创作和初传于先秦时期，并由儒家集中阐述孝道思想、孝治思想的一部著作，"是善言善行之总纲，它总统'六艺'，贯穿'五伦'……举莫驰乎其外"⑥。由于距今甚远，相关文献不充足，目前学术界对《孝经》的作者究竟是谁存在不少争议，归纳起来，有孔子、孔子门人、曾参、曾子门人、齐鲁间陋人、子思、孟子、汉儒等不同的说法，但不管哪种观点，《孝经》中蕴含的丰富思想及其在历史上的地位并不因此受到影响。可以肯定的是，该书跟孔子及其传人有着直接或间接的关系。本书认为，《中国孝经学史》所持孔子作《孝经》说更有说服力。

古代统治阶层将《孝经》作为治国安邦之"政典"，平民百姓将之作为

① （清）郝懿行撰《尔雅义疏》，吴庆峰等点校，上海古籍出版社，1983，第516页。
② （清）阮元校刻《十三经注疏（附校勘记）》下册，中华书局，1980，第1602页。
③ 《十三经注疏（附校勘记）》下册，第2462页。
④ 《十三经注疏（附校勘记）》下册，第2735页。
⑤ 《十三经注疏（附校勘记）》下册，第1598页。
⑥ 舒大刚：《中国孝经学史》，福建人民出版社，2013，第2页。

修身治家之"准绳",其规范着整个社会的伦理道德秩序,正如唐代蜀人赵蕤所言,孔子作《孝经》是"美乎德行。防萌杜渐,预有所抑,斯圣人制作之本意也"①。他认为预防恶行、美化德行是《孝经》的写作目的。可以说,《孝经》虽然只有短短的不到两千字,但在中国古代两千多年的时间里是一部启蒙开智、修身养德、治国齐家的必读书。

关于《孝经》成书及作者问题,学术界有多种观点。《中国孝经学史》一书对《孝经》成书诸说有较详细的评述,并认为"诸说之中以'孔子作'之说最为早出,也最切近情理"②。该书综合各家学说,梳理了历史上及当今学术界九种观点。由于学术界关于《孝经》的成书及作者之论甚多,在此不赘述。总体来看,本书也认为《孝经》为孔子作之说最为可信,只是今天看到的《孝经》,在文字、结构上兴许经过了战国诸儒、汉儒的修订和润饰。

《孝经》作为阐述和宣扬孝道思想的经典,在汉代时便存有经古文派和经今文派之争。对此,《汉书·艺文志》有相关记载:"武帝末,鲁恭王坏孔子宅,欲以广其宫,而得《古文尚书》及《礼记》《论语》《孝经》凡数十篇,皆古字也。"③ 其他文献对《孝经》的记载多据此。《汉书》又载:"汉兴,长孙氏、博士江翁、少府后仓、谏大夫翼奉、安昌侯张禹传之,各自名家。经文皆同,惟孔氏壁中古文为异。"④《汉书》认为古文《孝经》是发现于孔子旧宅壁中,这是古文《孝经》来历最常见的说法。而今文《孝经》,据说是秦代河间人颜芝因遭秦焚书而藏,汉代惠帝时期由其子颜贞因"除挟书律"所献⑤,因采用汉代的文字书写,且篇幅为十八章,与古文本二十二章相异,故称为今文本。在内容方面的主要区别是古文本有《闺门章》,总共一千七百八十二字,今文本无《闺门章》,今文本多出四百余字。目前学术界多认为古文本当出于战国末,今文本成于汉初。具体而言,古文《孝经》主要版本有孔壁本、许氏父子注本、郑仲师注本、马融注本,还有刘炫伪撰孔传本、日本流传到中国的伪刘炫本。今文《孝经》

---

① （唐）赵蕤撰《长短经全注全译》上册,李孝国等注译,中国书店,2013,第1页。
② 舒大刚:《中国孝经学史》,第30页。
③ 《汉书》第6册卷一〇,中华书局,1962,第1706页。
④ 《汉书》第6册卷一〇,第1719页。
⑤ 舒大刚:《中国孝经学史》,第99页。

的主要版本有刘向校订本、郑玄注本、颜芝本、荀勖集注本、皇侃义疏本、唐玄宗注元行冲正义本，以及邢昺校订本，其中郑玄注本就有郑玄原本、宋时高丽进本、王应麟辑本、臧庸辑本、严可均辑本、乾隆间日本传中国的郑注伪本[①]。可见，《孝经》的版本是非常复杂的。这也说明，在古代，无论是统治阶级，还是学人，都对《孝经》这部经典非常重视，而乐于为此作传作注。正因为如此，《孝经》各种版本才得以流传，各有短长。

《孝经》作为儒家"十三经"之一，全文不到两千字的篇幅包含了系统完整的孝道思想体系，这些孝道思想包括孝为德之根本、移孝可以作忠、事亲以敬和事死哀戚、孝亲要尽礼、父失则谏等，并提出了天子、诸侯、卿大夫、士、庶人等五个阶层正确对待孝的态度及孝行规范。几千年以来，《孝经》对中国社会的影响深远，即使到今天，其中的一些孝道思想，如报答父母的养育之恩、珍视生命、犯颜谏诤等仍是人们应遵循的准则。正是如此，《孝经》阐述的这些思想千百年来一直引导着人们的伦理道德规范和行为准则。概括起来，《孝经》的主要思想表现在以下几方面。

一是孝的本质、根源和意义。《孝经》的《开宗明义章》集中阐述了孝的概念、根本和宗旨。关于什么是"孝"，《孝经》认为孝是德之根本，教化都因此而起。关于孝的作用，《孝经》认为孝为"至德要道"，用来引导、教育和感化民众，以达到维持社会秩序和统治秩序的目的。完整的"孝"应伴随人生始终，"孝"有先后之别，事亲、事君、立身三者是其顺序。《孝经》将"孝"提高到至高无上的地位，认为孝是天地自然存在、人伦运行、社会秩序构建的准则，是人们行为的法则。孝的根源在于人的本性，是一种自然情感的流露和表达，是协调维护家庭伦理秩序的一种重要方式。当人类社会进入阶级社会后，"孝"又增加了协调和维护统治阶级和被统治阶级关系的重要功能。一方面，对统治阶级来说，"孝"可以使天下保持和平，避免祸乱的兴起。统治者率先垂范孝道，可以受民众敬畏爱戴，百姓会以之为榜样而努力效法，从而达到顺利推行教化和政令的目的。另一方面，对普通民众来说，"孝"可以调节家族和宗族伦理关系，以达到引导良好社会风气和移孝作忠的目的。孝的作用如此重要，无怪乎《孝经》认为，天地万物中最贵重的是"仁"，孝行是人所有行为中最为重要的。

---

① 王玉德：《孝经与孝文化研究》，崇文书局，2009，第83页。

二是对孝的内容和目标做出了规定。《孝经》认为，践行孝道的主体存在差别，不同的主体因职分不同，而在行孝的具体内容上存在差别。因此，它将孝的内容由下至上划分为庶人之孝至天子之孝五种类型。在践行孝道的具体内容上，天子要以爱敬之道事亲，并施加于天下百姓；诸侯要避免自高自大、奢侈腐化；卿大夫的一切言行都要合乎礼法；士要永远保持忠诚和顺从之心；庶人要谨慎遵礼、勤俭持家、赡养父母。值得注意的是，虽然"五孝"的具体表现不一样，但其实质是一样的，即从天子到庶人只要能够从始至终认真践履孝道，就能够达到尽孝养德的目标。这样个人不仅扬名于后世，还能够光宗耀祖。五种类型主体几乎涵盖了古代社会的全部群体，五种不同职分的"孝"在内容上既相区别又有重叠之处。天子、诸侯、卿大夫属于统治阶级，士、庶人是平民。很显然，《孝经》的初衷主要是站在统治者立场上的，但即便如此，《孝经》中的一些思想也适用于全社会各个群体，包括普通劳动者。《孝经》提供了践行孝道的行为准则和总体方法，其对中国传统社会具有普遍价值。

三是践行孝道的原则和具体方法。虽然孝的具体内容分五种，但不同身份、地位的人在践行孝道时却遵循着同样的原则，在具体方法上既有共同点，又有不同点，《孝经》就此都有明确的阐述。它认为，对父母要履行敬养之义务，在照料父母日常起居、供养日常所需、生病看护、父母亡故、祭祀父母亡灵时要体现出发自内心的爱和敬，这种爱和敬是一种真情的流露。当父母有过错时应及时劝谏，若劝谏无效，也应恭敬对待如一。孝敬父母，除了要尽赡养义务外，更重要的是要"扬名显亲"，以不辱没父母。所以，在践行孝道上，应切实做到在照料父母生活时要尽最大的敬意和善意，提供饭菜饮食时要保持最愉悦、最真诚的神情，照料生病的父母时要表达出极度的忧虑心情，为父母服丧时要极尽悲哀凄切的感情，祭祀父母亡灵时要极尽崇敬庄重的感情。换言之，不管处于哪个阶层，事亲尽孝都要坚持"致敬、致乐、致忧、致哀、致严"的基本原则，"敬爱""合礼"是践行孝道的关键要素。

历朝历代学者通过不断地为《孝经》文本作注，阐释其微言大义，以供统治者治国安邦和寻常百姓修身齐家之用。宋代巴蜀学者也积极致力于孝经学的研究，并屡有建树。

孝文化是中华传统文化不可或缺的一部分，崇尚孝道是中华民族传统美德的重要内容，孝道也是中国人在家庭生活、社会生活中的具体行为准则，从总体上深刻规正着中国社会道德伦理秩序和社会风范。关于孝文化，学术界也对其做出不同的定义。本书认为，不管对其如何定义，它都应包括中国人特有的孝意识、孝行为的内容及践行方式，涉及历史进程中与孝有关的物质和精神财富，塑造中华传统文化的主流价值观。它主要包括三个层次。一是与孝有关的物质文化成果，如能体现孝道思想的古籍、方志、谱牒、家书、书信、告示、祠堂、牌坊、祠庙、碑刻等，这些物质成果渗透着孝文化的深刻内涵和意蕴，体现了长期以来人们的孝道思想和孝行生活轨迹，记录和承载着人们丰富的伦理道德和情感，具有重要的研究价值。二是维系家族、宗族伦理关系的家规家训家法、族规族训和相关礼节、仪式等。这些规训、仪式等以孝道思想为基础，或用文字资料记载，或以言传身教等形式传递，以宗法伦理为原则，维系和控制着人们的思想和行为，使家族保持着一种良好的秩序和规范，是长期以来在小农经济条件下古代社会重要的管理方式，具有重要的历史研究价值。三是人们长期形成的，在社会活动和思想活动中体现出来的孝的价值观念、孝的审美志趣等。如在巴蜀大地上形成和发展的巴蜀文学、巴蜀哲学、巴蜀的宗教、巴蜀先民的信仰、民情风俗等都对巴蜀孝道思想、孝道践履、孝文化的产生和形成起到了重要作用，巴蜀孝道文化与其他文化一样，具有鲜明的历史性和地域性特征。

"巴蜀人士重德兴孝，早成传统"[①]，巴蜀的名儒和学者在研习儒家"五经"的同时，对《孝经》也格外重视。实际上，除了历代史书、方志的记载，巴蜀的一些神话传说、历史遗迹遗存和近现代的一些考古发掘出土文物都印证了巴蜀孝德传统历史悠久，德孝之风浓厚。

对巴蜀德孝传统的研究可以远溯至先秦时期，甚至更早的时期。实际上，至今巴蜀流传的一些耳熟能详的远古神话传说，都带有深刻的孝悌意蕴。一是与大禹有关的巴蜀神话传说，如禹出生地、禹与大石崇拜、大禹治水功绩等传说。《虞、夏、商、周的孝悌文化初探》一文对上古的孝悌思想的萌芽、形成进行了分析，认为孝悌思想萌芽于尧舜时期，忠孝思想滥

---

① 李诚主编《巴蜀文化研究》第二辑，巴蜀书社，2004。

觞于夏后氏时期，悌道大昌于殷商时期，孝悌观念至周而大备①。该文根据各种文献佐证、分析，得出结论，认为《孝经》继承和采纳了夏代的遗法，夏代时孝道已流行。而夏代的开创者启是禹的儿子，可见大禹在忠孝观念发端期的重要性。大禹在古代巴蜀民间享有崇高的威望，所以，其与忠孝有关的传说无疑会对早期蜀民信仰产生重要影响，一些古籍文献中的记载也对这些神话传说给予了一定程度的印证。据《（雍正）四川通志》载，相传大禹出生遗迹处"石上有迹，俨然人坐卧状"②，附近有洗儿池，洗儿池中"白石累累，俱有血点浸入，刮之不去，相传鲧纳有莘氏女，胸臆坼而生禹，石上皆是血溅之迹"③。作为古代的至德先王，禹出生的传说渲染了母亲生子的痛苦，对这一事的美化和歌颂反映了原始的生殖崇拜和天然的母子之情，承载了孝的含义。之后禹为治水，即使闻儿子启呱呱啼叫声，仍"三过其门而不入"，其心系天下，勤恳为民，体现了朴素的忠孝思想。《蜀王本纪》云"于今涂山有禹庙，亦为其母立庙"④，想来涂山禹庙是为纪念大禹之功绩，为大禹的母亲立庙，也体现了人们对母亲的孝思和纪念。较早的文献《洪范》中记载"鲧则殛死，禹乃嗣兴"⑤，故之后历代认为鲧和禹乃父子关系，一些学者认为大禹治水神话传说发生地当在巴蜀，至少其活动重要区域涵盖巴蜀，至今巴蜀大地还存有很多与大禹有关的遗迹。儒家认为，作为孝子，父母生时要尊重父母，尽心事亲。父母死后，要谨守父命，不辱其亲，为父祖扬名。当鲧治水失败后被殛于羽山，大禹忍辱负重，承父志，终毕千古之功。孔子曰："父在，观其志；父没，观其行；三年无改于父之道，可谓孝矣。"⑥ 孔子将"孝"与是否继承父志联系起来。《礼记·祭义》亦云："不辱其身，不羞其亲，可谓孝矣。"⑦ 在这里，儒家

① 详见舒大刚《虞、夏、商、周的孝悌文化初探》，《西华大学学报》（哲学社会科学版）2010年第4期。
② （清）黄廷桂等修纂《（雍正）四川通志》卷二七，《景印文渊阁四库全书》第560册，台湾商务印书馆，1986，第488页上栏。
③ （清）张邦伸撰《锦里新编》卷一四，巴蜀书社，1984，第285页。
④ （汉）扬雄：《扬雄集校注》，张震泽校注，上海古籍出版社，1933，第256页。涂山为今何地，学术界争论不一，但《华阳国志》《后汉书》《水经注》《太平寰宇记》等典籍中记载该地在今重庆境内。
⑤ （宋）胡瑗撰《洪范口义》卷上，中华书局，1985，第4页。
⑥ 《十三经注疏（附校勘记）》，第2458页。
⑦ 《十三经注疏（附校勘记）》，第1599页。

将不辱没其亲作为"孝"的重要标准。后来唐代白居易进一步发挥道:"继父志,扬祖德,此诚孝子顺孙之道也。"① 他认为行"孝",不仅要继承父祖辈的志向,还要继承父祖辈的德行。大禹的行为可谓子承父志、不辱其亲之忠孝观的很好的诠释。大禹在民间的地位神圣,广受敬仰,巴蜀文化就不可避免地烙上了对大禹孝行崇拜的印记。二是蚕丛石室的传说。"蚕丛始居岷山石室中"②,蜀王始称王者的蚕丛先天就与石结缘,之后蜀人祖先沿岷山河谷一路迁徙至平原地带,在巴蜀境内留下了很多大石遗迹(包括石棺、石椁等),死后都与石相伴而葬。蚕丛在古蜀人中享有神圣的地位,又被视为祖先。与蚕丛和古蜀人密切相关的石头就像神一样被蜀人供奉和崇拜,这种现象体现了古蜀人的一种至高精神信仰——对祖先的追思和顶礼膜拜。生于石室,终于石棺、石椁,在古蜀先民的精神世界里,石头就是生命之源,那些大石显得恢宏壮观,凸显出他们对石神的至高情怀,也就是对这种生命初始的神圣认识。这种感恩生命、追思祖先的情感恰恰体现了孝道的慎终追远的原初之意。古蜀人将承载对祖先缅怀之情的大石当神灵一样供养、祭祀。而今,成都平原一些地方就以大石闻名,并流传着许多与之有关的神话传说、远古故事。三是李冰父子治水的相关传说。李冰作为秦昭王时蜀之郡守,其治水事迹本是史实,但李冰勇斗江神、李二郎锁孽龙等神话,使之蒙上了一层神秘面纱。治水功绩使李冰世受尊崇。两千年来,李冰被像神一般供奉,被视为巴蜀人民的信仰符号——川主,享受蜀王一般的待遇,其子二郎随父治水,一样享受世代祭祀。不管二郎是否确有其人,就所流传之事迹而言,他子承父志、不畏艰险,协助父亲消除水患,与大禹一样彰显着孝道的光辉,其事迹对巴蜀文化影响至深。《中庸》曰:"夫孝者,善继人之志,善述人之事者也。"③ 无论是大禹之于鲧,历代蜀王、蜀民之于蚕丛,还是二郎之于李冰,都共同体现了这点。四是再晚些时候的类似于巴蔓子"割头保土"的系列传说,这些传说事迹培育了巴蜀人民特别是巴民忠信勇武的性格,而忠与孝紧密相连。巴蜀这些远古神话、传说呈现出的原初孝道之意,塑造了巴蜀人民的信仰世界,对巴蜀文化

---

① (唐)白居易撰《白氏长庆集》卷二四,《四部丛刊初编》,上海商务印书馆,1935,第127页。

② 肖平:《古蜀文明与三星堆文化》,成都时代出版社,2019,第161页。

③ 《十三经注疏(附校勘记)》,第1629页。

形成和展现自己的独特个性起到了重要作用。

近现代以来，巴蜀大地的考古发掘不断取得成就。学术界对其中一些发掘物进行研究，研究表明早在秦汉之前的巴蜀社会就与孝道密切相关，或者至少与之存在某种密切联系。孝这种道德意识，是原始生殖崇拜和祖先崇拜的产物。因此，可以由巴蜀的一些考古发现是否体现出这两个方面的含义，判断出早期巴蜀文化是否与孝道思想紧密相连。一是古巴蜀人奇特的墓葬方式——大石墓葬、船棺葬和悬棺葬，一些学者就认为这些墓葬方式体现了一种祖先崇拜和孝道的含义。20 世纪 70 年代在川西南发现了大石墓葬群，学者根据技术手段认为其时间上限早至春秋，下限至东汉[①]，墓葬中有着血缘关系的人葬于一处棺椁之内，生同室，死同穴，这与后世旌表的孝行类型中"四世同堂""五世同堂"，甚至家族数百口不异居有同样的含义。有学者认为大石墓葬反映出的大石崇拜可能体现了当地民族的先民希望达到的镇墓守灵抵御侵扰和庇佑子孙、六畜兴旺发达的双重目的[②]，这种墓葬方式至少受到古蜀先民大石崇拜的影响。父祖辈死后，为之举行特殊的葬礼，也寄托了生者对死者的一种孝思和祝愿。船棺葬这样一种丧葬形式同样具有孝道含义。根据各种史料记载，学术界认为巴蜀在历史上经常发生洪水，成都平原曾是一片泽国，大禹治水、鳖灵治水、望帝治水、李冰父子治水等证明了这点。水对巴蜀先民而言有着一种神圣的魔力。冯汉骥等诸位先生在《四川古代的船棺葬》中叙述，20 世纪 50 年代在川渝的广元昭化、巴县冬笋坝等广大区域就发现了船棺墓葬群[③]。后来在成都商业街、蒲江、新都、大邑、什邡、荥经等地也陆续发现了船棺墓葬。一些学者就认为，巴蜀先民长期沿水而迁，濒水而居，对水有种天然深厚的情感。这种墓葬形式体现了巴蜀先民渴望逝世的先辈或亲人能在水中转世轮回的愿望，这是子女孝道情感的自然体现。《华阳国志·巴志》就记载巴地宕渠郡军民常在三月到水上去祭祀客死他乡的本土先贤冯绲、李温等人的现象。在重庆奉节到湖北宜昌一段长达两百余公里的高山峡谷区域，分布着不少悬棺葬遗存，有学者据文献资料考证，认为这些悬棺葬应当是廪君蛮中蜑、

---

① 刘世旭：《川西南大石墓与巴蜀文化之比较》，《四川文化》1990 年第 2 期。
② 刘世旭：《试论川西大石墓的起源与分期》，《考古》1985 年第 6 期。
③ 冯汉骥等：《四川古代的船棺葬》，《考古学报》1958 年第 2 期。

獠族的丧葬遗存①。另外，在乌江及其支流沿线区域，以及重庆涪陵地区，嘉陵江及綦江流域汉族和巴、濮、賨、僚等族生活的一些区域，安宁河流域，今宜宾高县、珙县、长宁、筠连、庆符等地也发现悬棺葬遗存，这些悬棺的时间跨度远至春秋、战国，近至元、明。学术界对悬棺墓葬方式的解读有为孝说、身份说、护墓说、升天说等，笔者认为，不管哪种观点，都无一例外地表达出对已逝祖先父辈的崇拜、孝敬和对亲人的挚爱，以及渴望祖辈和亲人灵魂进入"神仙天国"之意。例如，早在唐代，就有关于今川南一带悬棺的记载，五溪蛮族人的父母死后，家人"自山上悬索下柩，弥高者以为至孝，即终身不复祀祭"②，在这种孝道思想意识的支配下，各家纷纷在依山傍水的悬崖上挂高棺木，从而形成了这样一种奇观。二是一些出土文物也体现了生殖崇拜、祖先崇拜等孝意识和观念。20 世纪在广汉出土了各种古玉，有学者就认为这些玉或许是拿来遥祭山神的，确切地说就是岷山乃山神圣地。③ 岷山为古蜀王、古蜀人祖先所居之地，祭祀山神同样寄托了对先祖的崇敬和缅怀，是对祖先的一种孝思。

对巴蜀孝文化、孝道思想的研究有着可以凭借的丰富的物质载体，这些物质载体是历朝历代巴蜀物质文明、精神文明不断发展的产物。唐至宋这段时期，既是古代社会文化高度繁荣时期，又是孝道思想臻于完善和定型的时期。尤其在宋代，思想文化领域可谓"百花齐放"，特殊的历史背景、学术背景和众多优秀的思想家自身的努力都对文化的兴盛起到了重要的推动作用。由此，巴蜀学术领域也迎来了空前大发展时期，涌现出一大批杰出的巴蜀思想家和学者，他们在思想领域对各种理论学说进行争辩、融合、吸收和再造，对孝道思想也屡有阐发。所以，宋代巴蜀的孝道思想既具有宋代的共性，又具有巴蜀的地域特殊性。孝道思想在稳定和协调巴蜀社会秩序、家族和家庭关系，以及丰富和发展巴蜀文化等方面发挥了重要作用。巴蜀名儒的孝道思想同时反映在巴蜀大地不同的物质载体中。这些载体主要包括以下几种。

各种历史遗迹遗存。一是各种古籍文献。巴蜀文人文集、专著、四川

---

① 董其祥：《四川悬棺葬的研究》，《西南师范大学学报》（人文社会科学版）1981 年第 1 期。

② （唐）张鷟：《朝野佥载》，中华书局，1979，第 40 页。

③ 郑德坤：《四川古代文化史》，巴蜀书社，2004，第 61 页。

各地方志、谱牒、家书、家信等，这些古籍文献中不仅仅有大量直接对孝道、孝行方面进行记述的内容，还有为人处世、交友、修身、治家、教育等方面的内容，这些内容同样蕴含着丰富的孝道思想。如宋代苏洵撰的《苏氏族谱》、宋代史书中巴蜀人物传、四川方志中《孝义》《节孝》人物传等直接阐发孝道思想的文献和文字，是研究宋代巴蜀孝道思想的重要材料。二是与孝道、孝文化有关的碑记、碑刻（见附录一），这些碑刻有着特殊的学术价值和研究价值。北宋华阳人范祖禹书写的重庆大足北山古文《孝经》石刻、五代孟蜀石经中的《孝经》石刻、孟蜀时句中正所书三体《孝经》石刻、宋代安岳人杜孝严撰写的石刻《清流杜氏宝田铭》，以及在历史上分布于巴蜀大地的孝子碑、孝义碑、墓志铭等碑记、题刻，反映了宋代及宋代前后巴蜀孝道思想研究的成果、社会价值导向和社会风尚。三是与孝道、孝行有关的名胜古迹。此类遗存举不胜举，前面提到的各种碑记、碑刻本身也属名胜古迹，另外还有与孝道、孝行有关的神话传说，与历史人物存在联系的各种遗存（如石窟寺、摩崖题刻等），如潼川府的宋徽宗御书《孝经》碑、宋代易名并始建的德阳孝感庙等。这些历史遗迹有的至今尚存，有的已经不存，它们为引导当地社会风气、发挥孝道思想的教化功能起到了重要作用。四是祠庙、牌坊。在宋代，统治者出于管理、训导民众的目的，修建了一些纪念、表彰弘扬孝道和孝行的人物的祠堂、庙宇、牌坊，其作用不外乎纪念"先圣先贤，忠孝节烈之伦，凡光昭祀典，有裨于民生风化者"①。另外巴蜀各地的节孝牌坊、忠孝牌坊、孝妇牌坊等，也有弘扬孝道、表彰孝行的意义。因年代久远，宋代的这些历史遗迹留存无多，现存的基本是明清时期的，此类建筑的历史作用虽然具有消极的一面，但在历史上对敦正社会风俗、规范社会秩序还是起到了一定积极作用。

家训、家诫、族规等。在中国古代几千年里小农经济占主导地位的背景下，维系社会关系的重要方式是靠建立起来的各种家族宗法制度，而这种制度的最重要的内容便是以孝悌为核心的伦理道德。在这种制度下，国家治理实际上是一种家族治理，家国同构的组织体系非常健全，"血亲—宗法"关系统领家族、国家成为最典型的特征。家族是社会的最主要的"细

---

① 《（道光）保宁府志》卷一二，《中国地方志集成·四川府县志辑》第56册，巴蜀书社，1992，第86页。

胞"，宗族关系千丝万缕，宗族文化异常发达，各种宗族组织依靠自己的家谱宗谱、祭祀礼仪、观念等，维系和控制着家族内成员的思想和行为，并以孝道为基础，糅合儒家伦理文化，制定出符合自身特点和历史传统的家法、家规、族训等。在宋代巴蜀，一些名家望族世代显赫、人才辈出，其中一个重要原因是家族成员传承和践履着家族长期形成的、行之有效的家训族规。如北宋阆州陈省华三子陈尧叟、陈尧佐、陈尧咨都中进士，官居高位，都能做到清廉自守，这与陈省华及其妻冯氏教子有方、子孙恪守家训有重要关系。陈母训导儿子陈尧咨要以忠孝辅国为为官之本，相关事迹传为佳话。司马光称赞陈氏家族为"当世称衣冠之盛者"①。北宋时成都华阳范氏一门名流辈出，范镇、范祖禹、范冲、范百禄等俱为史学、儒学名家。元代成都华阳人费著在《成都氏族谱》中言蜀中范氏家族"蜀父子兄弟登科至联四世，诸子登科世又掌丝纶"②，其后世子孙进士及第、中举者举不胜举。出现如此盛况，与范镇的家教和自身表率有莫大关系。《宋史》载范镇"笃于行义，奏补先族人而后子孙，乡人有不克婚葬者，辄为主之"③，所以，范镇在家族中就躬行孝友仁义之道，其榜样力量至关重要。《范氏宗谱》记载中唐宰相范履冰之第三子范隆从陕西迁"任成都华阳县令，迁居成都，为华阳范"④。范仲淹与范镇处同时代且比范镇略长，范氏后裔也以范仲淹为其先祖为荣。《范氏宗谱》转引了范氏系列族规族训和家训家诫。如范氏《先祖遗训》首条为"莫不孝二亲"，《范文正公家训百字铭》中便将孝道和忠勇置于首条，《范仲淹家戒十条》中首条即强调孝悌之道，家族成员若有违反者，当处以家法，严惩不贷。范仲淹《戒诸子及弟侄》开篇即自述"所最恨者，忍令若曹享富贵之乐"⑤ 而不顾孝道的行为。可见范氏一族将孝道置于最重要地位，无论贫穷还是富贵。北宋华阳范氏乃史学世家，范镇又与范仲淹同代，祖籍同为陕西，在恪守祖训方面当有共通之处。在历史上，类似阆中陈氏、华阳范氏之名家望族还有很多，如

① （宋）司马光撰《司马光集》第3册卷六六，李文泽等点校，四川大学出版社，2010，第1375页。
② 成都市地方志编撰委员会、四川大学历史地理研究所整理《成都旧志》，成都时代出版社，2007，第4页。
③ 《宋史》第31册卷三三七，中华书局，1977，第10790页。
④ 范江刚主编《范氏宗谱》，范氏宗谱编撰委员会，2007，第68页。
⑤ 《范氏宗谱》，第325~328页。

宋代的眉州苏氏、铜江苏氏（苏舜钦等）、绵竹张氏、井研李氏（李心传等）、丹棱李氏（李焘等）、蒲江魏氏和高氏、新津张氏等，均是以孝悌治家，都有流传于世的修身治家的"金玉良言"，并为历代子孙所守，故这些家族人才辈出，门第显赫，为世之楷模。

名家著述。巴蜀大地物产丰饶，人杰地灵，地理条件得天独厚，故历代都作为抗敌避难的战略要地，这里沟通南北，人文荟萃，思想名家辈出，忠臣良将数不胜数。众多历史人物和思想家或者在思想理论领域，或者在孝道践行方面，为孝道思想和孝文化在巴蜀的传播和弘扬做出了不可磨灭的贡献。宋代的眉山苏轼父兄三人名列"唐宋八大家"，苏氏家风优良，苏轼兄弟情深，屡有唱和，堪称践行孝悌之道之楷模。同时，苏轼父兄三人对孝道思想也多有阐发，并有创新。绵竹张浚位极人臣，一生忠君爱国，其子张栻为一代理学名家，张氏家族其他一些成员也活跃于当时的政坛和文坛，这与张浚、张栻对孝道的重视和以孝道为基础的良好家风、家教是分不开的。《宋史》载张浚"尝称（岳）飞忠孝人也"，"张浚事母以孝称"[1]。张浚在朝时力谏宋徽宗和宁德皇后要"尽天子之孝"而远离"上仙"，他一生以不能恢复中原、一雪祖宗之耻为最大的遗憾，并遗言"不当葬我先人墓左"[2]。其子张栻幼时受教所学皆"莫非仁义忠孝之实"[3]。张栻作为一代理学家，自小就接受儒家孝道伦理教育，他在论学中更是将孝悌之道抬升到与"天理"同等位置。其弟张杓也是秉持孝悌之道，忠君爱国，勤于政事。张氏一家，可谓忠孝满门。理学家魏了翁还通过开办书院、收授门徒等方式，传播理学思想，弘扬孝悌之风。可以说，正是宋代巴蜀这些历史人物和思想家的身体力行和极力倡导，让巴蜀大地成为一方仁孝之地，宋代巴蜀学术思想也不断转型和创新。

本书研究的价值及意义。孝德、孝文化是巴蜀文化的重要组成部分，很大程度上也称得上是巴蜀文化最为核心的内容。但总体而言，目前学术界特别是巴蜀学术界虽然对巴蜀文化研究甚多，但多从巴蜀学术史、经学、考古、文学、建筑、艺术、民俗、宗教等角度入手，或专注于某个时间阶

---

[1] 《宋史》第 32 册卷三六一，第 11311 页。
[2] 《宋史》第 32 册卷三六一，第 11311 页。
[3] 《宋史》第 36 册卷四二九，第 12770 页。

段进行梳理，或立足于某位巴蜀名家及其学术进行研究，或者就孝经学在巴蜀传播的情况进行较简略的梳理和阐述，或者对巴蜀文化进行综述性的研究，专门就某个朝代的巴蜀孝道思想和孝文化进行较全面考察的著作和学术论文极少，学位论文更是处于空白状态，这不利于对巴蜀文化特征进行更全面、准确的认识。宋代是中国古代文化极兴盛的时期，也是巴蜀文化异常发达的时期，具有很多典型特征。因此，对宋代巴蜀名儒的孝道思想开展研究，一方面，可以加深对巴蜀历史文化名人的研究；另一方面，对进一步挖掘巴蜀文化之精髓，进而弘扬其现代价值具有重要意义。其价值及意义概括言之有三。

一是进一步挖掘巴蜀文化精髓，弥补宋代巴蜀孝道思想研究之不足。长期以来，巴蜀文化为中华传统文化的丰富和发展做出了重要贡献，众多学者从不同的角度入手，对巴蜀文化展开了卓有成效的研究，使得巴蜀文化与其他地域文化一样日益被学术界所重视。如《巴蜀全书》的编撰及其系列课题就是其中的代表。孝文化是中国传统文化的核心内容，作为巴蜀文化的重要组成部分，承载巴蜀孝道思想的丰富遗存（历史文献、碑记碑刻、祠庙牌坊、历史遗迹等）和信仰、民俗，以及思想家们的思想等精神财富，是一座亟待挖掘的"宝库"。通过本选题的研究，可以借助对宋代巴蜀名儒孝道思想较系统的梳理，深化对巴蜀的思想文化的认识，弥补相关研究之不足。

二是通过对宋代巴蜀名儒孝道思想开展研究，可以更深入认识巴蜀文化的特征。对巴蜀文化基本特征的认识，学术界存在不同的观点，但总体上存在一些共性。如巴蜀文化是一种既独立又兼容的移民文化，具有开放性和包容性；易学传统深厚，道教及道学发达，具有独特的信仰文化和民俗民风；文风很盛，历代文豪辈出；史学发达，经学偏弱等。而实际上，崇尚孝道，孝风浓厚也是巴蜀文化的重要特征。正如《华阳国志校注》中提到："其忠臣孝子，烈士贞女，不胜咏述，虽鲁之咏洙泗、齐之礼稷下，未足尚也。"① 可见，巴蜀具有悠久的孝德传统。因此，对巴蜀名儒的孝道思想、巴蜀孝文化开展研究，可以加深对其本质特征的认识。

三是继承、弘扬巴蜀优秀文化传统，进一步树立社会主义核心价值观。目前学术界对《孝经》及孝道思想、儒家孝道、孝文化等方面的研究成果

---

① （晋）常璩撰，刘琳校注《华阳国志校注》卷三，巴蜀书社，1984，第223页。

日渐增多。出于继承中华优秀传统道德的需要，越来越多人逐渐转变对孝、孝道、忠孝的偏颇认识。习近平同志指出："要认真汲取中华优秀传统文化的思想精华和道德精髓，大力弘扬以爱国主义为核心的民族精神和以改革创新为核心的时代精神，深入挖掘和阐发中华优秀传统文化讲仁爱、重民本、守诚信、崇正义、尚和合、求大同的时代价值，使中华优秀传统文化成为涵养社会主义核心价值观的重要源泉。"① "孝"是中华传统伦理道德的核心，是仁之本，孝道是中国古代社会构建的基础，其地位至关重要。因此，深入挖掘孝道思想、孝文化的丰富内涵，对继承、弘扬民族文化具有重要意义。此外，对孝道思想开展研究，还具有特别的现实社会需要。从宏观上看，西方一些不良思想侵入，一些人没有形成正确的社会价值观，不尊老敬老现象确实也给社会带来了不良影响。在历史上，巴蜀大地民风淳厚，孝德精神布于四方，忠臣孝子、文臣武将不计其数，孝悌"土壤"深厚。时至今日，孝行事迹也是履见报道。因此，通过研究宋代巴蜀名儒孝道思想，让人们重新认识古代孝道思想的丰富内涵和表现，让人人理解孝道、践行孝道，对弘扬优良社会风气具有重要意义。从微观上看，宋代巴蜀孝道思想在传承、践行方面有着很多成功经验，这种经验在今天的家庭教育、人际交往、和谐社会建设方面仍具有适用性。例如，宋代巴蜀出现了很多影响力很大的名家望族，在政治、社会、文化生活中起到重要作用，其家族历代子孙恪守孝悌家训、家诫，弘扬孝悌家风，形成了家族昌盛、绵延百年的盛况，考察这些家族兴家、发家的历史，可以知古鉴今。

　　关于孝道思想、孝文化相关研究现状。任何研究都要在借鉴、吸收前人研究成果的基础上，结合新时代、新形势发展的需要才能取得创新和突破，这样的学术研究才具有价值和意义，对宋代巴蜀孝道思想的研究亦是如此。故本书在开篇有必要对孝道思想相关研究做一简要回顾。

　　目前学术界对孝道思想、孝文化开展的相关研究已不少，也有一些优秀成果面世，但总体来说，与其他领域的研究相比较，对孝道思想、孝文化的考察研究相对较少，对宋代巴蜀孝道思想的研究更是如此。这与学术界对《孝经》及孝道思想研究的总体现状一致。本书认为，其原因主要有以下四点。

---

　　① 《习近平谈治国理政》，外文出版社，2014，第164页。

第一，受政治环境的影响，对孝道、忠孝等概念的认识存在明显的变化。在元明清时期，随着封建专制主义逐渐达到巅峰，《孝经》及孝道思想被统治阶级作为愚民的工具，统治阶级大力提倡愚忠愚孝。五四运动后，新文化运动倡导者将古代的孝道思想、忠孝行为作为保守、落后的事物给予严厉批判。新中国成立后，在扬弃的基础上，社会大众对《孝经》等传统儒家经典及孝道思想的认识逐渐回归到正确的轨道。

第二，在"十三经"中，专门阐述孝道思想的经典《孝经》篇幅最为短小，语言也较为浅易，一些学者对其存在认识上的偏差，认为它在思想上不如《周易》《论语》等经典那样博大精深，其学术研究价值不高。因此，不屑于投入精力进行研究，这也导致《孝经》及孝道思想的研究变得"冷门"。

第三，长期以来，虽然《孝经》存在古文、今文之争，但二者只是在个别章节的划分上存在区别。古文《孝经》多出《闺门》一章，其孝道思想的基本内容是继承的、连贯的，思想上的争议较少。关于《孝经》本经的争议多集中在其作者和成书时间上。所以近些年围绕《孝经》及孝道思想开展的研究相对较少。

第四，作为一种地域文化，近几十年来，巴蜀文化日益受到人们关注，对其展开研究的学者也逐渐增多，但研究领域多集中于考古学、民俗学、文学、宗教学、文献整理、学术史等所谓"热点"方面，而对于作为其中很细的分支的孝道思想、孝文化研究，关注者很少。

以上原因导致了对古代巴蜀孝道思想、孝文化研究的不足，相关的文章、专著数量非常有限。据本书初步统计，近年来对孝文化或孝道思想的一般性研究主要围绕以下几个方面展开。

一是从经学文献的角度对孝经学文本开展研究，包括孝经学学术史方面的研究。在这方面取得的重要成果有舒大刚的《中国孝经学史》（福建人民出版社）、陈壁生的《孝经学史》（华东师范大学出版社）和陈铁凡的《孝经学源流》（台北"国立编译馆"）等。《中国孝经学史》一书在阐述孝经学研究概况的基础上，根据历史阶段将孝经学史划分为八个时期，分别梳理了孝道思想的源流、发展和《孝经》文献概况、相关学者及论著，并对20世纪的孝经学研究进行了回顾。该书体量大、考证翔实、内容丰富，可以说是《孝经》及孝道思想研究的必读书。《孝经学史》一书在篇幅上几乎只有《中国孝经学史》的一半，因此，从内容上就显得较简略。该书在回顾《孝经》名义及其先秦传承的基础上，根据历史阶段划分分别阐述了汉代孝经学、魏晋南北朝孝经学、唐明皇御注与孝经学的转折、宋明理学与《孝经》、宋明心学与《孝经》、清代孝经学，每个阶段选取了1~2名重要的孝经学学者并对其学术成果进行论述。可以说，该书是一部帮助阅读《孝经》注疏的简明阅读资料。《孝经学源流》一书在对孝道、孝行及《孝经》进行溯源的基础上，考证了《孝经》的相关著作论述、传本、版本、篇章结构、与群籍的关系，以及今、古文流别，并对孝经学在海内外的流衍情况进行了回顾。该书出版较早，资料较全，是首部孝经学史研究著作，对推动孝经学相关研究有发轫之功。

二是从某个历史阶段做专门的孝道思想、孝文化研究，如对魏晋南北朝、唐代、宋代开展孝道思想、孝文化研究，重点从时代背景、政治、经济、文化等角度阐述孝道、孝文化的阶段特征。季庆阳的《唐代孝文化研究》论述了唐代孝文化的渊源和唐代政治、经济、文化、社会生活与孝文化的关系，总结了唐代孝道观与孝文化的特征、地位、影响。① 关开华的《魏晋南北朝孝文化研究》阐述了其孝文化的历史背景、帝王对孝文化的倡导和政治制度、社会生活、文化教育中的孝文化，总结了其孝文化主要特征。② 王娟的《宋代孝文化研究》亦是在阐述历史背景的基础上，对宋代孝文化与帝王、选官、法律、教育的关系及相关内容进行了论述，最后总结出宋代孝文化的主要特征。③ 可以看出，此类文章无一例外均是从时代背景入手，从政治、经济、文化等方面分析孝道、孝文化，阐述"孝"与社会各方面的联系，并总结其阶段特征。

三是从儒家思想的角度阐述伦理思想及孝道思想，不立足于具体研究对象。如王美凤的《先秦儒家伦理思想研究》一文分析了先秦儒家伦理思想的历史渊源、思想体系的形成、思想之特质、主要德目及在汉代的演变、历史地位等，对纳入先秦儒家伦理思想体系中的由孝道思想主导的道德规范体系进行阐述。④ 伍敏敏的《〈孝经〉孝道思想研究》分析了《孝经》中孝道的基础和本质，孝道思想基本内容、践行体系、传统定位和现代价值，

① 季庆阳：《唐代孝文化研究》，博士学位论文，陕西师范大学，2011。
② 关开华：《魏晋南北朝孝文化研究》，硕士学位论文，山东师范大学，2012。
③ 王娟：《宋代孝文化研究》，硕士学位论文，山东师范大学，2014。
④ 王美凤：《先秦儒家伦理思想研究》，博士学位论文，西北大学，2001。

属于对《孝经》本经的一般性论述。①

四是从孝的某个方面着重进行阐述。如从家庭伦理、移孝作忠、现代价值或当代意义等方面入手进行论述。如段江丽在《从家庭伦理到政治伦理——〈孝经〉在儒家孝道思想史上的意义》一文中分析了《孝经》孝道思想具体内容的形成基础，阐述了原始儒家孝道思想的变化过程及孝道践行的基本原则，揭示了《孝经》在儒家思想史上的意义。②

五是对某个具体地点的孝道传承、孝文化进行研究。如对山东、安徽古徽州、孝感、孝泉镇等地进行考察。张安东教授的《徽州孝文化及其成因之考察》一文就属此类文章。该文在对徽州孝文化概念及含义进行界定的基础上，详细分析了徽州孝文化的成因。此类立足地域孝文化的研究具有一定的参考价值。③

六是对某个思想家、家族及其孝道思想做研究。如舒大刚的《南轩"孝悌"学案》一文从家族传承、修身立德、家庭教育、入仕为官、教化风俗等方面对张栻的生平和孝道阐述、孝道践行进行了梳理和论述，以学案的形式对人物进行孝道思想研究是一个很好的尝试，其研究方法值得借鉴。④ 柴源的《董仲舒孝道思想研究》一文在分析董仲舒孝道思想的时代背景及思想渊源的基础上，论述了董仲舒孝道思想的理论依据、核心、目的及其在中国孝道发展史上的影响。⑤ 郑俊一的《琅琊王氏的孝道思想》一文对王氏孝道门风的树立、孝道门风的维持及孝道思想的极端化进行了阐述，对名家望族研究具有一定的参考意义。⑥

与以上六个方面的研究主题相对应，对巴蜀孝道思想的研究也大体如此。根据对近年来发表的学术论文、著作进行的考察，研究巴蜀孝文化、孝道思想的著述总体分为三种类型。

第一，直接研究巴蜀《孝经》、孝道思想方面的学术论文。上面提到的

---

① 伍敏敏：《〈孝经〉孝道思想研究》，硕士学位论文，中南大学，2011。
② 段江丽：《从家庭伦理到政治伦理——〈孝经〉在儒家孝道思想史上的意义》，《中国文化研究》2010年第1期。
③ 张安东：《徽州孝文化及其成因之考察》，《淮北师范大学学报》（哲学社会科学版）2011年第2期。
④ 舒大刚：《南轩"孝悌"学案》，《宋代文化研究》2014年集刊。
⑤ 柴源：《董仲舒孝道思想研究》，硕士学位论文，郑州大学，2013。
⑥ 郑俊一：《琅琊王氏的孝道思想》，《世纪桥》2015年第3期。

《南轩"孝悌"学案》一文即属此类。舒大刚教授的《试论大足石刻范祖禹书〈古文孝经〉的重要价值》一文对石刻古文《孝经》历代著录情况和大足石刻古文《孝经》刊刻年代、石刻古文《孝经》篇章内容进行了详细考证，总结了石刻古文《孝经》的价值，对宋代巴蜀经学研究、文献研究具有重要意义。① 舒大刚教授的《巴蜀〈古文孝经〉之学论稿》较系统地梳理了古文《孝经》历代在巴蜀的传播和流布情况，并总结了其主要特征，一些观点具有创新性。② 另外还有一些直接以巴蜀孝文化、孝道思想为研究主题的文章，如陈龙国《大足北山石刻〈古文孝经〉浅析》③、申红霞等《金川家风孝、善、和》④、赖佳敏《浅谈四川地区的孝文化——以雍正〈四川通志〉为例》⑤、李云飞《从清代四川地区节孝牌坊看节孝文化》⑥、古正美《大足佛教孝经经变的佛教源流》⑦ 等，但都存在论述的深度和广度不够的问题，其立足点也只是集中于对某地或某具体对象展开研究。黄智信的《晚清四川学者的〈孝经〉学研究》一文对晚清四川学者的孝经学研究进行了梳理和阐述，但也仅仅是对刘沅《孝经直解》、廖平《孝经学凡例》、杨国桢《孝经音训》、姜国伊《孝经述》、廖平《孝经辑说》、曾上潮《孝经一贯解》、廖师政《孝经广义》、廖师慎《孝经传记解》进行了一般性考察。⑧

　　第二，与巴蜀孝文化、孝道思想有一定关联的学术论文。如董红明《巴蜀牌坊铭文研究》一文对巴蜀牌坊铭文中一些忠孝内容进行了考察⑨。郭岩婷《清代巴蜀贞节牌坊及节烈女性的民俗学阐释》从民俗学的角度研

---

① 舒大刚：《试论大足石刻范祖禹书〈古文孝经〉的重要价值》，《四川大学学报》（哲学社会科学版）2003 年第 1 期。
② 舒大刚：《巴蜀〈古文孝经〉之学论稿》，《巴蜀文化研究》2004 年第 2 辑。
③ 陈龙国：《大足北山石刻〈古文孝经〉浅析》，《中国书法》2016 年第 6 期。
④ 申红霞、晏明照、杜礼茂：《金川家风孝、善、和》，《中国西部》2015 年 9 期。
⑤ 赖佳敏：《浅谈四川地区的孝文化——以雍正〈四川通志〉为例》，《黑龙江史志》2013 年总第 13 期。
⑥ 李云飞：《从清代四川地区节孝牌坊看节孝文化》，《城市建设理论研究》2012 年总第 26 期。
⑦ 古正美：《大足佛教孝经经变的佛教源流》，《大理民族文化研究论丛》2012 年集刊。
⑧ 黄智信：《晚清四川学者的〈孝经〉学研究》，《儒藏论坛》2007 年集刊。
⑨ 董红明：《巴蜀牌坊铭文研究》，硕士学位论文，四川师范大学，2009。

究了巴蜀贞节牌坊及节烈女性，涉及"孝"的内容①。另外，陈诺《牌坊中图案的象征意义——以四川雅安上里古镇韩氏双节孝牌坊为例》②、楼庆西《四川云阳县高阳乡夏黄氏节孝牌坊》等，此类文章都属于个例研究，同样存在研究深度不足的局限。③ 总体来看，研究巴蜀及宋代巴蜀孝道、孝文化方面的学术论文极少，基本上都是基于个案的研究，在广度和深度上与其他学术研究课题相比较，还显得很不足。

第三，与巴蜀《孝经》及孝道、孝文化有关的著作。如通俗类著作《四川孝道文化》对中国传统孝道内涵进行了阐述，列举了具有一定代表性的四川古今孝子及孝行事迹，并对四川孝道文化进行了反思。④ 另外，以孝闻名的古镇——德阳孝泉镇为主题的《古镇孝泉》也是一部通俗读物。除此之外，尚未见到专门以巴蜀及宋代巴蜀《孝经》、孝道思想、孝文化或相近主题为研究对象的学术专著。⑤ 总体上看，与巴蜀经学、理学、宗教学、文学、民俗学、考古学等方面研究的活跃程度相比，学术界对巴蜀孝文化、孝道思想领域的研究还远远不够，这方面有很大的挖掘空间。

本书的研究内容、方法及研究视角。本书从巴蜀文化的概念和孝的基本内涵入手，在理解、把握孝道思想相关概念范畴的基础上，将全书分为上篇、中篇、下篇三部分，就宋代巴蜀名儒的孝经学研究、名儒名家孝道思想、巴蜀名家望族孝道思想分别展开论述。上篇结合时代背景和学术背景，重点以宋代巴蜀主要孝经学研究者为考察对象，如句中正、范祖禹、史绳祖、龙昌期、任奉古等，分析其孝经学相关著作在撰述方面的思想特点，总结《孝经》文本在宋代巴蜀流传的基本情况、基本规律。中篇选取具有代表性的宋代巴蜀名儒（包括著名学者和著名官僚），结合其时代背景和学术特点，重点论述他们对巴蜀孝道思想阐发的特点和弘扬孝道方面的主要贡献。在对宋代巴蜀名儒进行个案研究时，重点对苏轼、范祖禹、张栻、魏了翁等人进行研究，对其余的名儒论述较简略，力求详略得当。下

---

① 郭岩婷：《清代巴蜀贞节牌坊及节烈女性的民俗学阐释》，硕士学位论文，四川师范大学，2011。
② 陈诺：《牌坊中图案的象征意义——以四川雅安上里古镇韩氏双节孝牌坊为例》，《科教文汇》（中旬刊），2010年总第17期。
③ 楼庆西：《四川云阳县高阳乡夏黄氏节孝牌坊》，《古建园林技术.》，1996年第2期。
④ 曹方林、郑家治：《四川孝道文化》，巴蜀书社，2010。
⑤ 谢智源主编《古镇孝泉》，中国文史出版社，2008。

篇重点对宋代巴蜀知名家族孝道思想做考察研究。名家望族在社会生活各方面具有特殊地位和作用，它们通过宗法组织和宗法制度维系和控制着家族、宗族内的各种关系，自然也包括通过体现孝悌思想的家训家规、族训族规等手段实现其目的，尽可能地巩固其自身的地位，以实现家族长盛不衰。因此，在下篇中，结合时代背景，选择具有代表性的巴蜀名家望族进行专题研究，考察和分析它们在家庭教育、治学、治家、为官理政等方面体现的孝道思想。

为从宋代文化及宋代巴蜀文化的共性特征中寻找宋代巴蜀名儒孝道思想个性特征，本书主要采用以下三种方法进行研究。一是历史文献学方法。注重从巴蜀文献的研究出发，采取比较、归纳、综合的方法，根据各种文献资料，特别是宋代文献，归纳出宋代巴蜀孝道思想的特点。这些文献资料种类丰富，包括名家文集，巴蜀方志，历代史学著作（人物列传、经籍志等），巴蜀名家专著、文集、言论行迹、家族家谱、谱牒，等等。二是跨学科研究方法，参考巴蜀考古、文学、经学、学术史等多领域的研究成果，结合宋代巴蜀的历史背景和学术特征，以探索宋代巴蜀名儒孝道思想的特点。三是历史比较的方法。如对宋代巴蜀名儒、名家族进行比较，探索他们之间在孝道思想及其阐述方面的异同。

本书从巴蜀文化的基本概念和孝的基本内涵入手，在理解、把握孝道思想相关概念范畴的基础上，将全书分为宋代巴蜀孝经学、宋代巴蜀名儒的孝道思想、名儒会集的宋代巴蜀家族孝道思想三个专题分别展开论述。从具体阐述上体现了以下几个研究视角。

其一，选题方面。对中国孝道思想予以研究实际上就是对中国传统文化最核心部分进行探索。从断代的角度较全面深入考察宋代巴蜀孝道思想，既具有可行性，又非常重要。自古至今，对《孝经》、孝道思想进行研究的著作和学术论文甚多，但学术界尚无学位论文或学术专著全面深入考察古代或宋代巴蜀孝道思想、孝文化。本书虽然只是立足于地域文化研究，但在阐述过程中，并不是将宋代与前后朝代、巴蜀与其他地域完全割裂而孤立地去考察，而是注重研究对象的纵向和横向联系。具体在撰写上，既有经学文献方面的梳理，又有对巴蜀名儒的考察，还有对众多名家望族的研究，特别是与宋代巴蜀孝道思想有关的内容又散见于各史籍、方志、文集、专著、丛书，涉及材料庞杂、分散，因此这个选题本身就具有挑战性和创新性。

　　其二，研究方法方面。从纵向和横向两方面开展比较研究，通过兼顾孝经学文献、名儒和名家望族的综合考察，从不同角度揭示宋代巴蜀名儒孝道思想特征。同时，通过此研究过程，可以加深对宋代巴蜀名儒的孝道思想特征、名家望族孝悌家风的认识。同时，在具体写作方法上做灵活处理。巴蜀名儒研究和名儒汇集的家族研究在内容上存在一定程度的交叉，例如，对苏轼孝道思想的研究是一个重点，但在名家望族研究之眉山苏氏家族研究中始终回避不了苏轼这个人物。在宋代巴蜀名儒孝经学文本研究举要中对范祖禹《古文孝经说》及其孝道思想的研究是一个重点，但在名家望族之华阳范氏孝道思想研究中也避不开范祖禹。在对巴蜀名儒张栻孝道思想进行研究时，对张浚已有一定的阐述，但在名家望族之绵竹张氏孝道思想研究中，对张浚的研究又多有涉及。为处理好此矛盾，具体在撰写时，对在宋代巴蜀名儒的孝道思想研究专题中重点研究的人物，在名儒汇集的宋代巴蜀家族孝道思想专题部分就论述较略，甚至一笔带过。在上篇、中篇中提及较少的巴蜀人物，在下篇中论述就较多，以实现详略得当，避免前后内容的重复。

　　其三，具体研究内容方面。在开展宋代巴蜀名儒孝道思想研究时，除了对巴蜀人物本身的著述及行迹进行考察，还注重从人物的家庭背景、学术背景、社会联系等方面梳理其孝道思想的共性和个性特征，对一些具有代表性、影响力较大的宋代巴蜀名儒的孝道思想特点归纳较为用力，力求观点新颖，反映这些巴蜀名儒的孝道思想主要特点，以体现研究内容上的创新性。另外，在材料的利用方面，本书附录部分还对宋代巴蜀部分孝文化历史遗迹、名贤士人的孝德及孝行、具有代表性的名家族的特点进行梳理、罗列和归纳，以求通过材料铺陈，直观展示宋代巴蜀德孝风貌。

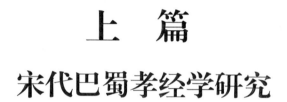

上　篇

宋代巴蜀孝经学研究

《孝经》是儒家重要经典，先秦时期即成书并得到传播。巴蜀大地，重德兴孝久成传统。自汉代以来，统治者倡言"以孝治天下"，故《孝经》之书已广泛普及。西汉蜀地文翁办学倡教化，派遣吏之子张叔等十八人东诣博士受"七经"，学成归蜀教学授徒，从此蜀学比肩齐鲁之学。彼时"七经"就已包括《孝经》。自两汉到隋唐五代，统治者大力提倡研习、讲授《孝经》，巴蜀耆儒硕学在研习儒家"五经"的同时，对《孝经》也精研恪遵，这对巴蜀地区社会风气的改良，起到了重要的推动作用。因年代久远，文献亡佚严重，且《孝经》在宋代之前多被视作启蒙教科书、教化读物，与其他"五经"相比，载于典册的巴蜀《孝经》研究者寥寥，巴蜀《孝经》文献种类也极少。宋代，巴蜀地区研究《孝经》的名儒、学者数量逐渐增多，出现了一些具有代表性的孝经学著述。宋代及宋代之前巴蜀名儒对《孝经》的研习、传播及对孝道的践行，早已蔚然成风。

第一章
宋前巴蜀孝经学研究

一　宋前巴蜀《孝经》研习概貌

《孝经》在周秦时期就得以研究和传播。孔子及其门人，以及其他战国诸儒（如乐正子春、魏文侯、孟子、荀子）都与《孝经》有着密切关联。他们或对《孝经》经义及孝道思想进行阐发，或躬行践履孝悌之道。即使到了尚功利、薄仁爱、非孝慈的秦代，也有一些儒生和有识之士，如吕不韦等称引《孝经》，时常论孝。其中"《吕氏春秋》，保留了许多孝论言语，甚至还直接引称《孝经》，转录《孝经》传解一类的文献，为我们保留了《孝经》成于《先秦》最直接的证据"①。

秦亡之后，西汉统治者吸取秦亡的教训，逐渐确立"孝治天下"的基本国策。《孝经》在汉代被政府奉为经典，得到高度肯定和支持，并在政治、教育、选举等各方面产生了巨大影响，随之，孝道思想在社会上得到了广泛的传播，巴蜀民众学习《孝经》、研究《孝经》、倡导孝道也成为当时的热潮。西汉蜀人严君平（本名庄遵）卜筮，言"有邪恶非正之问，则依蓍龟为言利害。与人子言依于孝，与人弟言依于顺，与人臣言依于忠，各因势导之以善"②，就提到孝悌之道。扬雄也奉"道德仁义礼"的五德之教，曰："老子之言道德，吾有取焉耳。及捶提仁义，绝灭礼学，吾无取焉

---

① 舒大刚：《中国孝经学史》，第 63 页。
② 《汉书》第 10 册卷七二，第 3056 页。

耳。"① 显然，扬雄不赞成老子"绝仁弃义，民复孝慈"的观点，主张"仁义""孝慈"。蜀郡成都人张霸被称为"张曾子"，其门下弟子众多，影响颇大。史载其"年数岁而知孝让，虽出入饮食，自然合礼"②，不仅博览儒家经典，而且在生活中躬行孝悌之道。广汉梓潼人景鸾撰有《礼记》专著——《礼内外记》（又称《礼略》），作《月令章句》。《礼记》本身就含有丰富的孝道思想。杨统作《家法章句》，《家法章句》早佚，但由书名可推测其必有家法、家教、家礼等涉及孝道的内容。汉代杨充"少好学，求师遂业……精究'七经'"③。东汉时期的"七经"指《易》《书》《诗》《礼》《春秋》《论语》《孝经》。关于两汉时期的《孝经》文献数量，据《中国孝经学史》一书统计，两汉（包括三国时期）《孝经》著述共有54种，其中近一半的著述不知作者名④。东汉翟酺著有《孝经钩命解诂》十二篇，是该时期难得的巴蜀《孝经》相关之作。《（嘉庆）四川通志》中"经籍"部分竟无一部宋前的《孝经》类文献。与"五经"文献相比，两汉（包括三国时期）的《孝经》文献数量较少，其原因在于《孝经》更多被视作启蒙励志的教科书，"在当时只属于中级读物，是比较普及的小经，故而无须繁乎著述"⑤。巴蜀地区亦如此。

两晋南北朝时期，政权更替频繁，各统治者为维护其统治的合法性和正当性，不断援引和利用儒家经典，《孝经》受到统治者的高度重视。这一时期，朝廷设立《孝经》专门博士，《晋书》中多次记载"帝讲《孝经》""皇太子讲《孝经》"，如"武帝泰始七年，皇太子讲《孝经》通……穆帝升平元年三月，帝讲《孝经》通。孝武宁康三年七月，帝讲《孝经》通"⑥。民间也传习《孝经》，践行孝道。南朝大儒皇侃"少好学，师事贺场，精力专门，尽通其业，尤明'三礼'、《孝经》、《论语》"⑦。据《中国孝经学史》统计，魏晋南北朝《孝经》著述共86部⑧。朱彝尊《经义考》

---

① 汪荣宝撰《法言义疏》，陈仲夫点校，中华书局，1987，第116页。
② 《后汉书》第5册卷三六，中华书局，1965，第1241页。
③ 《华阳国志校注》卷一〇下，第818页。
④ 舒大刚：《中国孝经学史》，第89~92页。
⑤ 舒大刚：《中国孝经学史》，第88页。
⑥ 《晋书》第3册卷一九，中华书局，1974，第599页。
⑦ 《梁书》第3册卷四八，中华书局，1973，第680页。
⑧ 舒大刚：《中国孝经学史》，第164~167页。

和《（嘉庆）四川通志》均未收录这一时期巴蜀《孝经》文献。

隋唐时期南北统一，统治者提倡儒学。在官方的主持下，"五经"逐渐实现归一。为加强中央集权统治需要，官方直接组织、干预古文献的修纂、整理，并设计经典教育的时限和考核标准。《隋书》记载隋文帝开皇十三年（593）五月"诏人间有撰集国史、臧否人物者，皆令禁绝"①。《隋书》所载何妥撰有《周易讲疏》《孝经义疏》《乐要》等经学专著。唐代将儒家经典分为"大经""中经""小经""兼经"等几种，《论语》和《孝经》被归入"兼经"，并规定教育和考试"通'五经'者，大经皆通，余经各一，《孝经》《论语》皆兼通之。凡治《孝经》《论语》共限一岁"②。《经义考》和《（嘉庆）四川通志》收录的隋唐时期巴蜀《孝经》文献仅隋代何妥《孝经义疏》和唐代李阳冰《科斗书孝经》二部。据《中国孝经学史》统计，隋唐五代共有《孝经》文献27部③，其中还包括与巴蜀有关的李阳冰《科斗书孝经》和任奉古《孝经讲疏》。与两汉、两晋南北朝相比，隋唐五代时期的《孝经》文献数量大大减少。这与隋唐时期儒学经典逐渐实现统一，经学研究比较集中的政策直接相关。直到唐代灭亡四十余年后的后蜀时期镌刻完成的"蜀刻十经"（"广政石经"），以至宋代定型的"十三经"，皆有《孝经》，这对后世包括《孝经》的儒家经典格局的奠定具有重要的推动作用，也是巴蜀学术史上的一件大事。

虽然史籍记载的宋前巴蜀《孝经》文献种类极少，但这并不影响这一时期民间浓厚的传播《孝经》、践行孝道之风。《华阳国志》就记载了两汉时期诸多巴蜀民间孝子故事。晋代武阳郡李密笃于孝行，撰写了《陈情表》，并流传于世，李密成为巴蜀孝德典范，被统治者大力宣扬。隋唐时期，巴蜀地区也涌现出很多践行孝悌之道的典型，被朝廷所旌表。唐代沈如琢"有孝行……天宝二年诏旌表"。④ 唐代费襄"至孝……母殁，负土成坟，庐墓终丧。产业多推其兄……"⑤ 即使在处于割据状态下的五代时期，前、后蜀统治下的蜀地依然有研习《孝经》、践行孝道的氛围。巴蜀学

---

① 《隋书》第1册卷二，中华书局，1973，第38页。

② 《新唐书》第4册卷四四，中华书局，1975，第1160页。

③ 舒大刚：《中国孝经学史》，第240~241页。

④ 王三毛：《古代文学竹意象研究》，北京燕山出版社，2019，第284页。

⑤ 谷向阳、何慧琴编著《中国姓氏对联史话》，北方妇女儿童出版社，1990，第56页。

者中研习《孝经》的李建中、句中正所处年代就跨五代、宋初。"据《宣和画谱》所录，五代后蜀画家石恪有《女孝经像八》"①，该作品就是根据《女孝经》的内容而绘制的图画，其带有普及性质，五代时盛行于世。可见，宋代之前巴蜀地区已经具备研习《孝经》、践行孝道的良好群众基础。这为宋代巴蜀地区《孝经》的研究、孝道思想的践行创造了社会条件。

二　宋前巴蜀《孝经》研习特征

在儒家经典中，除了《孝经》直接阐发孝道思想，"三礼"（《周礼》《仪礼》《礼记》）等经典中也有丰富的孝道思想内容。考察宋代之前，特别是汉唐巴蜀"三礼"、《孝经》等儒家经典研习情况，可以看出其在学派、传承形式、治学方式等方面具有以下三个方面的特点。

一是家族化、学派化、集团化明显，尤其以魏晋时期为代表。如魏晋时期的广汉郡杨氏、蜀郡江原常氏、巴郡谯氏等家族都是累世通经治学，才俊辈出。杨氏家族就先后有杨宣、杨充、杨春卿、杨统、杨厚等名士，其中杨春卿、杨统、杨厚三人，均修儒学，通晓儒家经典，家学深厚，尤擅长图谶之学。杨厚（字仲恒）更是自成一派，其晚年"隐居教授，门徒上名录者三千余人。其中雒县昭约，绵竹任安、董扶，蜀郡何苌，巴郡周舒，皆学醇道备，驰名当世"②，杨门学派盛极一时。魏晋时期巴郡谯氏就先后出现了谯隆、谯玄、谯瑛（祖孙三代），谯岍、谯周、谯熙、谯秀（祖孙四代），尤精通经学、史学，以门下杰出弟子众多的谯周最为著名。文立、李密、陈寿、杜轸等人都师承谯周，在经史之学方面都颇有造诣。这些学者一方面依靠家族、学派的学养基础研习儒家经典，一方面又凭借亲缘、师徒、同窗、同乡等关系在政治生活中互相扶助，相互提携，影响了当时的巴蜀社会。如冯颢、任安、董扶均师事杨厚，冯颢曾担任成都令，

①　郜媛媛、姚云鹤、胡松鹤、陈成：《图像里的中国古代社会生活》，四川大学出版社，2021，第166页。
②　《巴蜀历代文化名人辞典》编委会编《巴蜀历代文化名人辞典》，四川人民出版社，2018，第23页。

门下学徒八百人。曾担任益州刺史的任安一生讲学，"仁义直道，流名四远"①，其门下弟子出名者有杜琼、杜微、何宗等人，都官至卿佐。何宗、杜琼、张爽、尹默、谯周等人都力谏刘备称帝，之后都在蜀汉政权中发挥着重要作用。

二是宋前巴蜀学者往往通经治学，不专守一经，学术视野宏大，知识广博。即使是长于某一经典研究的学者，也在其他经典研究方面有所建树。如汉代景鸾除了著有《礼略》，还治《齐诗》《施氏易》，兼授《河图》《洛书》，作《易说》及《诗解》等。曾为蜀汉后主之师的尹默"少与李仁俱受学司马徽、宋忠等，博通'五经'。尤专精《左氏春秋》，自刘歆《条例》，郑众、贾逵父子、陈元、服虔诸说，略皆诵述"。②李譔著有《周易》、《尚书》、《毛诗》、"三礼"、《左氏注解》、《太玄指归》，对"五经""四部"、诸子百家都有著述。文立除了治《毛诗》、"三礼"外，还兼通群书。治"三礼"的司马胜之还通《毛诗》。王化兼治《毛诗》、"三礼"、《春秋公羊传》等。常骞兼治《毛诗》、"三礼"等，常宽更是博通《毛诗》、"三礼"、《春秋》、《尚书》、《易》，博涉《史记》《汉书》，经史兼治。西晋王长文除了撰礼学著作《约礼记》，还拟《论语》著《无名子》十二篇，又著《通经》四篇，还著《春秋三传》十三篇，称得上是研治"五经"、博综群籍的代表性学者。隋代何妥一生著作等身，其除了长于礼、乐，还著有《周易讲疏》《孝经义疏》《庄子义疏》《三十六科鬼神感应等大义》《封禅书》等，几乎遍涉儒道经典。至唐代，虽然经孔颖达等编撰《五经正义》，经学趋于统一，各家专门之学逐渐式微，但至唐代大历时，有相关学者专治"五经"。因此，有人认为晚唐"在经学传承形式上冲决初唐《五经正义》的罗网，回复了汉初诸家传经的师徒'专门名家，各守师说'的形式"③。其中"最卓异者"仲子陵，不仅是巴蜀籍的著名文学家，还是经学家。

三是宋前巴蜀地区已形成浓厚的研习经学的社会基础，重视仁孝礼义的社会效用。首先是官员的倡导。如阎宪担任绵竹令时"以礼让为化，民

---

① 《三国志》第 4 册卷三八，中华书局，1959，第 972 页。
② 《华阳国志校注》卷一〇下，第 823 页。
③ 李成晴：《唐五经博士考》，《清华大学学报》（哲学社会科学版）2013 年第 1 期。

莫敢犯"①。景毅担任武都令、益州太守等职时"立文学，以礼让化民"②。许多官员在地方推行诗书教育，敦正风俗，以仁孝礼义教化百姓，取得良好效果。其次，宋前，经学、礼学已经播及巴蜀偏僻之地。汉明帝、章帝时，以"经术见长"的毋敛人尹珍"乃远从汝南许叔重受'五经'，又师事应世叔学图纬，通三才；还以教授，于是南域始有学焉"③。毋敛位于汉魏时期的巴蜀牂柯郡，在今贵州黔南的民族地区，虽地处偏远仍有名儒尹珍广传儒学，可知经学研习不仅限于巴蜀富庶之地。最后，儒学、经学内容，以及其中的孝道思想已经浸润到普通百姓的教育、生活之中，在女教方面也有不少体现。成固（汉魏属巴蜀，今汉中境内）陈省妻礼珪常以孝道礼义治家，"四时祭祀，自亲养牲酿酒，曰：'夫祭，礼之尊也'"④，道出此语，非熟读《孝经》《礼记》等经典而不能。梓潼文氏女季姜"少读《诗》《礼》"⑤，其儿妇、孙妇二人也皆遵贤训，均孝敬礼让，三妇被誉称"三母"。此外，这一时期在儒、释、道三教合一趋势的影响下，佛、道之学也受到儒学、经学的影响，这扩大了巴蜀研习儒家经典的社会基础。如《蜀中广记》记载唐代蜀地高僧释知玄不仅精研佛典，还"研习外典，经籍百家之言，无不赅综"⑥。当时蜀地一个叫杨茂孝的鸿儒"就玄寻究内典，直欲效谢康乐注《涅槃经》，多执卷质疑，随为剖判"⑦，主动向释知玄讨教佛典学问。《蜀中广记》还记载释知玄"见茂孝披紫服、戴碧冠，三礼毕，乘空而去"⑧，由此说可以看出杨茂孝是深受佛、道影响的儒家人物，释知玄亦是受儒、道影响较深的高僧。

概言之，文献记载的宋代之前巴蜀《孝经》研究学者及著述相对较少，但这并不意味着这一时期巴蜀《孝经》研究寂寂无为。相反地，无论是两汉、隋、唐大一统时期，还是魏、蜀汉、晋、南北朝分裂割据时期，巴蜀

---

① 《华阳国志校注》卷一〇下，第806页。
② 《华阳国志校注》卷一〇下，第817页。
③ 《华阳国志校注》卷四，第380页。
④ 《华阳国志校注》卷一〇下，第812页。
⑤ 《华阳国志校注》卷一〇下，第825页。
⑥ （明）曹学佺撰《蜀中广记》卷八五，《四库全书珍本初集》第656册，沈阳出版社，1998，第102页。
⑦ 《蜀中广记》卷八五，《四库全书珍本初集》第656册，第102页。
⑧ 《蜀中广记》卷八五，《四库全书珍本初集》第656册，第103页。

的学术界和民间始终没有停止研习《孝经》、践行孝道的脚步。从西汉蜀人提倡的"道德仁义礼"的五德之教，到东汉巴蜀经学名家辈出，再到魏、蜀汉、晋时期经学研究百花齐放，巴蜀的经学研究都可圈可点。南北朝时期，由于巴蜀地区受各方势力争夺，战乱频仍，受破坏严重，经学研究处于低谷。而至隋唐时期，随着《五经正义》的编撰，南北经学统一，巴蜀的经学研究式微，有文献记载的《孝经》研究学者极少。尽管如此，在官员、学者、普通民众的共同研习、推动下，巴蜀地区学习《孝经》、研究《孝经》、践行孝道的良好氛围已经形成。

第二章
宋代巴蜀名儒与孝经学

一　宋代孝治的历史背景

　　巴蜀之地重孝、传《孝经》之风由来已久。早在西汉，"孝文皇帝始置一经博士"[①]，虽然一些文献中记载此"一经博士"为《书》《诗》博士，但都是后世学者推测之语。例如，清代王鸣盛在《蛾术编》中就做此推测。结合汉初以孝治国的策略和最高统治者对孝道的重视，此处"一经博士"未尝没有可能为《孝经》博士，倘真如此，《孝经》立博士则先于武帝置"五经博士"。西汉初，蜀郡太守文翁便派张叔等十余人赴京师，学习包括《孝经》在内的儒家经典、律令，"文翁化蜀"使巴蜀风气大变。隋朝时，"时纳言苏威尝言于上曰：'臣先人每诫臣云，惟读《孝经》一卷，足可立身治国，何用多为！'"[②]。蜀郡郫人何妥引用前人观点，认为通晓《孝经》足可立身治国，其观点虽失之偏颇，但也反映出《孝经》至少在隋代及以前民众教育中的地位。在五代、后蜀时，"郑奕尝以《文选》教其子，其兄曰：'何不教他读《孝经》《论语》，免他学沈谢嘲风咏月，污人行止'"[③]。可见，即使在政治动荡的五代时期，《孝经》也是树立良好品德、规范行止的重要经典，其重要性不言而喻。宋王朝建立后，坚持"守内虚外"的政策，将"以孝治天下"作为治国之本，围绕孝道施行了各项举措，把孝道

[①] 《后汉书》第 6 册卷四八，第 1606 页。

[②] 《隋书》第 6 册卷七五，第 1710 页。

[③]（宋）祝穆撰《新编古今事文类聚》卷五，中文出版社（株式会社），1989，第 1554 页。

思想贯穿于国家大政、日常人伦之中，以达到治国安民、控制民众精神的目的。在此背景下，巴蜀也出现了大量《孝经》研究者和践履孝道的忠臣良将、文人志士。

（一）强化对《孝经》及孝道思想的宣扬

在古代社会，统治者一方面将孝道运用于协调、维护家庭、宗族内部成员之间的关系，另一方面又将建立在血亲伦理基础之上的孝道观念运用到政治和社会范畴，扩展为"移孝作忠""忠孝一体"的政治理念，把孝道思想作为治国理政的重要内容，从而达到治国安邦、维护社会统治秩序的目的。宋代开国统治者特殊的立国背景，让其羞于言"忠"，因此将"孝"置于"忠"之上，而格外重视孝道的宣传，以求以之为基础，实现忠孝一体。在这种背景下，宋代最高统治者往往通过颁布诏令律例等方式强化孝道思想的影响力。

无论是北宋，还是南宋，统治者都一贯将《孝经》、孝悌思想置于至高地位。一方面，在皇族和大臣之间推广学习《孝经》。宋王朝统治者对《孝经》和孝悌思想的重视，在《宋史》中有大量的记载。宋太宗认为"若有资于教化，莫《孝经》若也"①，并将《孝经》赐予大臣研读。宋太宗又言："《五经》书疏已板行，惟二《传》、二《礼》、《孝经》、《论语》、《尔雅》七经疏未备，岂副仁君垂训之意……望令重加雠校，以备刊刻。"② 他非常重视《孝经》文献的刊刻、流传。最高统治者还重视对《孝经》的讲解和学习，宋仁宗"命蔡襄书《无逸》、王洙书《孝经》四章列置左右"③。皇帝、后宫、太子、大臣都得学习《孝经》，做好示范。如宋太宗时邢昺"在东宫及内庭，侍上讲《孝经》《礼记》《论语》《书》《易》《诗》《左氏传》"④。胡舜陟在上奏给宋钦宗的建议中说："向者晁说之乞皇太子讲《孝经》，读《论语》，间日读《尔雅》而废《孟子》。"⑤ 由此可见，北宋皇族和朝廷都将对《孝经》的学习视为政治、生活中的一件大事。南宋初，

---

① 《宋史》第 26 册卷二六六，第 9176 页。
② 《宋史》第 26 册卷二六六，第 9177 页。
③ 《宋史》第 28 册卷二九四，第 9829 页。
④ 《宋史》第 37 册卷四三一，第 12800 页。
⑤ 《宋史》第 33 册卷三七八，第 11669 页。

为体现对经"靖康之变"被掳掠到金国的宋徽宗、韦太后的孝思，宋高宗颁诏天下宣扬孝道，让"唐黄门侍郎赵智为高宗讲《孝经》"。① 可见，在最高统治者眼里，《孝经》是治国、教化之大典，得广为刊布，人人都得学习。最高统治者的重视，为宋代孝悌思想的强化起到了促进作用。另一方面，宋王朝还通过国家层面的各种礼仪昭示全国，推广、强化孝悌之义。如宋真宗在为祭祀太祖、太宗所下的诏书中云："礼莫大于事天，孝莫重于严父……九庙以飨神宗，用荐精诚，以伸昭报……"② 祭祀礼仪在古代政治生活中占有十分重要的地位，其发挥着特殊作用。宋真宗充分肯定其伯父赵匡胤和其父赵光义的功绩，并将孝敬父母这种德行提高到与奉事上天相并列的地位，强调在"九庙"之中要以精诚的态度祭祀祖先，将孝道思想纳入国家最高意识层面。正是因为最高统治者的重视，地方官员纷纷仿效，树立典范，表彰孝行，促使民间风气发生了转变。

（二）推行孝亲敬老政策

在宋代，统治者还推出各项具体政策，鼓励、引导孝悌之风。一方面，颁布诏令、诏书，推行孝亲敬老措施。宋太宗太平兴国年间颁诏曰："自今仰诸路州县长吏，或部内有耆德高年为乡里所信重者，并延见讯民间疾苦，吏治得失。"③ 力言继续沿用前代养老敬老、荐举孝廉的制度，要求地方官在春天行养老礼以尊奉"三老"，并以此为考察吏治得失的一种手段。宋仁宗时颁诏曰："今郡国长吏皆朕协力而宣化，其有孝悌章明、勤于田亩，可率乡党者，其以名闻，朕将录之以风天下。"④ 明确选拔人才的标准之一是"孝悌力田"，对具有孝德的人可以破格或优先录用。另一方面，旌表孝悌德行，宣传孝悌思想，树立孝行典范。据言，宋太祖时益州布衣罗居通因笃于孝行，"长吏以闻，诏以居通为延长主簿"。宋初，具有孝德、孝行的普通人有机会直接被推荐做基层官员。宋真宗大中祥符年间，朝廷闻资州

---

① 《宋史》第 28 册卷二九三，第 9792 页。
② （宋）李攸撰《宋朝事实》卷四，中华书局，1985，第 59 页。
③ 《宋大诏令集》卷一八七，中华书局，1962，第 683 页。
④ 四川大学古籍整理研究所编《宋端明殿学士蔡忠惠公文集》第 8 册，线装书局，2004，第 2 页。

黄德舆葬父母之孝行而"降诏旌表"①。最高统治者重视孝行，地方官员为教化民众，在施政中也无不将学习《孝经》、倡导孝道作为重要内容。南宋蜀人魏了翁在劝勉民众时便言："崇孝弟以植善行之根，厉廉耻以除心术之莠，亲善类以浸灌气质，远小人以提防蟊贼。"② 他将孝悌视为引导民众敦行善行之本，在统率民众知廉耻、亲善类、远小人的过程中起着关键作用。同是宋大中祥符年间，江陵人庞天祐父病故，其"负土封坟，结庐其侧，昼夜号不绝声"③。四川阆州人、时任江陵府知府陈尧咨亲自前往进行祭奠，并上奏，请求旌表庞天祐。可以说，上至皇帝，下至地方官吏，都以孝德化民，并对孝德孝行予以旌表和宣扬，树立典范。在如此大环境下，本就忠臣孝子辈出的巴蜀在宋代更是形成了浓厚的弘扬孝道的氛围。

（三）引孝入法

在宋代，统治者还将孝悌思想融入法律制度之中，对一些触犯法律，但又素有孝行的人从轻处罚，同时以严刑惩治大不孝行为。《宋刑统》将不孝列为"十恶"之一，继续沿用《唐律疏议》中对不孝行为所下的定义，即"谓告言诅詈祖父母、父母；祖父母、父母在别籍异财；供养有缺；居父母丧身自嫁娶，若作乐，释服从吉；闻祖父母、父母丧匿不举哀；诈称祖父母、父母死"④，并对每种具体不孝行为给予相应的处罚，如对"谓告言诅詈祖父母、父母"的不孝行为，《宋刑统》中"以谋杀论"，"子孙于祖父母、父母求爱媚而厌咒者，流二千里"⑤，可以说，处罚是很重的。但另一方面，孝子犯法又享有从轻处罚的机会。如宋神宗时，"令州县考察士民，有能孝悌力田为众所知者，给帖付身。偶有犯令，情轻可恕者，特议赎罚"⑥，对违反法律、法令者，如果情节不是特别严重，有孝悌力田的德行，仍然可以酌情从轻处罚。可见，在宋代，统治者通过法律条令遏制各种不孝行为，同时引孝入法，将以孝悌为核心的人伦道德凌驾于法律之上，

---

① 《宋史》第 38 册卷四五六，第 13388 页。
② （清）阿麟等修《（光绪）新修潼川府志》卷一〇，《中国地方志集成·四川府县志辑》第 15 册，第 258 页下栏。
③ 《宋史》第 38 册卷四五六，第 13397 页。
④ （唐）长孙无忌等撰《唐律疏议》卷一，中华书局，1983，第 12 页。
⑤ 《宋刑统》卷一，薛梅卿点校，法律出版社，1999，第 11 页。
⑥ 《宋史》第 15 册卷二〇一，第 5008 页。

对法律制定和实施施加影响，这也从侧面反映了宋代统治者对孝道的重视。

（四）选人用人重孝德

在宋代，统治者对民众从小便进行孝悌思想的灌输，这种思想的灌输覆盖整个社会的教育体系。这首先表现在对《孝经》的重视程度上。

《孝经》经文短小精悍、浅显易懂，易于为各阶层的民众所接受，故被列为幼童启蒙必读之书，孩子从小就被灌输孝道思想。《宋史》就记载开封人袁逢吉"四岁能诵《尔雅》《孝经》，七岁兼通《论语》《尚书》"①。户部侍郎荣薿的女弟荣氏自幼"读《论语》《孝经》，能通大义，事父母孝"②。永州人路振"五岁诵《孝经》《论语》"③。可见，在宋代，儿童四五岁时诵读《孝经》是一种普遍现象，熟读《孝经》、明晓孝道是最重要、最普遍的基础教育，无论男女，概莫能外。

《孝经》还被列为各级学校的专门教材，作为科举考试的重要内容。宋仁宗于嘉祐年间下诏："凡明两经或三经、五经……兼以《论语》《孝经》，策时务三条，出身与进士等。"④ 宋孝宗时令"郡国举贡分为三等：凡全诵六经、《孝经》、《语》、《孟》及能文……与推恩"⑤，将《孝经》与其他儒家经典并列作为考试必备科目，并将通《孝经》作为上等、优等的标准之一，可见宋王朝的科举考试对以孝德为代表的德行考察是非常重视的。

统治者在选拔人才、提拔官员方面注重选拔具有孝德品行之人，因此，通《孝经》、具孝德孝行而成为"孝廉"之士便成为求仕干禄的重要途径。在升学、举荐、任用人才方面，优先选拔、录用素有孝悌德行的人，甚至可以不经过科举考试而直接被擢用。相反，无孝悌德行的官员会受到相应的处分，甚至罢官丢职。宋太祖开宝八年（975）"诏诸州察民有孝弟力田、奇才异行或文武材干、年二十至五十可任使者，具送阙下"⑥。宋徽宗时诏令孝悌者"若行能尤异，为乡里所推，县上之州，免试入学"⑦，并将孝、

---

① 《宋史》第 27 册卷二七七，第 9441 页。
② 《宋史》第 38 册卷四六，第 13481 页。
③ 《宋史》第 37 册卷四四一，第 13060 页。
④ 《宋史》第 11 册卷一五五，第 3615 页。
⑤ 《宋史》第 11 册卷一五六，第 3653 页。
⑥ 《宋史》第 11 册卷一五六，第 3646 页。
⑦ （宋）马端临撰《文献通考》卷四六，中华书局，1986，第 433 页。

悌、睦、姻、任、恤、忠、和称为"八行"，具备这"八行"的人可以由县学上报到州学，州上再将具备孝、悌、忠、和品德之人评定为上等。学校如此，官场亦如此。宋英宗为嘉奖四川新津人张唐英的孝行，赐其五品服，给予嘉许。四川邛州人高定子衣不解带侍奉生病的父亲长达六年，父亡，服丧至哀毁骨立，被"以忠孝两全荐之，调中江县丞"①，服丧完毕，又被举荐为丹棱令。正因为孝悌如此重要，在宋王朝，"不孝"也成为帝王玩弄权术、权臣打击政敌的一个很好的"口实"。宋孝宗时"诏以良祐妄兴异论，不忠不孝，放罢、送筠州居住"②，筠州在今四川宜宾一带，在那时属于偏僻荒凉之地。宋神宗时任用王安石变法，"御史林旦、薛昌朝、范育论定不孝，皆罢逐"③，因与变法派政见相左，"不孝"便成为最好的罪名。

概言之，终宋三百余年，统治者将具有孝悌品行作为科举考试、选拔官员的重要依据。在重视"孝"的大环境下，素来重"孝"的巴蜀在宋代更是孝德蔚然成风，催生出众多孝经学研究者和思想家。他们或因孝德和才学被举荐拔擢，或在修身治家、为官从政、游历讲学、著书立说中阐发孝道思想，践行孝悌人伦，在"立德、立功、立言"方面做出了不菲的成就，成为宋代巴蜀思想文化中一个亮点。

二 宋代巴蜀名儒孝经学研究

（一）古代巴蜀孝经学研究简要回顾

关于古代巴蜀孝经学研究，《巴蜀〈古文孝经〉论稿》一文有较深入的阐述。该文通过对《四川通志》所举古代蜀人十种孝经学著作进行考察分析，认为古代巴蜀儒家经学的一大特色是主要传古文《孝经》，又认为传《孝经》的十家学者中六家尊古文，"如果加上李白、李服之、李建中三位，共有九位。时间跨度，上起唐大历初年（766），下迄清中叶（嘉庆二十一年修《通志》）"④。具体而言，古代巴蜀孝经学"推崇古学，远有端绪"，

---

① 《宋史》第 35 册卷四〇九，第 12317 页。
② 《宋史》第 3 册卷三四，第 649 页。
③ 《宋史》第 30 册卷三二九，第 10602 页。
④ 李诚主编《巴蜀文化研究》第一辑，巴蜀书社，2004，第 147 页。

《孝经》文本"字存'科斗',古风遗韵",古文《孝经》"分二十二章,比'十八章'今文多四章"①,在字数、内容、篇章方面与今文《孝经》都存在差异。本书认为此观点甚是。实际上,古代巴蜀除了隋代何妥《孝经义疏》、唐代李阳冰《科斗孝经》、宋代任奉古《孝经讲疏》、宋代龙昌期《孝经注》、宋代句中正《三体孝经》、宋代范祖禹《古文孝经说》、宋元时期史绳祖《孝经解》、宋元时期张琰《孝经口义》、明代晏铎《增注孝经》、清代林愈蕃《孝经刊误要义》等十种《孝经》文献以及李白、李服之、李建中三人相关著作,笔者对明、清四川府县方志中所载《孝经》相关文献进行梳理,明清之后尚有其他巴蜀《孝经》研究成果,如清代刘沅《孝经直解》一卷、张能鳞《孝经衍义》、龙炳垣《孝经酌从编串说》一卷、谢济勋《孝经述》一卷、谢绍伯《孝经注解》、范泰衡《读孝经记》一卷、杨国桢《孝经音训》一卷、姜国伊《孝经述》一卷、李伟《孝经订本分段章义切解》和《孝经实施法》、清末钟永定《孝经音注》一卷、清末民初曾学传《孝经释义》一卷、曾上潮《孝经一贯解》一卷、廖师政《孝经广义》二卷、廖师慎《孝经传记解》四卷、廖平《孝经辑说》一卷和《孝经学凡例》等。由此可见,对《孝经》的研究始终未停止。而专门就宋代孝经学研习、传播情况展开研究的既有成果,则是舒大刚教授的《论宋代的〈古文孝经〉学》,该文在论及古代巴蜀古文孝经学时言研习《孝经》的耆儒硕学、儒学名家甚多。虽然历史上巴蜀经学研究弱于文学研究,研究孝经学者不似中原、江南一带名家辈出,但并非乏善可陈。如隋朝长居郫县的何妥撰《孝经义疏》三卷。唐代李白的族叔李阳冰书《科斗书孝经》②。后蜀末、宋初益州华阳人句中正"尝以大小篆、八分三体书《孝经》摹石"③。宋代被文彦博称为"名动士林,高视两蜀"④ 的蜀人龙昌期"尝注《易》《诗》《书》《论语》《孝经》《阴符经》《老子》"⑤。宋代长期居住于成都的大儒任奉古(后文有考证)撰《孝经讲疏》一卷。最为学者所乐道的由

① 李诚主编《巴蜀文化研究》第一辑,第148页。
② 李阳冰为何地人尚存有争议,据《四川通志》《大清一统志》记载,其人为合州(今属重庆)人。
③ 《宋史》第37册卷四四一,第13050页。
④ 四川大学古籍整理研究所编《文潞公文集》第5册卷一一,线装书局,2004,第330页。
⑤ 《宋史》第28册卷二九九,第9942页。

北宋时蜀华阳人范祖禹书、镌刻于重庆大足北山的石刻古文《孝经》，是学术研究价值极高的碑刻经学文献。范祖禹本人也曾作《古文孝经说》一卷。明代的来知德、清代的刘沅等人也都从立德、立言两方面丰富和发展了孝经学研究成果和孝道思想。如梁平来知德在对理学的扬弃中阐发了孝道思想，自己还是恭行孝道的典范，为父母守墓六年，终身麻衣疏食。学者的研究和传播，助推了巴蜀孝经学研究和仁孝之风的盛行，为丰富和完善巴蜀思想文化和学术研究做出了贡献。

（二）宋代巴蜀名儒孝经学研究举要

在宋代，政治环境和学术环境都具有一定的特殊性。一方面，宋代长时间面临内忧外患的环境，统治者为加强思想控制，巩固其统治，非常重视孝道。同时，北宋开国是通过篡夺后周政权而实现的，不便大力宣扬"忠"，故而将"孝"置于"忠"之上。历代帝王通过御书《孝经》、赏赐《孝经》、碑记碑刻、经筵进讲等形式阐发和传播孝道思想。如南宋"辛未，诏诸州以《御书孝经》刊石赐见任官及系籍学生。时已颁《孝经》于郡庠，而殿中侍御史汪勃言：'……望降明诏，令募工摹刻，使家至户晓，以彰圣孝'"[1]。朝廷将皇帝手书的《孝经》以石刻的方式颁布全国，使得《孝经》家喻户晓，这种做法被一些继任者所沿用。清代四川遂宁尚存宋徽宗"御笔真草间书《孝经》碑五座"[2]。宋巴县人冯时行在成都为官时云："顾见学宫……且言皇上拨乱反正……纯用儒术，常以万几余闲手抄《六经》《论语》《孝经》……躬为叙赞，颁之郡国，藏之学宫，以示惇劝，以率斯文，德至渥也。"[3]他明言《孝经》与其他儒家经典在宋代教化中的重要性，常为最高统治者手书、颁赐。另一方面，宋代学术氛围活跃，儒学复兴，经学变古，理学确立并不断发展，一时学派众多，洛学、关学、蜀学等各学派既斗争又相互吸收融合，以"三苏"、"二张"、范氏等为代表的蜀学人物在以义理解说阐发圣人经旨的同时，还重视发挥《孝经》的经世致用之功，渴望以其匡世济民，有裨益于社会政治。在宋代孝经学及孝道思想被

---

① （宋）李心传撰《建炎以来系年要录》卷一五二，徐规点校，中华书局，1956，第2444页。

② （清）孙海等修、李星根纂《（光绪）遂宁县志》卷五，清光绪五年（1879）刻本影印本第6册，第172页。

③ （明）杨慎编《全蜀艺文志》卷三六，刘琳、王晓波点校，线装书局，2003，第1004页。

高度重视的大背景下，相关学术研究也非常活跃，仅《宋史·艺文志》记载的《孝经》研究著作就近三十部。另外，与孝道有关的著作，如《列圣孝治类编》《孝悌录》《孝感义闻录》《孝行录》《孝子拾遗》《孝悌类鉴》《节孝语》《古今孝悌录》等近四十部。巴蜀一些学者也乘势而为，以《孝经》为研究对象，积极阐发和传播孝道思想，围绕孝经学著书立说。

1. 句中正《三体孝经》

关于益州华阳（今属成都）人句中正的生平，《宋史》有传，言其曾于后蜀侍蜀相毋昭裔，在字学方面造诣颇深，"尝以大小篆、八分三体书《孝经》摹石，咸平三年表上之"①。清代的《（雍正）四川通志》《历代石经略》《鲒埼亭集外编》等典籍所记关于句中正事迹均据《宋史》。《巴蜀〈古文孝经〉之学论稿》一文直言"句中正、李建中所传的《古文孝经》，五代郭忠恕曾得之，选录入《汗简》"②，但并未说明句中正所传为何是古文《孝经》。《论宋代的〈古文孝经〉学》一文转引朱长文《墨池编》，言句中正《三字孝经序》言"访求遗逸，稍析沦胥，乃得旧传《古文孝经》，以诸家所传古文，比类会同"③，由此可知，《三体孝经》一卷应为古文《孝经》。句中正《三体孝经》耗时十五年，并于宋咸平三年（1000）献上。蜀相毋昭裔令人"刻《孝经》《论语》《尔雅》《周易》《尚书》《周礼》《毛诗》《礼记》《仪礼》《左传》，凡十经于石"④，此即蜀石经。句中正曾经以三体书写就并献呈的《孝经》摹石当为临摹孟蜀《孝经》石刻而成，所以蜀石经中的《孝经》也应为古文《孝经》。官方正式颁布的《孝经》都采用古文本，可见，至少在宋初前，巴蜀所传古文《孝经》占绝对优势地位。明人曹学佺在《蜀中名胜记》中叙述蜀石经时道："以上诸刻今皆不存……独石经《礼记》数段，流落在合州宾馆中。"⑤ 蜀石经《孝经》《三体孝经》早已不可考，惜之不能见其端倪。

此外，还有两点可证句中正所献为古文《孝经》。其一，句中正习字好

① 《宋史》第37册卷四四一，第13049~13050页。
② 李诚主编《巴蜀文化研究》第一辑，第146页。
③ 舒大刚：《论宋代的〈古文孝经〉学》，《四川大学学报》（哲学社会科学版）2004年第3期。
④ 见（清）常明、杨芳灿修《（嘉庆）四川通志》卷四十九，巴蜀书社，1984，第1893页。关于所刻经书究竟是"九经""十经"，还是"十三经"，舒大刚教授在《"蜀石经"与〈十三经〉的结集》（《周易研究》2007年第6期）一文中有详细的论述。
⑤ （明）曹学佺撰《蜀中名胜记》卷一，刘知渐点校，重庆出版社，1984，第8页。

古。所谓"三体"乃真书出现之前的大小篆、八分体三种古文字，而八分体则是流行于东汉的一种隶书形态的字体。句中正精通并好古文字，其于《孝经》文献必尚古文，则其所书《孝经》当为古文《孝经》。其二，句中正的学术取向好古文。《宋会要辑稿》云"（真宗咸平三年）又赐中正诏书曰：汝志在儒书……见蔡邕之古文，深穷旨归，老益遒健"①，此处提到的蔡邕，即东汉末亲书"六经"刻于石上而成"熹平石经"之人。东汉中叶以后，古文经学占据优势。至东汉末，经学大师郑玄以古文经学为宗，兼采今文内容，糅合两派，对各种儒家经典进行注解。《后汉书》载："光和三年，诏公卿举能通《尚书》《毛诗》《左氏》《穀梁春秋》各一人，悉除议郎。"② 东汉在选才用人上，重视古文经学者。又载："诏曰：'处士荀爽、陈纪、郑玄、韩融、李楷，耽道乐古，志行高洁，清贫隐约，为众所归。其以爽等各补博士。'"③ 荀爽等人大多数或兼习古文，或本身就是古文名家。可见，蔡邕生活时期古文经学氛围浓厚，精通古文经学之人多被重用。蔡邕本人失官时"闲居玩古，不交当世"④，得官时以习古文迎合于当世。既然句中正对蔡邕之学极为推崇，则不难相信其所书《三体孝经》应为古文版本了。

2. 龙昌期《孝经注》

关于对陵州（今四川眉山仁寿）人龙昌期之记载，宋人《渑水燕谈录》言其人于"祥符中，别注《易》《诗》《书》《论语》《孝经》《阴符》《道德经》，携所注游京师……又注《礼论》，注《政书》《帝王心鉴》《八卦图精义》《入神绝笔书》《河图》《炤心宝鉴》《春秋复道三教图》《通天保正名等论》《竹轩小集》"⑤，虽然因才高先后被范雍、韩琦、文彦博等朝中要员推荐任职，讲说府学，但因为他所学庞杂，又喜排斥先儒，所以他的著述都不为当世所容，其人也不得志。《续资治通鉴》也记载皇帝下诏让两制阅览龙昌期所呈献之著述，两制言："昌期诡诞穿凿，指周公为大奸，不

---

① 徐松辑《宋会要辑稿》卷二七四一，中华书局，1957，第2256页。
② 《后汉书》第2册卷八，第344页。
③ （晋）袁宏撰，周天游校注《后汉纪校注》，天津古籍出版社，1987，第710页。
④ 《后汉书》第7册卷六十下，第1980页。
⑤ （宋）王辟之撰《渑水燕谈录》卷六，中华书局，1981，第73页。

可以训。乞令益州毁弃所刻版本。"① 即使此时龙昌期已年届九十，但仍不为欧阳修、刘敞等通儒所容，被轮番弹劾"异端害道"，宜剥夺其所得到的赏赐。可见，虽然龙昌期之学说有创新之处，但有悖于当时学术主流，所以其个人境遇是非常不幸的，屡屡成为被排挤打击的对象。《（嘉庆）四川通志》记龙昌期故里四川仁寿县"西魏置陵州，改县曰普宁"②，唐代又复称为陵州，古典籍多记龙昌期为蜀人，此论当无异议。史籍对龙昌期记载有限，其所注《孝经》已不可考。朱彝尊《经义考》中列"龙氏昌期《孝经注》"③ 时并未特别注明其所注《孝经》为古文，所以可以推测龙氏《孝经注》或许本于今文。另外，他遍注群经，学问博杂，思想上兼取儒、释、道，融贯三教，其学说被称为"异端之说"④，时人评价"其学迂僻，专非周公，妄人也"⑤，所以，从龙昌期的学术倾向和志趣推测，其所注《孝经》为今文的可能性极大。虽然其在当时口碑不佳，但宋代名相文彦博颇推崇其师龙昌期，认为他"名动士林，高视两蜀"。龙昌期诽诋周公、排斥先儒，并有很多个性观点，并不为当时权贵所重，就连力推古文运动的欧阳修对龙氏也极为排斥，故言龙氏所注《孝经》为今文更符合常理。

3. 史绳祖《孝经解》

眉州人史绳祖，是蜀地南宋名儒、理学家魏了翁的得意弟子，因此，其学受到魏了翁等人的重要影响。魏了翁对其所作《孝经解》的成书情况有相关论述："史庆长又以告予曰：'昔者绳祖尝集先正名贤《孝经批注》，今愿得《刊误》为之章指。'……则又以黄直卿《孝经本旨》及其所辑《洙泗论孝》合为一书'……而由之不知观是书者，其亦知所发哉！"⑥ 清代朱彝尊都未曾见到《孝经解》著本，可知其书早已不存。魏了翁所作《九经要义》和其他著作中独不见"孝经要义"或相关著作，推测大概因史绳祖已作《孝经解》，而认为没有再续作之必要了。魏了翁与史绳祖存师徒关系，史氏曾相伴其左右，在学问上受魏氏影响。方志中记载史氏"为魏

---

① （清）毕沅撰《续资治通鉴》卷五八，中华书局，1957，第 1413 页。

② 《（嘉庆）四川通志》卷五，第 611 页。

③ （清）朱彝尊撰《经义考》卷二二五，《景印文渊阁四库全书》第 680 册，台湾商务印书馆，1986，第 8 页。

④ （明）黄仲昭撰《弘治八闽通志》卷三六，台湾学生书局，1987，第 1991 页。

⑤ （宋）陈振孙撰《直斋书录解题》卷一〇，商务印书馆，1937，第 299 页。

⑥ 《经义考》卷二二六，《景印文渊阁四库全书》第 680 册，第 20 页。

了翁高弟，尝从了翁游于泸，在泸为诸生讲《先天图说》，众皆称善"①，可见其人还承继了魏氏讲学之长，精于治《易》。引言中的黄直卿（即黄干）为福州人，与朱熹相交深厚，二人多有书信往来，其学受朱熹影响。史绳祖师从魏了翁，魏了翁对朱熹非常推崇，跋言《孝经解》基于朱熹《孝经刊误》、黄直卿《孝经本旨》《洙泗论孝》编撰而成。"黄震曰：晦庵朱先生因衡山胡侍郎及玉山汪端明之言就《古文孝经》作《孝经刊误》"②，既然朱熹、黄直卿之《孝经》文本据于古文，则史绳祖之《孝经解》也当以古文为本。

魏了翁《九经要义》中虽无"孝经要义"，但由其著述中反映的思想可以看出，他对《孝经》及孝道思想非常重视，这种思想直接影响了史绳祖。史绳祖曾言："余尝于圣贤事业而有感焉，尧舜禹授受以有天下，盖舜以孝绝德，禹以功绝德矣……亘古今万世以为言。"③ 他将舜的孝德同列为"圣贤事业"。史绳祖还认为地方官要持爱民之心，重视弘扬民间孝道，正所谓"田里要须兴孝弟，闾阎谨勿致呻吟"④。不难推测，史绳祖之《孝经解》必充分发挥了宋人义理之学之长，为有利于讲学，对《孝经》做注解，结合事功，立足经世致用对孝道思想进行了阐发，以迎合当时风雨飘摇、社会动荡的宋王朝需要。

实际上，史绳祖不仅仅著有《孝经解》阐发孝道思想，据从史绳祖墓中发现的、由其子史孝祥撰的墓志，其还著有《讲义》《中庸九经要义》《奏议》《经史发微》《洙泗论孝》等著作⑤，想来其中有不少关于孝道思想的义理发挥，可惜均已不存。

4. 张翌《孝经口义》

关于张翌的文献记载较少，其人生活于宋末元初。《元史》中记载导江（今四川都江堰）人张翌逢"蜀亡，侨寓江左。金华王柏，得朱熹三传之学……自《六经》《语》《孟》传注，以及周、程、张氏之微言，朱子所尝

---

① （清）田秀粿等修《（光绪）泸州直隶州志》，《中国地方志集成·四川府县志辑》第 32 册，第 700 页。

② 《经义考》卷二二六，《景印文渊阁四库全书》第 680 册，第 17 页。

③ 《学斋占毕》卷一，《景印文渊阁四库全书》第 854 册，第 15 页。

④ 《学斋占毕》卷三，《景印文渊阁四库全书》第 854 册，第 46 页。

⑤ 张绍俊：《史绳祖生平考述》，《黑龙江史志》2014 年第 13 期。

论定者，靡不潜心玩索，究极根柢……以为议论正，援据博，贯穿纵横，俨然新安朱氏之尸祝也"①。由此段话可以看出，张翥自小随父寓居金华后，师承金华王柏，而王柏又"得朱熹三传之学"，则张翥为朱熹四传弟子，深得周、程、张、朱之传。元代著名的理学家、经学家吴澄在为张翥写的墓碣铭中对张翥生平有详细记叙，言其"曾祖广成赠承事郎。祖讳汝舟，乡贡进士。父讳瀛，特奏名迪功郎江州彭泽县主簿"②，即张氏生于学问之家，具有较好的家庭背景，并感叹张氏"讲明朱子之学，以授学徒，使人人闻风敬慕能如君者，鲜矣"③。张翥学识、气质及治学方法与朱熹非常相似，广受学人尊敬。由此，《孝经口义》当受到了朱熹《孝经刊误》之影响，其所据底本极可能为古文《孝经》。张翥学问广博，善于讲学，弟子众多，在传播程朱理学的同时，对《孝经》之大义进行阐发。所谓"口义"，意为口头阐发之义，类似今天的讲义，当为张氏在讲学授徒时对《孝经》思想的心得总结。张氏两个知名弟子夹谷之奇、杨刚中在元初均是地位显赫之人。据《元史》记载，夹谷之奇元初官至御史、吏部尚书，曾上书皇太子条具时政十事，即"一曰正心，二曰睦亲，三曰崇俭，四曰几谏，五曰戢兵，六曰亲贤，七曰革弊，八曰尚文，九曰定律，十曰正名"④。"正心""睦亲"就含有孝悌方面的内容，即正人之善心、敬爱和睦亲族。其人品行公正清廉，"为文章尤简严有法，多传于世"⑤。杨刚中"自幼厉志操……风采凛凛，有足称者。其为文，奇奥简涩，动法古人，而不屑为世俗平凡语"⑥。可以看出，夹谷氏、杨氏二人继承了张氏辞章、义理之学以及品德操行，张翥"特精详"，夹谷氏"简严有法"，杨刚中"奇奥简涩"。在宋末元初，虽然政治混乱，社会动荡，但学术较为兴盛，这与张翥及其弟子们传播理学、施加教化是分不开的。可以说，张翥的为学，为以何基、王柏、金履祥等名儒为中心的金华学派学术的兴盛做出了贡献。

5. 任奉古《孝经讲疏》

关于任奉古的记载甚少，只能通过有限的文献资料间接推测其生平大

---

① 《元史》第14册卷一八九，中华书局，1976，第4315~4316页。
② 《吴文正集》卷七三，《景印文渊阁四库全书》第1197册，第707页。
③ 《吴文正集》卷七三，《景印文渊阁四库全书》第1197册，第708页。
④ 《元史》第13册卷一七四，第4062页。
⑤ 《元史》第13册卷一七四，第4062页。
⑥ 《元史》第14册卷一九〇，第4341页。

概。《渑水燕谈录》中云蜀人李畋"少师任奉古，博通经史……为张乖崖所器……后隐居永康军白沙山，后生从之学者甚众……"① 这里提及的任奉古的弟子李畋著述颇丰，著有《孔子弟子传赞》《道德经疏》《张乖崖语录》《谷子》等著作，以及诗歌、杂文等。朱彝尊在《经义考》中还间接记述了任奉古再传弟子绵竹人杨绘的情况，言其"治经济，尤长于《易》《春秋》……庄遵以《易》传扬雄……郯传乐安任奉古，奉古传广凯，凯传绘"②。由蜀人李畋、杨绘的情况可以推测任奉古学术特点。古籍文献中记述任奉古时俱言"乐安任奉古"。乐安郡在今山东境内，魏晋南北朝时期出过不少名人，如南朝名流任昉就是"乐安博昌人"，推测任奉古的郡望当在乐安郡。《（嘉庆）四川通志》将任奉古之《孝经讲疏》归于四川经籍之中，宋代杜大珪曰："郡人张及、李畋、张逵者皆有学行，乡里所服……后三人悉登科，历美官，于是两川学者知劝，文风益振。"③ 张咏即张乖崖，曾知益州，张及、李畋、张逵皆为蜀人，这三人皆师从任奉古，由此推断任氏为山东乐安郡人（或祖上为乐安郡人），后定居于蜀。宋太宗时期，李畋曾师从任奉古，后隐居于永康军（今成都都江堰一带）。宋代冯椅《厚斋易学》言"本朝成都乡贡三传任奉古撰《周易发题》一卷"④，并著"《明用蓍求卦》一卷"⑤。《（嘉靖）四川总志》云"宋太平兴国八年，成都道士任奉古锓诸木，而世不传。讲师将为重刻，故钦其所以得书之"⑥，此处记述年代与李畋等人活动年代吻合，"成都道士任奉古"应与"乐安任奉古"系同一人，从任氏精通易学和其弟子李畋撰有《道德经疏》的情况来看，其极可能也好老庄，其传人张及、李畋、杨绘、张逵等素有品行，深得其所学，形成乐安学派。

任奉古门下弟子众多，其《孝经讲疏》应当是授徒传学之时阐发《孝经》的讲义疏解。《经义考》注明该书"已佚"，今不能考其貌。由任奉古及其弟子的治学特点看，任奉古学问广博庞杂，注重对经义的探讨，精通

① 《渑水燕谈录》卷六，第73页。
② 《经义考》卷一七，《景印文渊阁四库全书》第677册，第187页。
③ （宋）杜大珪编《名臣碑传琬琰集》上卷一六，《景印文渊阁四库全书》第450册，第142页。
④ （宋）冯椅撰《厚斋易学》附录二，《景印文渊阁四库全书》第16册，第844页。
⑤ 《宋史》第15册卷二〇六，第5263页。
⑥ 《全蜀艺文志》卷三一，第830页。

《易》学，会通百家。这也体现了作为宋初蜀学代表之一的乐安学派"具有文献典制与学道相结合的特征"①。

6. 范祖禹《古文孝经说》

可以说宋代蜀人中研究《孝经》卓有成效、影响最大的当属华阳人范祖禹。一是因为其生长于史学名家华阳范氏家族中，叔祖父为北宋名臣范镇，自己也是司马光的门生，跟从司马光续修《资治通鉴》，其地位显赫，影响甚大。二是因为《古文孝经说》是根据司马光《古文孝经指解》而作，虽然今天"其内容有所改篡，已非原貌"②，但二书仍以不同的版本形式保存至今。三是因为其手书而镌刻的重庆北山古文《孝经》石刻保存至今，具有很高的学术、艺术研究价值。

范祖禹苦心修撰了《古文孝经说》，并进呈给最高统治者。他在进呈《古文孝经说》的奏章和序言中对其撰写目的、学术渊源等进行了详细交代，曰："择前代文字可以资孝养、补政治者，以备仁宗观览……伏惟陛下方以孝治天下。此乃群经之首，万行之宗，倘留圣心，则天下幸甚。"③ 他又云："（今、古文《孝经》）二书虽大同而小异，然得其真者古文也。臣今窃以古为据，而申之以训说，虽不足以明先王之道，庶几有万一之补焉。"④ 显然，范祖禹作《古文孝经说》的主要目的是"以资孝养、补政治"，"明先王之道"，为当朝最高统治者以孝治天下提供借鉴之资。他之所以选择古文《孝经》立说，一方面是因为他是司马光之门生，在政治立场、学问上受到其影响。另一方面，自唐玄宗御注《孝经》，"以《闺门》一章为鄙俗，而古文遂废"⑤，范祖禹比较今、古文《孝经》之后，认为古文《孝经》更真、更正，于是与司马光分作《孝经指解》与《孝经说》。"真德秀曰：自唐玄宗《御注孝经》出世，不复知有古文，先正司马公作为《指解》，太史范公复为之《说》，于是学者始得见此经旧文"⑥，可见，司马光、范氏二人对古文《孝经》之文献保存功莫大焉。范祖禹将《古文孝经说》进呈于统治者，并在经筵上讲习，发

---

① 胡昭曦：《宋代蜀学论集》，四川人民出版社，2004，第225页。
② 舒大刚：《论宋代的〈古文孝经〉学》，《四川大学学报》（哲学社会科学版）2004年第3期。
③ 四川大学古籍整理研究所编《太史范公文集》第24册卷一四，线装书局，2004，第231页。
④ 《太史范公文集》第24册卷三六，第369页。
⑤ （清）张澍撰《养素堂文集》卷一二，《清代诗文汇编》编撰委员会编《清代诗文汇编》第536册，上海古籍出版社，2010，第451页。
⑥ 《经义考》卷二二五，《景印文渊阁四库全书》第680册，第12页。

挥了《孝经》大道在治国理政中的重要作用。司马光、范祖禹的努力，还进一步巩固了《古文孝经》的历史地位，这在孝经学术史上具有重要意义。

不仅如此，范祖禹还手书古文《孝经》，并镌刻于昌州北山（今重庆大足内），宋代王应麟《舆地碑目考》、清人张澍《古文孝经碑考》等均有详细记载。张澍对古文《孝经》的源流进行了考证，转引晁公武《郡斋读书志》之语道："晁氏《读书志》云：元祐中，范淳夫侍经筵上《古文孝经说》一卷，按司马公《指解》，至和中，上范祖禹《说》，天祐中上原各自一卷，今本不知谁所合编也，所用乃孔氏古文。然温公《指解》之中仍全载元宗今文注，知今文古文不甚相远。"① 张澍认为司马光在作《古文孝经指解》时，也并不全是采用古文，仍然全载了唐玄宗的今文注，只是经文沿用了古文，范氏也肯定今、古文《孝经》内容大同小异。清人周中孚认为范祖禹《古文孝经说》较《古文孝经指解》更简略："后之言古古文注解者，但举君实不及淳父也。"② 司马光、范祖禹二人保持了严谨的学术精神，"信而好古"，不妄自篡改，最大限度地忠实了《古文孝经》的原作，"非如朱子《孝经刊误》全变古文原本面目，而自成为朱子之《孝经》也"③。范氏此举也与之后的冯椅基于朱熹《孝经刊误》经文妄引《诗》《书》的做法是有区别的。因古文《孝经》镌刻于北山而得以保存，闻之者如张澍等学人纷纷拓印摩习，这从一定程度上也有助于古文《孝经》的保存和传播。不仅如此，范氏所进《古文孝经说》的刊板还奇迹般地保存数百年。《经义考》转引明人杨士奇言及《古文孝经说》之语："宋元祐中秘书省著作郎兼侍读范祖禹淳夫经筵所进刊板在成都。"④ 他既如是说，想必是曾在成都见过。可见，在明清时，范氏《古文孝经说》尚在巴蜀民间得以刊印，北山石刻大多数经文都还清晰可见，其保存文献之功大焉。

关于重庆大足北山的范祖禹书《古文孝经》石刻，《试论大足石刻范祖禹书〈古文孝经〉的重要价值》一文条分缕析，对古文《孝经》石刻的年代、篇章内容均有详考，从篇章、结构、内容、版本等方面揭示了其价值，

---

① （清）张澍撰《养素堂文集》卷一二，《清代诗文汇编》编撰委员会编《清代诗文汇编》第 536 册，第 451 页。
② （清）周中孚撰《郑堂读书记》卷一，商务印书馆，1940，第 7 页。
③ 《郑堂读书记》卷一，第 7 页。
④ 《经义考》卷二二五，《景印文渊阁四库全书》第 680 册，第 12 页。

对厘清石刻古文《孝经》的源流具有重要意义。对于该石刻所载古文《孝经》本身的价值，"在经学史上、文献学上的重要意义，是目前各种《孝经》传本无法比拟的，切不可等闲而视之"①，该文充分肯定了其价值。司马光、范祖禹之书至今犹存，《论宋代的〈古文孝经〉学》一文认为其书已非原貌，而是与唐玄宗注合编，分别以《通志堂经解》本中《古文孝经注解》和《四库全书》本中《古文孝经指解》呈现。虽然"传世《指解》'合编本'在很多方面已改变古文原貌，与司马光得之秘府时完全两样，其文献价值远不如前"②，但通过考察《四库全书》本《孝经指解》，也可看出一些司马光、范祖禹关于《孝经》思想阐述的端倪。

《古文孝经》共二十二章，《四库全书》本《孝经指解》在每章均按经文、唐玄宗注、司马光解、范祖禹说的顺序进行阐释。其中每章之后范祖禹的大段阐述令人瞩目。在具体行文形式和风格上与司马光的《孝经指解》存在区别。司马光的《孝经指解》是在唐玄宗每一则或几则注解之后，重在对某句经文及注解未尽之意做进一步说明，而范祖禹则在每个章节后对经文大义进行阐发，紧随司马光的指解做进一步的延伸，行文风格上是散文性的评述。本书认为，范祖禹关于孝道思想的阐述有以下几个特点。

一是阐说的中心是天子之孝。这与范祖禹作《古文孝经说》的根本意图直接相关。他认为天子以孝治天下是至关重要的。首先，他强调了天子之孝的至关重要性，认为天子是天下的表率，天子爱亲敬亲的方式，可以成为天下民众爱亲敬亲所效法的准则，即"天子者，所以为法于四海也"③。同时，天子保持孝德，才能保持其至高无上的地位，勤勉于孝道，才能保持富贵加身，治理天下臣民。作为天子，只有能保其社稷和臣民，才能称得上孝。其次，范祖禹阐述了天子之孝的主要内容。一方面要保持敬、爱、诚、让之心。在践行孝道方面保持敬、爱、诚之心非常重要，对于天子来说，更是如此。虽然天子与庶民地位不同，但在与民众行孝保持爱敬上却是一致的，所不同的是天子孝亲敬亲可以引领天下百姓，为天下之榜样。

① 舒大刚：《试论大足石刻范祖禹书〈古文孝经〉的重要价值》，《四川大学学报》（哲学社会科学版）2003年第1期。
② 舒大刚：《司马光指解本〈古文孝经〉的源流与演变》，《烟台师范学院学报》（哲学社会科学版）2003年第1期。
③ （宋）司马光指解，范祖禹说《古文孝经指解》，《景印文渊阁四库全书》第182册，第91页。

天子之大孝为"得天下之欢心也，以万国欢心而事先王"①，这需要心怀爱敬之心，如此上下才能敬让，百姓才不会乱起争端。天子能保持孝道，则不仅能事天、事地、事父、事母，更能彰显"察者之德"，以尽"天地之道"。另一方面，他认为天子之孝，虽然重在天下，但首要仍在事亲，如此则天下才没有不孝，天子才能"与天地参德，配天地富贵"②。天子之孝也要有始有终，这样才能"刑四海"，而祸患不及身。天子行孝还要做到不骄傲自大，这样才能引导民众不悖乱、不争斗，如此则天下之人皆能秉承孝悌之道。

二是阐述"争"和"不争"与孝道的关系。儒家思想在对君臣关系上追求"事君有犯而无隐"，即天子有了过错，臣子应该宁可犯颜直谏，也不可为之隐匿错失，此乃忠臣的本分。这种"忠谏"观念在范祖禹的身上体现得非常明显。他认为"父有过，子不可以不争，争所以为孝也。君有过，臣不可以不争，争所以为忠也"③，充分肯定臣对君谏诤也是践行孝道的体现，同时也是移孝作忠的体现。这与范祖禹本人身份及品格直接相关。据《宋史》记载，宣仁太后听政时，范祖禹就担任过"正言"的官职，类似于谏议类的官员。南宋赵构即位后，子崧言："台谏为人主耳目，近年用非其人，率取旨言事。请尊旧制，听学士、中丞互举。范祖禹、常安民、上官均先朝言事尽忠，请录其子。"④ 这段话，明指范祖禹"言事尽忠"之功，举荐其子继续担任台谏官职。《宋史》对范氏的评价为"至遇事，则别白是非，不少借隐"⑤。苏轼称之为"讲官第一"。正是因为范祖禹忠直，又常在帝王左右侍讲，故其特别看重谏诤。一方面，他认为天子要拥有各类诤臣，是为了"防其未来"和"救过防失"，避免君主无道，以至于失国，这也是天子践行孝道的正确方式；另一方面，作为臣子，要认识诤谏的重要性："谏于无形而止于未然。事贤君也，谏于已然，而防其未来。事乱君也，救其横流而拯其将亡。"⑥ 他认为正确的诤谏方式要注重时机的选择。同时，

---

① 《古文孝经指解》，《景印文渊阁四库全书》第 182 册，第 94 页。
② 《古文孝经指解》，《景印文渊阁四库全书》第 182 册，第 91 页。
③ 《古文孝经指解》，《景印文渊阁四库全书》第 182 册，第 99~100 页。
④ 《宋史》第 25 册卷二四七，第 8744 页。
⑤ 《宋史》第 31 册卷三三七，第 10799 页。
⑥ 《古文孝经指解》，《景印文渊阁四库全书》第 182 册，第 100 页。

臣子还要敢诤、善诤。如果不接纳诤谏，大臣就应犯颜引义以诤，即便因谏而招杀身之祸也在所不辞。

三是范祖禹还专门对《闺门》一章进行了发挥。《古文孝经》中《闺门》一章仅有"闺门之内，具礼矣乎。严父严兄，妻子臣妾，犹百姓徒役也"一句，虽然"议者排毁古文，以《闺门》一章为鄙俗不可行"①，但范祖禹分外看重治家对践行孝道的作用。"闺门之内具治天下之礼也。"② 他认为，治理好一家之事务，是治民和治国的前提，而要治理好家庭，必须尊君、敬长，待妻子、臣妾以礼、有道。那么闺门之内与孝道又有什么关系呢？这实际上与儒家倡导的修齐治平的路径是一致的。只有以孝道规范好闺门之内的父子、夫妇等各种关系，以"礼"理顺"闺门"之序，才能保证修身、齐家、治国、平天下之本。同时，他认为在"闺门"之内各组关系中，父子关系是最基本的关系，即"严父"影响到"尊君"、"敬长"和"妻子"等关系。显然，父子关系的处理就直接涉及孝道。这对天子来说可以固守社稷、保护臣民，尤显重要。所以，范祖禹认为"一家之治犹天下，天下之大犹一家也，善治者正身而已矣"③。可见，他对《闺门》之阐述，仍然以治理天下之天子为主要对象。范祖禹不仅从理论上阐发"闺门"之内孝道的重要性，在朝也以实际行动规谏当朝统治者重视"闺门"之内。如神宗即位后，"禁中觅乳媪，祖禹以帝年十四，非近女色之时，上疏劝进德爱身"④，其极力劝谏最高统治者"进德爱身，宜常以为戒"⑤。

四是从为人臣的立场上深入剖析了移孝作忠的重要性。《四库全书》本的《古文孝经指解》中范祖禹的阐说中随处可见"忠"字。这也体现了宋王朝一方面在实行"守内虚外"的政治背景下，对内通过极度加强对孝悌思想灌输，从而达到控制民众精神的目的。这从《宋史》记载的大量孝行、孝感方面的内容可见一斑。另一方面，在内忧外患的夹击下，统治者也渴望大量以孝道思想"武装"起来的忠臣良将能够发挥其移孝作忠的作用。范祖禹作为最高统治者的侍讲老师，自然肩负鼓吹这种思想的重任。他指

---

① 《古文孝经指解》，《景印文渊阁四库全书》第 182 册，第 99 页。
② 《古文孝经指解》，《景印文渊阁四库全书》第 182 册，第 99 页。
③ 《古文孝经指解》，《景印文渊阁四库全书》第 182 册，第 99 页。
④ 《宋史》第 31 册卷三三七，第 10797 页。
⑤ 《宋史》第 31 册卷三三七，第 10797 页。

出，之所以要移孝作忠，是因为不存在孝于亲而不忠于君的情况。那种忠君爱国的良臣在家本身就是践行孝悌之德的典范，故治国始于家道，即"正家之道在修其身，修身之道在顺其亲，此孝所以为德之本也"①。作为臣子，将孝延伸至忠，对君王忠心不二，"能保其爵禄，守其祭祀，则不辱"②。接着，他阐述了移孝作忠的方法，除了要当诤臣，使君上避祸、远祸以外，还要以事父之心事君，践履"进思尽忠，退思补过，将顺其美，正救其恶"③ 这四点事君之常道，以达到忠孝合一的目的。

---

① 《古文孝经指解》，《景印文渊阁四库全书》第 182 册，第 99 页。
② 《古文孝经指解》，《景印文渊阁四库全书》第 182 册，第 92 页。
③ 《古文孝经指解》，《景印文渊阁四库全书》第 182 册，第 100 页。

本篇小结

宋朝建立，五代十国长期的纷争结束，天下趋于安定。宋代开国统治者为加强统治，实行文治天下、孝治天下的基本国策，将孝道思想置于最高地位。在此社会背景下，一些学者乘势而为，投身于对孝经学的相关研究，涌现出诸如句中正（五代末至北宋初）、李建中（北宋初）、龙昌期（约宋真宗、仁宗年间）、任奉古（宋太宗时期）、范祖禹（历仁宗、英宗、神宗、哲宗四朝）、史绳祖（南宋理宗前后）、张翌（宋末元初）等孝经学研究者。通过对他们的生平、学术背景及《孝经》相关著作的初步考察，可以看出宋代巴蜀孝经学研究呈现以下几个特点。

一是偏重于古文孝经学研究。句中正、李建中、任奉古、史绳祖、范祖禹、张翌等六人专习古文《孝经》或者偏于古文。蜀中大书法家、学者李建中与同时期的句中正一样好古，擅写多种字体，行笔尤公，苏轼云："《法书苑》李建中直集贤院为西台御史，善古文八分行书，尝得《古文孝经》，研玩临学，遂尽其势。"① 可见，李建中与句中正一样研习《古文孝经》。任奉古之《孝经讲疏》虽不知所据底本为今文还是古文，但任奉古精通易学，宋代黄休复在《茅亭夜话》中叙述任氏弟子杨锡曰："亡友杨锡……咸治经义于乐安先生，悉潜心于六教，然后观史传，遍百家之说，探奥索微，取其贯于道者，既积中而发外，遂下笔著文，其撰论考贤士节夫之动静，明古今沿习之废置，纪绩义之大小，辨适用之邪正，不虚美，不隐恶，庶达乎心志之所冀也。"② 根据对杨锡的学术取向和治学精神的描述，其人治学具有"探奥索微""明古今""不虚美，不隐恶"等特点，具

---

① （宋）苏轼撰，施元之注，（清）宋荦、张榕端阅定，顾嗣立删补《施注苏诗》，清康熙三十八年刻本，第356页。
② （宋）黄休复撰《茅亭客话》卷七，上海古籍出版社，2001，第436页。

有古文学派的治学风格。弟子治学特点如此，应受其师之影响，故推测任奉古治学特点亦如此。任氏所著《孝经讲疏》很可能也是以古文《孝经》为底本。《巴蜀〈古文孝经〉之学论稿》一文对古代巴蜀学者主要治古文《孝经》特点有专门的论述，很多论述放在宋代巴蜀治今文孝经学者的身上同样适用。

二是多对《孝经》开展义理性阐说。隋唐之前的孝经学研究，多专注于注疏章句之学，如郑注、唐玄宗注、贾公彦疏、元行冲疏等。到了宋代，对《孝经》的相关研究开始从传统的传、注、疏之学发生转向，偏重义理探索，以理释文。宋代巴蜀六位孝经学研究学者（句中正、龙昌期、任奉古、史绳祖、张翌、范祖禹）中，有四位的《孝经》研究者作以集解、口义、讲疏、说命名，他们或广收门徒，或于书院讲学，或者在游历为官时施行教化，或者进讲经筵为朝廷服务。虽然龙昌期所作仍是《孝经注》，但其在为官时也曾"讲说府学"，故其《孝经注》应与传统的注疏也有所区别。这些学者大多不着眼于《孝经》的字、词、句的考订注疏，而是在讲说实践中立足于对《孝经》经文或前人研究成果进行解说、阐发，结合社会现实，追求对经文大义的探索，充分展现自己的思想观点，以服务于政治的需要。范祖禹的《古文孝经说》堪称其中代表之作。

三是融合儒释道思想，诸经汇通。宋代巴蜀的孝经学研究者大多具有融合三教，会通诸经的特点，大多数称得上是"杂家"。他们视野开阔，学问广博，研究领域庞杂，往往融合儒、佛、道思想，精通儒家诸经，借之充实和完善自己对《孝经》的义理阐释，这也反映了宋代蜀学的学术特点。即以儒家为主，深受道家思想的影响。李建中"性简静，风神雅秀，恬于荣利""善修养之术，会命官校定《道藏》"①，其人风格超然，其治学笃于道家。龙昌期除了遍注儒家群经，还著有与道家、阴阳家等各家有关的著作，文彦博曾言其"穷经二十载，浮英华而沉道德，先周孔而后黄老，杨墨塞路，辞而辟之"②，也是学问博杂。《蜀中广记》中记载"《三教圆通论》，仁寿龙昌期著"③，可见龙昌期还对儒、佛、道三教融合持积极支持态

---

① 《宋史》第 37 册第四四一第 13056 页。
② 《文潞公文集》第 5 册，第 330 页。
③ （清）曹学佺撰《蜀中广记》卷 95，沈阳出版社，1998，第 81 页。

度。史绳祖作为魏了翁的弟子，著述颇多，尤精易学，曾讲《先天图说》，今仅存《学斋占毕》一部。在 20 世纪 70 年代浙江衢州出土的史绳祖夫妇合葬墓中发现的墓志上有 "先生抱道韫德，六经与稽。……穷神明之奥，以溹其赜，探事物之理，以致其知，玩阴阳之变，以研其几……"① 之言，道出了其治学路径：通儒家经典，对易学、阴阳之学深有研究，努力探求天地奥秘和事物之理，具有宋元理学家显著特点。他著有 "《周易古经传断》，《学斋类稿》六十卷，《孝经集解》十卷，《易断》三十卷，《占毕》五卷，《讲义》十卷，《经史发□（微）》□卷，《中庸九经要义》、《洙泗□□（论孝）》各一卷，《奏议》两卷，皆行于世。他所类著，又数百卷藏于家"②。可见，史绳祖也是以儒为主，融合诸经，著述颇丰，并且撰有孝经学著作两部。张窯一生研习儒家经典探求程朱理学，所学 "弘深微密"，著作除了《孝经口义》，还有 "《经史入门》《冕弁冠服考》《释奠仪注》《序详艺文志》《丧服总类》《引彀训蒙》《达善文集》《阙里通载》《淮阴课稿》"③ 等书。他精通经学，尤其对礼学颇有研究，并且擅文。另外，任奉古也是精通易学，出入于儒、道之间。范祖禹在《古文孝经说》中引用了《诗经》《礼记》《中庸》等经典来阐发自己对《孝经》孝道思想的理解，可谓融汇诸经之例。所以，巴蜀学者们孝经学的研究，势必受到佛、道等其他思想和其他学术的影响。

四是重视经世致用，契合现实。在宋代特殊的政治背景下，孝经学研究者胸怀治国安邦的理想，以《孝经》为载体，深入阐发移孝作忠的孝道思想和孝治天下的政治构想，渴望达到修齐治平的目的。因此，他们逐渐抛弃了汉唐的传注之学，而重点转向于对经典的义理阐释，直探圣人之旨。同时，他们还根据社会、自身的需要，对《孝经》进行删改，根据己意进行发挥，以达到教化百姓，引导民风，进而巩固帝王统治的目的。因此，他们一方面迎合统治者标榜孝道的需要，进呈《孝经》相关著作或进讲经筵，以司马光、范祖禹为代表。所谓经筵侍讲，即类似 "崇政殿说书，掌进读书史，讲释经义，备顾问应对。学士侍从有学术者为侍讲、侍读，其

---

① 张绍俊：《史绳祖生平考述》，《黑龙江史志》2014 年第 13 期。
② 张绍俊：《史绳祖生平考述》，《黑龙江史志》2014 年第 13 期。
③ （清）庄思恒修，郑珶山纂《（光绪）增修灌县志》卷一三，光绪十二年（1886）刻本，第 64 页。

秩卑资浅而可备讲说者则为说书"① 等。在宋代，侍讲侍读和经筵进讲，扩大了儒家孝道思想和《孝经》在君王、大臣之间的影响，同时，也促进了他们对儒家经典和治国之道的探求。如"元祐间，程颐以布衣为之。然范祖禹乃以著作佐郎兼侍讲，司马康又尝以著作佐郎兼侍讲，前此未有也"②。范祖禹多次在朝廷为皇帝和众臣侍讲，并向统治者进呈《古文孝经说札子》，其言辞恳切，经世为国之理想跃然纸上。另一方面，他们自身也是践履孝道思想的典范。如史绳祖一生为官，有建树，在其为亡妻杨氏题的墓志中云"杨氏少时淑惠，懂礼知孝"③。史氏寓居浙江后，晚年闭户修书探求大道，仁孝守节，其子名为"孝祥"，可见，史氏也是敦于孝行。任奉古的弟子们如李畋、张及、张奎等皆有良好品德和官声，成为蜀人学习的榜样。弟子们德行如此，其师必如是，他们对引导当时两川学者学风、文风起了一定作用，这与其师的教导和垂范应有莫大关系。

---

① 《宋史》第 12 册卷一六二，第 3815 页。
② 《宋史》第 12 册卷一六二，第 3815 页。
③ 见张绍俊《史绳祖生平考述》，《黑龙江史志》2014 年第 13 期。

中　篇

宋代巴蜀名儒的孝道思想

宋代作为思想文化高度繁荣的朝代，可谓名家、大家云集，巴蜀地区亦不例外。宋代巴蜀名儒中就有眉山"三苏"（苏洵、苏轼、苏辙）及其后人苏过、苏元老，铜山"三苏"（苏易简、苏舜钦、苏舜元），华阳范氏（范镇、范百禄、范祖禹、范冲等），华阳王氏（王珪等），华阳宇文氏（宇文虚中等），丹棱李氏（李焘父子），井研"李氏四杰"（李心传父子等），绵竹二张（张浚、张栻），邛州魏了翁等，另外还有谯定、唐庚、文同、度正、鲜于侁、吕陶、刘光祖、家铉翁、高斯得、黄裳等，不可尽举。他们有的在经、史、文学、艺术等领域全面发展，有的长于一面并取得突出成就，共同促进了宋代巴蜀思想文化的繁荣。总体来看，宋代巴蜀名家在文学、史学领域成就突出，在经学研究等方面也是成绩斐然，尤其在易学领域独树一帜。通过对这些学者的著述进行考察，可以较为清晰地看到他们在经学研究及孝道思想阐发方面的特点。

由于宋代巴蜀名儒数量众多，囿于篇幅，不可面面俱到，故本篇只选取苏轼、张栻、魏了翁、文同、王珪、吕陶、家铉翁、度正等十余位名儒作为考察重点，分别有所侧重地对他们的孝道思想进行考察、分析。

一 "浩然无涯" 的苏轼

苏轼在中国古代政治界、思想界、文艺界占有重要地位，因他于诗词歌赋（文学）、琴棋书画、哲学、经学、治国理政等领域广泛涉猎，是蜀学人物中最杰出的代表之一，在古代巴蜀文化乃至中国文化史上占有重要的地位。其取得的"百花齐放"式的丰硕成果千百年来为人们津津乐道。长期以来，学术界对苏轼开展学术研究和通俗性研究的论著很多，但多集中于对他的作品进行汇编、整理，或对他在文学、艺术、哲学、经学等领域的成果开展思想研究，或从学术史的角度研究其对蜀学的贡献、影响，在蜀学中的地位，或对包括苏轼在内的苏氏家族开展研究。目前，专门对其孝道思想开展研究的著作和学术论文极其有限，《苏轼伦理思想研究》一文对苏轼的政治伦理、经济伦理、文艺伦理、人生哲学思想予以阐述[1]，而对其孝道思想提及极少。《苏轼的孝道观念及表现》一文仅三千字左右，仅对苏轼的一些孝行进行了简易的描述和分析[2]。《逆取顺守：两宋时期的孝悌文化》一文对宋代的孝道文化特征进行了可贵的探索[3]，但对宋代苏氏家族及其成员的孝道思想论述仍很有限。

关于介绍苏轼的生平的著作，如王水照、朱刚的《苏轼评传》和邓凌

---

① 刘祎：《苏轼伦理思想研究》，博士学位论文，湖南师范大学，2010，第46~147页。
② 贾喜鹏：《苏轼的孝道观念及表现》，《语文学刊》2007年第4期。
③ 舒大刚：《逆取顺守：两宋时期的孝悌文化》，《国际儒学研究》第19辑，九州出版社，2012。

原的《沧海寄余生：苏东坡传》等专门著作不下数十种。作为蜀学名家，苏轼学识渊博，思想通达，深受儒、佛、道家影响，其思想变迁是随着其人生经历改变而发生变化的。正如苏辙所言："（轼）初好贾谊、陆贽书，论古今治乱，不为空言。既而读《庄子》，喟然叹息曰：'吾昔有见于忠，口未能言。今见《庄子》，得吾心矣！'……后读释氏书，深悟实相，参之孔、老，博辩无碍，浩然不见其涯也。"① 苏辙对其兄了解最深最透，因此"浩然不见其涯"是对其思想最为中肯的评价。可以说，苏轼达到了将"三教"思想融合圆通的完美境地，建立起了以儒学体系为根本而兼通释、道思想的人生观和哲学思想。苏轼又是一个具有典型的儒家经世济民政治理想的人，胸怀治国安邦之志，为人坦荡，讲究风节，虽多次受到排挤打击，但仍勤于政事，为民谋利，对人生怀有超然般的积极乐观精神，具有极高的人格魅力。面对受到的两次严重政治迫害（第一次是四十五岁时因"乌台诗案"而被贬至黄州达四年；第二次是五十九岁时被贬往惠州，随后六十二岁时贬至儋州，至六十五岁才遇赦，前后被贬达六年），苏轼虽然也有痛苦、失落的时候，但他并不沉沦于逆境，逆境反而使其在哲学、思想、文艺等方面的创作达到高峰。他自己也坦言"问汝平生功业，黄州惠州儋州"②，不以身处逆境而悲，自嘲中带着几分洒脱。苏轼一生著述颇丰，后人将其作品汇编成《苏文忠公全集》（明成化刻本）、《苏轼全集》（王文诰注）、《苏轼全集》（傅成、穆俦标点）、《苏轼全集校注》（张志烈、马德富、周裕锴主编）、《三苏全书》（曾枣庄、舒大刚主编）等不同版本。

苏轼的生平事迹，《宋史》中有详细的记述，书史者评论道："轼不得相，又岂非幸欤？或谓：'轼稍自韬戢，虽不获柄用，亦当免祸。'虽然，假令轼以是而易其所为，尚得为轼哉？"③ 苏轼自小就胸怀大志，才华横溢。在仁宗、神宗两朝，其才虽被最高统治者所赏识，但最终没有得到重用。虽然苏轼仕途坎坷，但他始终坚守节义和志向。故《宋史》作者不由得感叹，虽然苏轼有宰相之才，但终没能任宰相之职而被重用，这既是他的痛心之处，同时又是他的幸运之处：假如没有这种特殊人生经历，其经、史、

---

① （宋）苏辙撰《苏辙集·栾城后集》卷二二，陈宏天、高秀芳校点，中华书局，1990，第1126~1127页。

② （宋）苏轼：《苏轼诗集》第8册，王文诰辑注，孔凡礼点校，中华书局，1982，第2641页。

③ 《宋史》第31册卷三三八，第10818~10819页。

文学等方面的成就也难以达到如此高度。可谓时势造就了名满天下的苏轼，也成就了学识思想"浩然无涯"的苏轼。

二　苏轼孝道思想的根源

（一）儒家伦理思想

苏轼的成就是多方面的，其思想博大精深。在学术层面，以儒为本，融汇释、道二家思想是其主要思想特征。同时，因他长期宦游于各地，其思想上又受到巴蜀文化、吴越文化、秦文化、南越文化等影响，对各种文化思想兼收并蓄。其孝道思想便根植于他这种复杂的思想，尤其是其深厚的儒家伦理思想。儒家伦理思想由孔子创建，孟子、荀子等承继，并由汉儒们进一步设计和完善。关于儒家伦理思想，《先秦儒家伦理思想研究》一文进行了阐述[①]，认为先秦儒家伦理思想主要体现为以"仁"为核心的伦理学思想体系和以"孝"为核心的道德规范体系这两方面内容，二者相互融合。其主要条目包括仁、义、礼、智、信，也即"五常"，其中"仁"的具体内容有"亲亲""尊尊""忠恕""克己""爱物"。"礼"是用来调节基于宗法伦理道德的父子、兄弟、夫妇、君臣、朋友等关系的行为准则和规范，这自然包括子女对父母之"礼"：孝敬、孝顺、孝养等。这些中国封建社会儒家最基本的道德观念，在个人修养、处理人际关系等方面发挥了重要作用，影响了每个中国人的思维和行为方式，奠定了中国人品格、心理和价值观的基础。

苏轼生活于儒家伦理思想和学术鼎盛的宋代，从最高统治者到普通民众，无不崇尚忠孝，强调仁义，作为士大夫阶层的代表，必然地会受到儒家伦理思想的深刻影响，可以说儒家伦理思想是苏轼孝道思想的最重要源泉。苏轼的孝道思想还源自其家庭环境。苏氏家族成员都深受儒家伦理思想影响，其祖父、父亲、母亲都对苏轼兄弟从小施加影响，让他们继承孝悌之道，塑造了他们的人格（后文有对苏氏家族做专题研究）和品性。另外，苏轼还受到同时期贤哲的影响，从小以之为楷模。史载"轼历举诗中所言韩、富、杜、范诸贤以问其师"[②]。韩琦是北宋时的政治家，忠心爱国，

---

① 王美凤：《先秦儒家伦理思想研究》，博士学位论文，西北大学，2001，第40~52页。
② 《宋史》第31册卷三三八，第10818页。

勤政爱民。富弼是北宋时的名相，帮助北宋抵御内忧外患。杜衍为北宋宰相，恭俭孝谨，忠信两全。范仲淹更是以"先天下之忧而忧，后天下之乐而乐"的忠君爱国士大夫形象名传千古。他们都是宋代官吏中的楷模，苏轼从小就以他们为榜样，可以说受到了他们忠孝思想的深刻影响。

（二）道、佛家思想

苏轼早期接受儒家思想，继之受到道家思想影响，后来又接触释家思想，最后达到"三教"思想融通的境地。苏轼的很多作品体现出了道家超脱自然和佛家澄怀静心的风格。所以，道、释思想也是其孝道思想的理论来源。苏辙对其兄思想转变的评价描述反映的是苏轼成年后的情况，实际上，苏轼自小就与道、佛结缘。苏轼在回忆自己儿时情况时言："吾八岁入小学，以道士张易简为师，童子几百人，师独称吾与陈太初者。"① 张易简是当时眉山天庆观的道士。根据苏轼自述，之所以张道士唯独赞赏苏轼和陈太初，是因为二人幼时在道观中敏而好学，对道家思想领悟较深。苏轼兄弟自幼深受父母的影响，其父苏洵就屡与僧、道交往。苏洵在感叹自己众多骨肉之亲零落时言道："……将去，慨然顾坟墓，追念死者，恐其魂神精爽滞于幽阴冥漠之间，而不获旷然游乎逍遥之乡，于是造六菩萨并龛座二所……"② 由此段自述可知，苏洵相信佛家生死轮回、往生极乐之论。而苏轼之母程氏也是一位笃信佛教的女性，一生虔诚礼佛。因此，从小就生长在这样的家庭环境中，苏轼兄弟少年时期是不可能不受佛家思想影响的。从小的熏陶，为苏轼后来思想融通道、释提供了可能。

三 苏轼对孝道思想的阐述

（一）圣人之德无以加孝

苏轼云："圣人之德，无以加孝；帝王之典，莫大承天。"③ 他将孝视为

---

① （宋）苏轼撰《东坡志林》卷二，王松龄点校，中华书局，1981，第47页。
② （宋）苏洵撰《嘉祐集》卷一五，林纾选评《林氏选评名家文集》，上海商务印书馆，1924，第65页。
③ 张志烈等校注《苏轼全集校注》第15册卷四〇，河北人民出版社，2010，第4011页。

圣人至高无上的德行，并与帝王以承天命相提并论，这与先秦儒家的孝道思想是一致的。先秦儒家思想认为孝乃人的天性、本性，将孝置于至高地位。如孔子曰："孝者，人道之至德。"① 又云："仁者，人也，亲亲为大。"② 在孔子看来，仁是人之所以为人最根本的因素，而其中以孝为主要内容的"亲亲"又是仁的最重要部分，天生使然。《孝经》曰："夫孝，天之经也，地之义也，民之行也。"③ 其认为孝是贯通天下万物之根本。苏轼继承了这种思想，在与君王、友人、亲人言孝时，其言行无不体现了这种对孝的根本认识。他认为实行孝悌之道不仅是一家一地之事，更是实行王道的基础，云："孝悌足而王道备，此固非有深远而难见，勤苦而难行者也。"④ 他显然是说给最高统治者听的，期望他们以孝悌为始，以父子、兄弟相亲为基础而致圣人之道，进而筑就王道乐土之盛世。正是基于这些认识，他对有违孝悌之道的行为"零容忍"，言道："有子不孝、有弟不悌、好讼而数犯法者，皆诛无赦。"⑤ 他认为，即使是尧舜之类的圣王也不能容忍不孝不悌者，将不孝、不悌、好讼者视为"奸"。诛少部分的"奸"，小则可悦一乡之人，大者可悦一国之人，诛之亦不违反圣人之德。

（二）孝乃人的天性

孟子认为孝是人的天性，是一种善的品性，曰："孩提之童无不知爱其亲者，及其长也，无不知敬其兄也。"⑥ 认为连孩童都具有爱其亲的天性，故孝悌之行乃天性使然。苏轼继承了这种思想，一方面，他认为孝悌对于人的存在具有不可或缺性。"仁义礼乐，忠信孝弟，盖如饥渴之于饮食，欲须臾忘而不可得。如火之热，如水之湿，盖其天性有不得不然者"⑦，将孝悌等品性与饮食相提并论，视之为人不可或缺之物，为人之身体、心理所必需。再一方面，苏轼还认为孝悌之心是"良民"和"士大夫"的本性，是兴王道的前提。为此，他感叹道："今夫良民之家，士大夫之族，亦未必

---

① （清）孙星衍辑《孔子集语》卷二，上海古籍出版社，1989，第 12 页。
② 《十三经注疏（附校勘记）》下册，第 1629 页。
③ 《十三经注疏（附校勘记）》下册，第 2549 页。
④ 《苏轼全集校注》第 10 册卷三，第 329 页。
⑤ 《苏轼全集校注》第 11 册卷八，第 858 页。
⑥ 《十三经注疏（附校勘记）》下册，第 2765 页。
⑦ 《苏轼全集校注》第 11 册卷一〇，第 962~963 页。

无孝弟相亲之心……然则王道何从而兴乎？"① 他对宗族没有统率族人的宗子，以及由此而导致的族人不相亲、亲族婚丧嫁娶不相往来的社会现象深表忧虑。他认为，父子异居、兄弟相讼等现象中的不孝不悌之人，都是"无知之民"，均不利于王道政治的实现。此外，对于孝为良民、士大夫的天性的道理，苏轼持肯定的态度，认为帝王亦有仁孝的天性。他在向皇帝进讲经筵时言道："皇帝陛下仁孝发于天性，每行见昆虫蝼蚁，违而过之，且敕左右勿践履，此亦仁术也。"② 他认为，孝之天性乃天子"仁术"的重要内容，推而广之，便是治理天下的重要方法。他还认为，建立在忠孝之性基础之上的"情"，会塑造和影响一个人的人品、文品。他评论杜甫之诗时道："若夫发于情止于忠孝者，其诗岂可同日而语哉！"③ 他认为杜甫之所以在众多诗人中千古留名，是因为他虽身处忧患之际，但仍不忘忠君爱国。

（三）孝故专笃于亲

先秦儒家伦理思想强调"亲亲""尊尊"，故将对亲人的爱、敬视为孝道之始，将事亲、事君、立身作为践行孝道的三个阶段，都强调孝的起点在于家庭亲友之内的孝道，而其关键在于事亲要持始终如一的尊敬的态度。苏轼之所以对孝道深有体悟，与其先辈的影响有莫大关系，他曾言："昔我先君子，仁孝行于家。"④ "先君子"即指其父苏洵。苏轼也曾多次表达对家庭之孝的观点："岂似凡人但慈母，能令孝子作忠臣。"⑤ 他认为，在家为孝子是在朝为忠臣的前提。在著述中，他就几个方面阐述了在治家中孝悌的重要性。一是强调家庭之孝悌与个人修身的关系。"公（司马光）上疏言'治身莫先于孝，治国莫先于公'"⑥，"有百年不变者，'父慈、子孝、兄友、弟恭'是也"⑦，指出"孝"是个人修身的基础，同时表明，在治理国家上，不管何种变法、变革，孝悌之道始终为世之常经，不得变更。二是强调在家行孝与为官的关系。他认为在家能躬行孝道者，为官就能做到廉

---

① 《苏轼全集校注》第 11 册卷八，第 841 页。
② 《东坡志林》卷二，第 29 页。
③ 《苏轼全集校注》第 11 册卷一〇，第 988 页。
④ 《苏轼全集校注》第 5 册卷三二，第 3470 页。
⑤ 《苏轼诗集》，第 273 页。
⑥ 《苏轼全集校注》第 12 册卷一六，第 1640 页。
⑦ 《苏轼全集校注》第 12 册卷一六，第 1647 页。

洁谨慎。可以说，在家孝恭是成为好官的前提。三是强调家庭孝悌之道与家庭发展之间的关系。"君子之孝，至于尊祖，以及其妣，用邦君之礼，以隆其家，可谓至矣。"① 他认为，遵循孝道，可以惠及家人，能够光宗耀祖。正是因此，孝道在家庭中起到十分重要的作用。此外，苏轼还指出家庭中孝道的最高境界。"夫事其亲者，不择地而安之，孝之至也。"② 意思是无论身处何境，都能使父母到达安心舒适的状态，这是孝的最高境界。正是如此，苏轼极度赞扬那种身处困境、逆境而仍致力于孝道的人。"祖宗之意，仁孝为先。孝故专笃于亲，仁故闵劳以事。"③ 要做到孝，就首先要做到对亲人之笃孝，治外必先治内，如此才能言对国家之忠和对国家之治理，即使君临天下的君王，其孝也是始于家内之尊亲，孝亦重在尊亲。在家内践行孝悌之道，除了要善事父母，还要"父子不相贼……兄弟不相夺"④，以达到父子兄弟相敬相亲。

苏轼对事亲之孝的观点充分体现在他写的大量"墓志铭""祭文""荐状"类作品中，对友人同僚"亲亲""尊尊"之孝德孝行予以高度赞扬。他称赞程遵彦"事母孝谨，有绝人者"⑤，充分肯定其事亲至孝之行。为此苏轼向皇帝力荐程遵彦，以达到为国家搜罗贤才、弘扬孝悌风俗的目的。苏轼对那种在家至孝而不愿为官的行为虽不十分赞同，但也表示同情和理解，对因"持丧中礼"、四次婉辞"恩命"而四次不被允许的宗晟，苏轼认为他是"纯孝"，对他因孝亲敬老之故而辞却朝廷"恩命"的行为应予以理解。如此，则可以引导宗室躬行孝道，使人人守礼笃亲，从而有利于孝治。苏轼还认为令畤事亲笃孝，属于"德行纯备"之人。认为朱长文的孝友之德足可感化民众，引导社会风气。因此，苏轼向统治者屡次举荐至孝之人。总之，苏轼是十分看重官吏、士人在家中践行孝道的。

同时，苏轼也对那种对亲人不孝的行为予以坚决的贬斥和否定，认为此种人不能事亲，不能尽孝道，因此不能委以重任。他在元祐年间与范百

---

① 《苏轼全集校注》第 14 册卷三八，第 3799 页。
② 《苏轼全集校注》第 15 册卷四三，第 4510 页。
③ 《苏轼全集校注》第 14 册卷三九，第 3932 页。
④ 《苏轼全集校注》第 10 册卷三，第 329 页。
⑤ 《苏轼全集校注》第 14 册卷三三，第 3416~3417 页。

禄合奏"张诚一无故多年不葬亲母……犹获提举宫观，已骇物听"①，认为张诚一不葬母既不是因为在远方为官，又不是因力所不能及，其行为极端奸邪，有悖孝道人伦，因此认为不宜提拔张诚一。若使无父无母不孝之人得踞高位的话，会对社会风气和教化非常有害，因此，他认为依照法律，遇到父母丧事而隐瞒不举丧、服丧的，应流放二千里。而官员李定不但不举丧，还听人流言，不认其亲生母亲，应治其不孝之罪。从这些事例可以看出，苏轼对违背孝道的人坚决反对。

（四）躬蹈曾、闵之孝

孟子曰："尧舜之道，孝弟而已矣。"② 孟子认为先王圣德布于天下、实行仁政是因为谨守了孝悌之道，这也成为历代封建王朝施行孝治的理论基础。苏轼本着一片爱国忧民之心，在为国尽忠方面格外用心，常常在上奏的疏表之中表达自己的孝悌观，以达到规谏帝王以孝治国、理顺天下的目的。因此，他屡次提到君王之孝不仅仅是个人家庭之孝，还是仁孝泽于天下之大孝。他以刘邦与项羽楚汉之争为例，提出"抑将区区徇匹夫之节，为曾参之孝而已者耶"③。提倡践行为国为天下之"大孝"，而不拘泥于为己为家之"小孝"。在劝谏皇帝时他提及得最多的是"仁孝""尧舜""曾闵"等语，期待君王能够"力行禹、汤之仁，常恐一夫之不获；躬蹈曾、闵之孝，故得万国之欢心"④。在他眼里，以仁孝治理天下是最完美的，因此，当朝统治者若能将仁孝作为君临天下之最重要的"纲领"，那是再好不过的了。而对于君王行孝悌之道的具体做法，苏轼也提出了自己的建议。一是要重视奉亲、宗庙祭祀。他说："臣闻舜禹之心，以奉先为孝本；释老之道，以损己为福田。"⑤ 他直言先王孝道之本在于奉养先辈，暗指当今统治者也应如此。他强调帝王祭祀祖宗的重要性，认为古代重视宗庙祭祀，是为了教导诸侯践行孝道，以笼络天下臣民之心，因此，天子按时祭祀是孝道的具体体现，能为天下做出博施仁义的表率，如此，则可使天下治、宗

---

① 《苏轼全集校注》第 13 册卷二七，第 3048 页。
② 《十三经注疏（附校勘记）》下册，2755 页。
③ 《苏轼全集校注》第 18 册卷六四，第 7096 页。
④ 《苏轼诗集》，第 2494 页。
⑤ 《苏轼全集校注》第 13 册卷二四，第 2715 页。

庙安，这都是践行孝道的结果。二是要养志。所谓"大孝在乎养志"①，要涵养好的志趣、志向，不能因逞一时耳目之欲而削夺必备的耗用，不能因一时之好恶而蒙蔽眼睛。在规谏君王养志方面，他举例道："汉文帝，贤君也，而不能信贾生之屈；尹吉甫，慈父也，而不能雪伯奇之冤。此小人谮夫所以得志而欺天，忠臣孝子所以抱恨而入地。"② 以汉文帝、尹吉甫为例，暗含希望君王养志以明察忠臣孝子之意。三是君王行"孝"要符合礼。苏轼认为"仁孝自天，哀伤过礼。惟圣达节，岂复行曾、闵之难；以民为心，则当法舜、禹之大"③，也就是说，君王要行天下之大孝，就要把握好分寸，合乎礼度。上能守孝知礼，则能为民众起好表率作用，民众知孝行孝，则天下才能归于仁化。君臣、父子关系合乎礼义，则孝悌之道便显现，仁义之君便会出现了。这些反映出苏轼也持仁孝为中、礼法为外的观点。

另外，他还对君王重视教育、学校、科举的治国之策给予赞美之词，认为这也是重视孝道的表现。皇帝驾临太学进行视察就是推崇弘扬孝道的行为。他建议将《孝经》及其注、疏作为考试出题的内容。他说："自来诗赋论题杂出于《九经》《孝经》《论语》……臣今相度，欲乞诗赋论题，许于《九经》、《孝经》、《论语》、子、史并《九经》、《论语》注中杂出。"④以《孝经》等儒家经典作为出考题的依据，为统治者选拔所需的人才，这也符合宋代重视忠孝品德的标准。苏轼一生都在为天下社稷而殚精竭虑，满心地期望统治者能躬行曾、闵之孝，治理天下行禹、汤之仁，以筑造四海清明的盛世。尽管这只是他的一厢情愿，但反映了他赤子忠孝之心。

（五）忠孝奉君体国

苏轼的全部论孝的内容中，关于天子之孝和官吏、士人移孝作忠的内容较多。儒家追求将家庭之"小孝"扩大到忠君爱国之"大孝"上，故云"君子之事亲孝，故忠可移于君；事兄悌，故顺可移于长；居家理，故治可移于官"⑤，并将忠孝视为齐家、传家的最关键因素。苏轼一直以范仲淹之

---

① 《苏轼全集校注》第 13 册卷二五，第 2862 页。
② 《苏轼全集校注》第 13 册卷二四，第 2805 页。
③ 《苏轼全集校注》第 13 册卷二四，第 2791 页。
④ 《苏轼全集校注》第 14 册卷三六，第 3584~3585 页。
⑤ （汉）郑玄注《孝经注》卷七，中华书局，1998，第 17 页。

"以天下之忧而忧，以天下之乐而乐"为己任，身上怀着强烈的济世救民的士大夫精神。他言道："夫君子之所重者，名节也……而爵位利禄，盖古者有志之士所谓鸿毛敝屣也。人臣知此，然后可与事君父，言忠孝矣。"① 他不但自己忠实地践行孝悌持家、忠君爱国的大道，还十分推崇和赞赏其他士人孝悌行为，将个人事亲之"孝"扩大到事君之忠上。故他言："事父能孝，故可以事君；谋身必忠，而况于谋国？"② 苏轼将事亲之孝和忠君爱国达到了统一。

在忠孝二者的关系处理上，苏轼持忠孝相兼或忠孝两全的观点。当二者不可兼得时，他力主忠大于孝，认为个人之孝是小孝，奉上事君，为国尽忠才是大孝。他认为官员在位，"既当身任其责，难以家事为辞。而况并奉君亲，两全忠孝"③，不能因为家事而辞去君王之事，进退两难之时若选择隐退，则退之无名。他又言："独有一事，以为臣子之忠孝，莫大于爱君。爱君之深者，饮食必祝之。"④ 直言臣子之最大忠孝为爱君，并时时处处以君王为念。由此可见，苏轼的价值取向是建立在统治者的立场上的。故他一方面劝谏友人、同僚忠孝两全，以忠为上。他在代皇帝拟的针对宗晟辞职的《不允诏》中道："夫圣人以孝弟为从政，而卿以从政为非孝，非所闻也。"⑤ 认为为官从政是孝，将孝道施于政事之中也是"孝"，将从政为官视为非孝的观点是不正确的。因此，他对那种以孝为借口而推脱朝廷任命的做法是不赞同的。再一方面，苏轼对那种不奉君上、不忠国事的人予以坚决否定，"昔季孙有言：'见有礼于其君者，事之，如孝子之养父母也。见无礼于其君者，诛之，如鹰鹯之逐鸟雀也'"⑥，因此，他对违背忠孝的做法非常反感和排斥。他又说："昔者夫子廉洁而不为异众之行，勇敢而不为过物之操，孝而不徇其亲，忠而不犯其君。凡此者，是夫子之全也。……曾子孝而徇其亲，子路忠而犯其君。凡此者，是数子之偏也。"⑦ 恰当的忠孝是有标准的，要做到不屈从父母、不冒犯君主，这样才算真正

---

① 《苏轼全集校注》第 14 册卷二九，第 3244 页。
② 《苏轼全集校注》第 10 册卷一，第 114 页。
③ 《苏轼全集校注》第 15 册卷四〇，第 4056 页。
④ 《苏轼全集校注》第 16 册卷四八，第 5209 页。
⑤ 《苏轼全集校注》第 15 册卷四〇，第 4137 页。
⑥ 《苏轼全集校注》第 14 册卷三七，第 3689 页。
⑦ 《苏轼全集校注》第 16 册卷四八，第 5195 页。

的忠孝。因此，依这个标准看，曾子、子路的孝和忠终究是有缺陷的。

而在忠君之孝方面，对于何谓君子之孝，何谓小人之孝，苏轼引用了"郗超出与桓温密谋书以解父"的历史事例加以说明，并评论道："然超谓之不孝，可乎？使超知君子之孝，则不从温矣。东坡先生曰：超，小人之孝也。"① 桓温是东晋有篡位之志的权臣，郗超是他的心腹，超的父亲忠于王室。郗超为避免自己死后父亲哀伤过度，留下了一箱自己与桓温密谋的书信。郗超的父亲看到书信的内容后果然大怒，再也不为郗超之死而悲痛。郗超挽救了父亲，表现出了事亲之孝，但同时他在生前做出了对桓温有利，而对东晋王朝不利的事，故苏轼认为郗超是"小人之孝"而不是"君子之孝"。可见，他对那种不忠于君王的"小孝"的行为持否定态度。

尽管苏轼一生都忠孝体国，但仍未得到朝廷重用，屡被贬谪，身处逆境，苏轼仍不失其志，言："夫惟忠孝礼义之士，虽不得志，不失为君子。"② 这可以说是他最真实的感情流露，也是他自己的人生写照。

（六）"三教"之孝"不谋而同"

在宋代，三教融合是与时代背景息息相关的。最高统治者或重佛，如宋太祖即位不久便下诏修复寺院，宋太宗令编撰《大宋高僧传》，都对佛教持支持态度。还有一些帝王痴迷道教，如宋徽宗就自称"教主道君皇帝"。在宋代内忧外患的社会政治状况下，儒学显得有些式微，一些士大夫不得不在佛、道思想上寻找精神寄托，最典型的例子是佛教禅宗的流行，其修持方式简单易行，再加之其明心见性、事理圆融的观念也容易被当时的士大夫所接受③，故在北宋时大受欢迎。苏轼就曾言学佛可易可难，"累土画沙，童子戏也"和"勤苦功用，为山九仞之后"④ 都可能成佛。苏轼一生与儒、释、道都有很深的渊源，苏辙在《亡兄子瞻端明墓志铭》一文中便言明了苏轼思想经历了儒家思想到道家思想，再到佛家思想，最后到儒、佛、道思想融合的过程。虽然儒家入世，佛家出世，道家避世，三者观点本有相左之处，但经历过仕途坎坷之后，苏轼将三家思想在自己身上实现了融

① 《苏轼全集校注》第 18 册卷六五，第 7281 页。
② 《苏轼全集校注》第 13 册卷二六，第 2981 页。
③ 梁银林：《苏轼与佛学》，博士学位论文，四川大学，2005。
④ 《苏轼全集校注》第 11 册卷一二，第 1243 页。

通。他在宋神宗元丰年间作的《庄子祠堂记》中认为，庄子思想对孔子思想是一种补充，表面上看是相互排斥，而实际上对孔子思想大有帮助，认为一些诋毁孔子的篇章"皆浅陋不入于道"或者"皆出于世俗，非庄子本意"①，表达了他对道家思想的认同。他直言写《南华长老题名记》的目的是"为论儒释不谋而同者以为记"②，在该文中评价南华长老"其始盖学于子思、孟子者，其后弃家为浮屠氏。不知者以为逃儒归佛，不知其犹儒也"③。在他看来，即使是归入佛门的南华长老，也并不影响其以儒为本的思想特性，儒、佛思想完全可以相互借鉴、相互促进。他在《跋子由老子解后》中云："使战国时有此书，则无商鞅、韩非；使汉初有此书，则孔、老为一；晋、宋间有此书，则佛、老不为二。"④ 他对儒、释、道三教融合的态度可见一斑。

苏轼一生与很多高僧、道士交往颇多，也写了大量的与佛、道有关的"赞""铭""颂"等。苏轼与高僧契嵩交游，他在回忆契嵩禅师时道："契嵩禅师常瞋，人未尝见其笑；海月慧辨师常喜，人未尝见其怒。予在钱塘，亲见二人皆趺坐而化。"⑤ 苏轼晚年与二僧交谊更深。契嵩著有著名的《孝论》，《全宋文》全文著录，该文从佛家的角度阐述了孝道思想。他在《孝论》中开篇即言"夫孝，三教皆尊之，而佛教殊尊也。虽然，其说不甚著明于天下，盖亦吾徒不能张之"⑥，认为佛家更重视孝，而世间之所以有误解，是因为佛教徒没有好好宣传而已。他言自己离家从佛是遵循母亲关于父亲之命不可更改的教诲，是报恩报德的表现，其写《孝论》的目的是阐扬圣人大孝中的"奥理秘意"，会通儒家学说，并在书中提出"圣人之道，以善为用；圣人之善，以孝为端。为善而不先其端无善也，为道而不在其用无道也"⑦，认为"孝"为一切善的本原，这实际上和儒家的孝道观是一致的。因此，契嵩持儒、佛孝道相通的观点。苏轼对他是非常敬重的。不

---

① 《苏轼全集校注》第 11 册卷一一，第 1085 页。
② 《苏轼全集校注》第 11 册卷一二，第 1244 页。
③ 《苏轼全集校注》第 11 册卷一二，第 1243 页。
④ 《苏轼全集校注》第 19 册卷六六，第 7434 页。
⑤ 《东坡志林》卷三，第 51 页。
⑥ 曾枣庄、刘琳主编《全宋文》第 36 册卷七七一，上海辞书出版社、安徽教育出版社，2006，第 224 页。
⑦ 《全宋文》第 36 册卷七七一，第 227 页。

仅如此，苏轼还与宝月、怀琏、道荣等高僧和张易简、陆子厚等道士颇有交情，与之亦师亦友，常在一起交游论辩。在此情况下，苏轼将儒家孝道思想与佛、道思想进行了很好的融合，并对相关的人、事给予充分的肯定。如他称因遵循孝道而书《金刚经》、笃信佛教的谭文初"孝慈忠信，内行纯备"①，对其表达了由衷赞美。

苏轼自小就与道教结缘，道家思想影响其一生。他从道家的角度表达了其孝道观。他对李道士的孝行表示称赞，称其"事母以孝谨闻"②。苏轼认为，信道与崇孝并不冲突。他言及自己"早岁便怀齐物意，微官敢有济时心"③。年轻时就对道家思想情有独钟。他在《谢徐州失觉察妖贼放罪表》中严厉批判"上不能以道化民，达忠孝于所部；下不能以刑齐物，消奸充于未萌"④ 的行为，期望君王能够"传祖宗六圣之心，我无为而自化"⑤，"使天下闻风而心服，则人主无为而日尊"⑥，在这里使用的"齐物""无为"等表述均为道家用语。他将忠孝与化民、齐民等联系在一起，体现了苏轼希望统治者实行仁政，践行孝道，减少扰民，以使社会稳定、百姓安居乐业的愿望，这实际上与苏轼的"孝治之极，天下顺之"的思想是一致的。

四　苏过的思想特点及成就

（一）苏过的思想特点

苏轼的第三子苏过（字叔党，号斜川居士）才学过人，与"三苏"合称"四苏"，人称"小东坡"。在苏轼、苏辙众多子嗣中，独苏过得此殊荣，是因为他不仅善文善画，且以至纯至孝闻名于世，其叔父苏辙"每称其孝，以训宗族"⑦，将其视为宗族学习的榜样。苏轼三子苏迈、苏迨、苏过，时

---

① 《苏轼全集校注》第 19 册卷六六，第 7483 页。
② 《苏轼诗集》，第 1533 页。
③ 《苏轼全集校注》第 1 册卷六，第 562 页。
④ 《苏轼全集校注》第 13 册卷二三，第 2587 页。
⑤ 《苏轼全集校注》第 8 册卷四六，第 5412 页。
⑥ 《苏轼全集校注》第 14 册卷三八，第 3851 页。
⑦ （宋）晁说之撰《嵩山文集》卷二〇，《四部丛刊续编》第 389 册，上海书店出版社，1985，第 24 页。

称"三虎",时有"苏氏三虎,叔党最怒"① 的称誉。考察苏过的孝道思想和孝行事迹,对于进一步研究苏轼孝道思想及苏氏学术思想具有一定价值。

由于苏过长时间侍奉苏轼,因此,无论是在人品、个性上,还是在学术、思想上,都受到苏轼的直接影响,儒、释、道三教思想亦融通于其思想中。苏过自小就深受儒学浸润。苏轼被贬儋州时仍不忘告诫诸子"春秋古史乃家法,诗笔《离骚》亦时用"②。即要将经史之学和文艺之学相济并用。同时,苏轼还认为:"儿子到此,抄得《唐书》一部。又借得《前汉》欲抄。若了此二书,便是穷儿暴富也。"③ 为解决谪宦之地书籍匮乏的困难,苏轼鼓励苏过以抄书的方式进行学习,《唐书》《汉书》等书籍都是儒家史籍代表作。正是在如此的家学和家教背景下,苏过才在学问方面具有扎实的儒学功底,骨子里潜藏着儒家经世济民之心。他认为儒学、儒术于修身、治国有利,在《送孙海若赴官河朔叙》中云:"大略出于孔孟者,虽无能,世必称为长者;出于申商,虽奇才,世必称为薄夫。""国家专用儒术,政尚宽简,风俗日趋于厚。刑名之学,搢绅先生绝口不论,以经术润饰吏事,彬彬然稍出矣。"④ 运用儒术治理国家,可以使"政商宽简",与以申不害、商鞅为代表的法家人物治理国家的方式存在明显的区别。专习儒学者,即使无大才能,亦能具有良好的道德品性,于政风、民风向善有利。但令人惋惜的是,因为长期随父漂泊的人生经历,其仕宦之途亦坎坷,他充分体验了人情冷暖和世道的险恶,变得愈发消沉和悲观,缺少了许多其父的豪迈和洒脱,却多了浓重的道、释隐逸心态,尤其向往陶渊明式的生活状态。其诗文处处展现出"余幼好奇服,簪组鸿毛轻。羽人悦招我,携手云间行"⑤ 的出世心态和"平生冠冕非吾意,不为飞鸢跕堕时"⑥ 般傲视官宦、富贵的超逸与洒脱。

(二)苏过的学术成就

他不仅诗文造诣高,文学成就突出,留传《斜川集》一部,而且擅长

---

① 施国祁:《元遗山诗集笺注》卷一二,人民文学出版社,1958,第583页。
② 《苏轼全集校注》第7册卷四二,第4967页。
③ 《苏轼全集校注》第17册卷五五,第6071页。
④ 舒大刚等校注《斜川集校注》卷八,巴蜀书社,1996,第561页。
⑤ 《斜川集校注》卷二,第124页。
⑥ 《斜川集校注》卷二,第68页。

书画艺术，堪称一代大家，正如有学者所言："苏过的文学成就是多方面的，首先就体裁上来说，诗中五言、六言、七言、杂言，古体、近体、骚体皆备，文则赋、论、表、启、碑志、祭文、序、跋等应有尽有。"① 无怪乎苏过常常获得其父及其叔父的称许。苏轼在文中赞道："幼子过文益奇。"② "过甚有干蛊之才，举业亦少进，侍其父亦然。"③ 苏轼高度肯定苏过的文才和品行，并在为苏过所作《送昙秀诗》中题跋道："儿子过粗能搜句，时有可观，此篇殆咄咄逼老人矣。"④ 其自豪、慈爱之情溢于言表。苏辙也道："吾兄远居海上，惟成就此儿能文也。"⑤ 苏辙将对苏过的德行、才学成功培养视为苏轼最艰难贬谪生活期间最大的成就，可谓评价甚高。

五　苏过的孝道思想探析

目前对苏过开展研究的著述并不多。舒大刚先生等校注的《斜川集校注》是研究苏过的最重要参考文献。⑥ 蒋宗许、舒大刚先生的《苏过的生平行事与文学成就考论》对苏过人生轨迹和文艺成就有厘定廓清之功。⑦ 庞明启《苏过研究》对苏过的仕隐心态、漂泊意识、诗歌创作观进行了较为全面的考察。⑧ 其他学术文章如王小兰《苏过诗歌创作中的隐逸情结及其成因》⑨、陈素娥《论苏过及其创作的审美内涵》⑩、张海鸥《苏过斜川之志的文化阐释》⑪、丁沂璐《前身庄生只君是　信手拈来俱天成——试论苏过诗歌

---

① 蒋宗许、舒大刚：《苏过的生平行事与文学成就考论》，《西南科技大学学报》（哲学社会科学版）2012 年第 6 期。
② 《苏轼全集校注》第 16 册卷四九，第 5331 页。
③ 《苏轼全集校注》第 17 册卷五二，第 5767 页。
④ 《苏轼全集校注》第 19 册卷六八，第 7742 页。
⑤ 《宋史》第 31 册卷三三八，中华书局，1985，第 10818 页。
⑥ （宋）苏过：《斜川集校注》卷八，舒大刚等校注，巴蜀书社，1996。
⑦ 蒋宗许、舒大刚：《苏过的生平行事与文学成就考论》，《西南科技大学学报》（哲学社会科学版）2012 年第 6 期。
⑧ 庞明启：《苏过研究》，硕士学位论文，西南大学，2011。
⑨ 王小兰：《苏过诗歌创作中的隐逸情结及其成因》，《名作欣赏》2010 年第 11 期。
⑩ 陈素娥：《论苏过及其创作的审美内涵》，《广西民族大学学报》（哲学社会科学版）2009 年第 3 期。
⑪ 张海鸥：《苏过斜川之志的文化阐释》，《广东社会科学》2000 年第 2 期。

中的庄哲意蕴》① 和严宇乐《苏轼、苏辙、苏过贬谪岭南时期心态与作品研究》② 等都对苏过作品中体现的思想内涵进行了分析考察，而李景新《惠、儋瘴地上的特殊逐臣——岭海时期之苏过论》则对苏过的"纯孝"背景、情操、才学和有政治才能进行了综合考察，但总体来看比较简略③。丁沂璐、庆振轩《舐犊之情与反哺之义——论苏轼、苏过的感情传递与诗意诠释》则直接从孝慈的角度做了论述，直入孝道思想，但也多是对史实的梳理、阐述④。可见，专门对苏过孝道思想及孝道人生进行详细研究的学术文章数量还是非常有限。

成长于如此显赫的家族中，如果不出变故的话，苏过原本仕途宽阔，再凭借父祖辈的声名，成就一番功名不是难事。但"乌台诗案"让苏轼九死一生，也终结了苏轼的大好仕途，彻底改变了他的人生命运，之后一直处于仕途坎坷、颠沛流离之中。覆巢之下安有完卵，"乌台诗案"发生时，苏过年仅七岁，父亲不幸的遭遇和其坚韧正直的人格在其幼小的心灵上留下了难以磨灭的痕迹，并直接影响到他的性格特征、人生旨趣和创作风格，甚至影响到他的人生观、价值观。对世俗的憎恶、对官场的厌倦、对人生的无奈和对隐逸出世生活的向往等复杂的思想感情融于其诗文。虽然他也有《飓风赋》和《海南论黎事书》等超迈豪放经世致用之作，但却并不多见。在苏轼人生低谷时期，苏过在精神上给予其莫大安慰，才使得苏轼在贬谪期间走出人生低谷，在逆境中得享一些天伦之乐。

苏过从思想上非常重视孝道，他在《读〈楚语〉》中批驳了柳宗元的观点。柳宗元以《礼记》中"齐之日……思其所乐，思其所嗜"之言，而认为屈建的做法违背其父临终之言，因而是不孝之举。对此，苏过认为屈建没有遵从其父希望以茇祭祀的遗言是抛弃孝的细枝末节，因而是符合义、礼的行为。所以，他认为在践行孝道时，都要向曾子、孟僖子、管仲那样

① 丁沂璐：《前身庄生只君是 信手拈来俱天成——试论苏过诗歌中的庄哲意蕴》，《新疆广播电视大学学报》2013 年第 2 期。
② 严宇乐：《苏轼、苏辙、苏过贬谪岭南时期心态与作品研究》，博士学位论文，复旦大学，2012。
③ 李景新：《惠、儋瘴地上的特殊逐臣——岭海时期之苏过论》，《海南大学学报》（人文社会科学版）2005 年第 2 期。
④ 丁沂璐、庆振轩：《舐犊之情与反哺之义——论苏轼、苏过的感情传递与诗意诠释》，《乐山师范学院学报》2015 年第 1 期。

"皆笃于大义，不私其躬也如是"①。可以说，苏过与其父"明天下之分，严君臣、笃父子、形孝弟而显仁义"②的礼义观点是一致的。

苏过虽不否认孝悌是人之天性，但他认为践行孝悌忠信之道与读书治学有莫大关系。他说："是以有国有家者，尝刻意于此，而孝悌忠信必由是而出。古之人躬行不逮者多矣，余不复论。"③即读三坟五典、礼乐文章，可以深化对人、事的认识，达到修身立言、垂训百世的目的。很显然，孝悌忠信等大道是寓于典籍之中的。苏过认为，仁、义、礼、诗、书等"五福"居其一可传家于后，而更强调"惟仁则荣"。因此，他缅怀其舅王元直云："公天资仁孝，遇物以诚，与人子言必以孝，与兄弟言必以睦。"④高度肯定其舅在修身治家方面表现出的仁孝德行。苏过一生随父漂泊的经历和淡泊于功名的心境使他尤其敬佩那种"孝悌称于其家，厄穷守道称于朋友，抑无愧于古之士"⑤。由于与苏轼一样信佛归禅，苏过是相信善恶有报的，他不否认孝感的存在。他说："有子曰会，亦以孝谨称。葬亲之三年，事死如生。朝夕必临，时物必荐，家事必告。芝生其墓，或采以献，乡人惊异之，曰：'此杨氏父子为善之报，彼愚夫不知其祥也。'"又云："《诗》所谓'孝子不匮，永锡尔类'，岂不谆谆然命之乎？"⑥也就是相信上天会恩赐福祉给秉承孝道之人。在《祷雨忏文》中认为"不忠不孝""昧其本心"等行为都是造成上天惩罚的原因，所以应"易虑而洗心"，"一意悔过"，唯如此才能求得福田，免去灾厄。可以看出，苏过与其父一样，其孝道思想是深受儒、佛、道三家思想共同影响的。

六　苏过的孝道践行

苏过的至孝行为历来为世人所称道。晁说之云："使叔党以其屋峋嵝、桴溟渤之纯孝，而一旦忠尽于九德俊乂之朝，则先生之立言者，叔党之功

①　《斜川集校注》卷七，第518页。
②　《苏轼全集校注》第10册卷二，第201页。
③　《斜川集校注》卷九，第682页。
④　《斜川集校注》卷九，第663页。
⑤　《斜川集校注》卷九，第621页。
⑥　《斜川集校注》卷一〇，第709页。

业也。"① 晁氏赞其"纯孝",认为其父子"忠孝两全",为苏过的早逝无尽惋惜。苏辙也甚是喜爱这个侄儿,二人在诗文上多有唱和。苏过随父长期谪迁,其孝德始终不变,再加之其秉承了家学,就连陆游也非常推崇苏过的德、学。陆游《读苏叔党汝州北山杂诗次其韵十首》,含有与苏过《北山杂诗十首》一样强烈的忧国爱民情怀和现实意蕴,二人情感相通。史载"焚香细读《斜川集》,可想见其为人"②。苏轼本人对苏过的评价最为中肯,他说:"过子不眷妇子,从余此来,其妇亦笃孝。"③并表示"廉州若得安居,取小子(过)一房来,终焉可也。"④ 意谓苏过夫妇至孝,若能让苏过为自己养老送终,那将是自己莫大的心愿。《论语》云:"父在观其志,父没观其行,三年无改于父之道,可谓孝矣。"(《论语·学而》)苏过无论身处何方何地,其践行孝道始终如一,真正做到了志、行合一。《孝经》也道:"孝子之事亲也,居则致其敬,养则致其乐,病则致其忧,丧则致其哀,祭则致其严。"(《孝经·纪孝行章第十》)可以说,苏过在践行孝道方面完全遵循了这五个原则,并主要体现在尽力事亲、服丧守孝、继承父志等方面。

一是尽力事亲。首先,苏过在生活、物质上对其父极尽照料之能事。经"乌台诗案"后,苏轼遭遇到人生的重大挫折,先是被贬到黄州,再被贬到惠州。惠州条件尚可,其风土食物不差,当地官吏、民众对待他都还算宽厚。苏轼言:"某到惠已半年,凡百粗遣,既习其水土风气,绝欲息念之外,浩然无疑,殊觉安健也。儿子过颇了事。寝食之余,百不知管,亦颇力学长进也。"⑤ 由此可见,在惠州时,苏过的悉心照顾和奋学上进让苏轼在精神上初步挺过了难关。但三年之后,苏轼再次被贬谪至儋州,其条件恶劣非人之所能想象,这让苏轼父子在身体和精神上遭受到重大考验。苏轼曾道:"某与幼子过南来,余皆留惠州。生事狼狈,劳苦万状,然胸中亦自有翛然处也。"⑥ 苏轼之所以能达到"胸中亦自有翛然处也"的境地,

① 《嵩山文集》卷二〇,《四部丛刊续编》第389册,第23页。
② 王铭新等修,杨卫星、郭庆琳纂《(民国)眉山县志》卷五《典礼制下·祀典》,中国地方志集成编委会《中国地方志集成·四川府县志辑》第39册,第565页。
③ 《苏轼全集校注》第7册卷四三,第5060页。
④ 《苏轼全集校注》第17册卷五二,第5763页。
⑤ 《苏轼全集校注》第17册卷五七,第6310页。
⑥ 《苏轼全集校注》第18册卷五九,第6533页。

一个重要原因应是苏过在生活上的无微不至的关怀和在精神上给予的极大宽慰。贬谪之地条件艰苦，物资匮乏，苏轼父子甚至常为衣食发愁。如苏轼在惠州时，就住在一个小村院子里，"罨糙米饭吃"，时常为没有医药治病而苦恼。在儋州时，苏轼言："某与儿子粗无病，但黎、蜒杂居，无复人理，资养所给，求辄无有。"① 又言："元符二年，儋耳米贵，吾方有绝粮之忧，欲与过子共行此法。"② 苏轼提及的"此法"即辟谷之法，实际上就是在食物极端匮乏的情况下锻炼忍饥挨饿的能力。在此恶劣环境下，苏过想尽办法，从生活上对苏轼极尽照料。他与父亲一同垦田种菜，共同劳作，苦中作乐。"吾借王参军地种菜，不及半亩，而吾与过子终年饱饫。夜半饮醉，无以解酒，辄撷菜煮之。味含土膏，气饱风露，虽粱肉不能及也。"③ 为照料好父亲生活，他还忽出新意，将山芋捣烂做成玉糁羹，苏轼称其"色香味皆奇绝。天上酥陀则不可知，人间决无此味也"④，并作诗盛赞。其次，苏过在精神上、心理上给予其父极大宽慰。物质上的匮乏倒不是最重要的，苏过的作用主要是侍奉、陪伴、尽孝，苏轼本人在诗文中也充分肯定了苏过的作用，认为苏过帮助其渡过了难关。而精神上的煎熬才是真正的考验。在此情况下，苏过陪同其父游玩散心，让苏轼从阴影中摆脱出来，这由苏轼的一些诗文中的描述和几则事例可以得知。例如，尽管苏轼并不十分懂棋，但旁观幼子苏过与友人下棋时，竟有无穷乐趣，"优哉游哉""竟日不以为厌也"⑤。同时，苏过的陪伴和勤学苦读也给了其父莫大的精神安慰。当苏过不在身边时，哪怕是短暂的一段时间，苏轼都会感受到强烈的孤独和落寞。再如，苏过赴儋守之召，苏轼一人在家，怀揣的是"静看月窗盘蜥蜴，卧闻风幔落伊威。灯花结尽吾犹梦，香篆消时汝欲归"⑥ 的孤独和期盼。"六子岂可忘？从我屡厄陈"⑦，苏轼对这个懂事的儿子怀有深厚的感情，因文字获罪的苏轼本不愿儿子重蹈覆辙，但贬谪生活的无趣和苦闷，又不得不让他把心血倾注到对儿子诗文学习的指导上。他说："轼穷

① 《苏轼全集校注》第 17 册卷五五，第 6063 页。
② 《苏轼全集校注》第 20 册卷七三，第 8356 页。
③ 《苏轼全集校注》第 7 册卷四〇，第 4765 页。
④ 《苏轼全集校注》第 7 册卷四二，第 5006 页。
⑤ 《苏轼全集校注》第 7 册卷四二，第 4985 页。
⑥ 《苏轼全集校注》第 7 册卷四二，第 4957 页。
⑦ 《苏轼全集校注》第 8 册卷四五，第 5265 页。

困，本坐文字，盖愿刳形去皮而不可得者。然幼子过文益奇，在海外孤寂无聊，过时出一篇见娱，则为数日喜，寝食有味。以此知文章如金玉珠贝，未易鄙弃也。"① 正是苏过以文章承父欢心，才让苏轼更快地度过人生最艰难的时期。苏轼为苏过在青春年月没有举业入仕的机会而感到无尽的愧疚，云："使君有令子，真是石麒麟。我子乃散材，有如木轮囷。"② "散材"即不为世所用的意思，喻无用之人。"如木轮囷"比喻跌宕起伏、坎坷不定之意，由此可见苏轼的愧疚、抱憾心理。尽管如此，他对苏过的懂事和学业成就还是感到很宽慰的，苏过带给父亲的这种精神上的愉悦是最好的报答。不仅如此，苏过还时常陪伴父亲游玩，进行诗文唱和，父子之间的温情抚平了苏轼心灵上的忧伤。正如苏辙所言，"东坡先生谪居儋耳，置家罗浮之下，独与幼子过负担渡海，葺茅竹而居之。日啖薯芋，而华屋玉食之念不存于胸中"③，一句话道出了苏过全身心陪伴苏轼的重要性。苏轼在与友人程天侔的书信中描述自己与儿子苏过结茅屋几间居住，仅能遮蔽风雨之苦境，虽然生活境遇如此，但让人感受到的是一种恬静和坦荡。父子一同游白水佛迹院、罗浮山等地，一同饮酒作诗，甘苦与共，这种生活消解了苏轼心中很多苦闷。在陶冶心情的同时，父子二人也留下了众多脍炙人口的诗篇。"独与幼子过处，著书以为乐，时时从其父老游，若将终身"④，是苏过父子深厚感情的写照。长期相处，二人不但秉性喜好非常相似，而且思想上也能产生共鸣。"归卧既觉，闻儿子过诵渊明《归园田居》诗六首，乃悉次其韵"⑤，"过子诗似翁，我唱而辄酬。未知陶彭泽，颇有此乐不"⑥，道出了父子二人均推崇陶渊明之诗，一度都怀有较强的隐逸思想。可以说，二人既是情深的父子，又是一对忘年知音。

苏轼晚年，贫病交加，归心似箭，苏过充分体会到父亲的这种心情。他在《五色雀和大人韵》中，利用苏轼信佛、道的心理哄他开心，正所谓

---

① 《苏轼全集校注》第 16 册卷四九，第 5331 页。

② 《苏轼全集校注》第 8 册卷四四，第 5162 页。

③ （宋）苏辙：《栾城集·栾城后集》下册卷二一，曾枣庄、马德富校点，上海古籍出版社，1987，第 1401 页。

④ 《宋史》第 31 册卷三三八，第 10817 页。

⑤ 《苏轼全集校注》第 7 册卷三九，第 4509 页。

⑥ 《苏轼全集校注》第 7 册卷四二，第 5011 页。

"叔党和诗，发明父意，排解得体，孝子苦心，充盈其间。宜乎谓叔党之谓孝也"①。可以看出，苏过尽心事亲体现在身、心、志等全方面。其不仅对父母如此，对其他长辈亦是如此。在海南期间，他用椰子壳做出一顶帽子，苏轼非常喜欢，被人称为"子瞻帽"。又做了一顶寄给远方的伯父苏辙，苏辙在《过侄寄椰冠》中道："垂空旋取海棕子，束发装成老法师。"② 其喜悦之情溢于言表。三苏唱和"椰子冠"成就一段佳话。苏过称其父与舅父王元直"相与论契阔，谈仁义"，盛赞舅父仁孝之德，表达了对舅父的深切怀念。

二是服丧守孝，极尽哀戚。苏轼逝前，苏过和两位兄长能做到晓夜服侍，不离左右。苏轼病逝后，苏过与兄长从安徽到河南扶灵柩千里，并根据苏轼的遗愿将其葬在形似故乡的河南郏城小峨眉山，将亡母同葬于此。不久，其兄苏迨、苏迈投奔苏辙到许昌，而苏过与侄苏符仍留郏城小峨眉山守丧。在近三年服丧期间，"苏过、苏符在北山结茅为庐，凿墙为牖，掘地穴作炉，掘井以分甘邻里"③。服丧期间，居住环境十分恶劣，苏过自言茅屋破烂欲坠，布被冷如水，寒冬季节甚至以纸被御寒，陷入拿仅有的短袖上衣换汤饼充饥的贫困潦倒境地，但他仍能做到"柴门任轩吼，晓梦方清美"④ 的超脱和安然。他在许多诗文中充分表达出对父亲深切的思念之情。他在《北山杂诗》十首中，开篇即言："恸哭悲素秋，言登北山脚。"⑤ 可谓蕴泪泣血。即使父亲去世多年后，苏过仍在字里行间表达出对父亲的无限敬意和怀念，并且坚定地捍卫父亲的声名。他在《书先公字后》文中对苏轼文墨"贾人伪赝以逐利，官宦宝藏而炫珍"的现象倍感不满，哀而痛哭，自言道："过侍先君居夷七年，所得遗编断简皆老年字，落其华而成其实。如太羹玄酒、朱弦疏越。将取悦于妇人女子，难矣哉！"⑥ 可谓知父、念父甚深，其情令人唏嘘。

不仅对父亲如此，对母亲也是如此。在苏过之母王闰之亡故后，苏轼云："过未免丧，而从轼迁于惠州，日以远去其母之殡为恨也。"⑦ 此时苏过

---

① 《斜川集校注》卷二，第93页。
② 《栾城集·栾城后集》中册卷二，第1131页。
③ 《斜川集校注》，第761页。
④ 《斜川集校注》卷二，第125页。
⑤ 《斜川集校注》卷二，第123页。
⑥ 《斜川集校注》卷八，第547页。
⑦ 《苏轼全集校注》第10册卷六六，第7478页。

才二十二岁，为表达自己的无限哀痛，他不仅亲画阿弥陀佛像，奉安于金陵清凉寺，还亲书《金光明经》四卷，"手自装治，送虔州崇庆禅院新经藏中，欲以资其母之往生也"①。"不足以望丰报，要当口诵而心通，手书而身履之，乃能感通佛祖，升济神明"，流露出希望母亲神灵早日超脱的愿望，一片孝子之心彰显无遗。

三是谙熟经史，弘扬家学。苏过在苏轼子侄辈中最具才学，直接原因在于苏轼长期亲传面授。苏轼对苏过怀有厚望，苏过也没有让其父失望。苏轼屡次在诗文中表现出对儿子勤学深思的赞赏。苏轼诗曰："小儿耕且养，得暇为书绕"②，又曰："清明日闻过诵书，声节闲美。感念少时，怅然追怀先君宫师之遗意，且念怀、德二幼孙。""孺子卷书坐，诵诗如鼓琴。"③苏过的勤学精进给苏轼带来的心理满足是任何其他东西不能比的，因为他对幼子怀有太多的愧疚和期望。正是如此，苏过才在诗文造诣、学术成就上高人一筹，继承和弘扬苏轼家学，这也体现了"立身行道，扬名于后世，以显父母"的孝道精神。苏过这种孝道精神一方面表现为对经史、诗文的有力继承。苏轼夸赞他如"诗翁"一样与己唱酬。苏轼被贬谪到惠州后，即使衣食渐窘，也与儿子苏过同和渊明《贫士》等诗，对苏过在诗文上大加指点，也表现出他们不惧困苦贫穷、安于平淡的气节。苏洵、苏轼对《周易》均有较深造诣，在苏过二十六岁时，因很久没收到苏辙的书信，苏轼感到心中忧虑，便据《周易》卜得一卦，"吾考此卦极精详，口以授过，又书而藏之"④。可以看出，苏轼在学问上对苏过真正做到了毫无保留地传授。苏轼言"幼子过相随，甚干事，且不废学"⑤，苏过也不负父之所望。苏轼对苏过的诗文成就予以了充分肯定，多次流露出欣慰之情。苏过每有诗词佳句，都必交付父亲以求教诲，父子二人屡有唱和。"东坡居士饮醉食饱，默坐思无邪斋，兀然如睡，既觉，写渊明诗一首，示儿过。"⑥苏过思想中有着较强的"渊明式"的田园隐逸情结，一定程度上亦是受苏轼

---

① 《苏轼全集校注》第 10 册卷六六，第 7478 页。
② 《苏轼全集校注》第 8 册卷四四，第 5170 页。
③ 《苏轼全集校注》第 7 册卷四三，第 5074 页。
④ 《东坡志林》卷三，第 64 页。
⑤ 《苏轼全集校注》第 17 册卷五三，第 5814 页。
⑥ 《苏轼全集校注》第 19 册卷六七，第 7567 页。

影响。

　　另一方面，苏过还传承了苏轼书画之学的"形"与"神"，继承和弘扬了家学，一定程度上体现了子承父志、以显父母之"孝"。苏轼将苏过善画石与大画家文与同善画竹并举，可见其绘画造诣之深。善画石，体现了苏过高雅的志趣，其画风中又渗透着一股禅意。父子同有雅好，可谓相映成趣。正如魏了翁言："斜川侍坡翁至儋耳，父子相对如霜松雪竹，坚劲不摇。而作诗结字乃尔润丽……"①魏氏赞扬苏轼父子二人的品节如"霜松雪竹"。除了绘画，苏过在书法艺术上也受到其父的影响，并展自身所长。苏轼书法作品《元丰八年遗过子尺牍》如行云流水，飘逸潇洒，既然是写给苏过的，苏过当经常临习。事实也正是如此，从苏过的《贻孙帖》《赠远夫诗帖》等书法作品来看，其书法大有其父之风，丰润秀逸，神采飞扬。

　　苏轼思想儒、释、道贯通，对佛道之理参悟颇深，这种思想特征影响到其文艺创作，这也直接对苏过的文艺思想产生了影响。或父子二人径与佛、道人士往来交游，或苏轼直接对其进行教诲，或苏轼让苏过代己处理一些事项，这种经历让苏过受益终身。如在海南期间，苏轼在民间偶得蜀金水张氏的十八大阿罗汉像，"如见师友。乃命过躬易其装标，设灯涂香果以礼之"②，并作诗以颂。在苏过十多岁时，他收藏有一枚"圜径数寸，光明洞澈"的乌铜鉴，后来捐献给登州延洪禅院造释迦文佛像之用，苏轼题偈"心花发明照十方，还度如是常法众"③，表现出苏轼的清净坦然的心情，这些都无疑影响着苏过。总体来看，苏轼的作品体现出风格多样化的特征，既有志得意满时的豪迈潇洒，又有被贬谪时的旷达超然，这与他谙熟佛、道思想有关。苏过虽然也有如其父的活脱灵动、气势如虹的作品，如《飓风赋》，但大多数作品体现出的仍是愤懑、抑郁、隐逸之类的感情，老庄意蕴更浓，显然，这与他的人生经历密切相关。故苏过对其父圆融会通思想的部分继承也从一定程度上体现了其孝道精神。

　　四是继承父志，忧国忧民。苏过对父亲心意的揣摩非常精准，可谓善解父心。他既能理解父亲被贬谪时的失落和苦闷，并适时排解，更重要的

---

① （宋）魏了翁撰《鹤山集》卷六二，《景印文渊阁四库全书》第1173册，第44页。
② 《苏轼全集校注》第12册卷二〇，第2247页。
③ 《苏轼全集校注》第13册卷二二，第2560页。

是，他能从诗文中展现出自己对父亲心情和志向的理解，同时也透出自己的志向，父子二人宛如一对知音，在困境苦难中肝胆相照。这在苏过所作的几篇辞赋中表现得很充分。"余少时常见彦辅所作《思子台赋》，上援秦皇，下逮晋惠，反复哀切，有补于世。盖记其意而亡其辞。乃命过作补亡之篇，庶几君子犹得见斯人胸怀之仿佛也。"① 正是在父亲的授意下，苏过领会到苏轼"借古讽今深意，希望君王遥鉴既往，亲贤臣而远佞人"② 的意图，这种在文学作品中的心灵相通和契合非常人所能及。"东坡旷达坦荡，莫不因遇而安；穷通得失，常能随缘自适。叔党侍亲弥年，自得其中三昧。"③ 正是因为苏过了解其父甚深，故能在《飓风赋》中将父亲临危不惧、超脱生死祸福的胸襟显现无遗。当苏轼看到幼子跟随自己抛弃前程、历尽磨难，悲哀、失落、痛苦、愧疚、亏欠的心情涌上心头。苏过理解父亲的这种心理，但作为孝子，他又不愿意父亲背负这种自责心理，于是，他在海南期间写下《志隐赋》，以疏解父亲愧疚自责之心。他谈及自己写《志隐赋》的目的道："效昔人《解嘲》《宾戏》之类。将以混得丧，忘羁旅，非特以自广，且以为老人之娱。"④ 果不其然，苏轼看后"欣然嘉焉"。简言之，让老人开心、释然就是他的写作目的。尽管字里行间未必完全是自己真实想法，但为了父亲能达到"今置身于遐荒……想神仙于有无，此天下之至乐也"⑤ 的境地，以苦作乐，这种孝心常人难以企及。他对功名利禄无所求，看透人情冷暖，能以其至孝让父亲感叹"吾可以安于岛夷矣"⑥，其情其行足以令后人嗟叹。

由于长期侍奉于其父左右，目睹了苏轼遭受到的坎坷曲折，苏过充分体会到官场的黑暗和争斗残酷，因此对入仕、功名心灰意懒，在风华正茂之时本应大展宏图，但他自己早有归隐田园之心，还劝解赴官就任的兄长

---

① 《斜川集校注》卷七，第 458 页。
② 蒋宗许、舒大刚：《苏过的生平行事与文学成就考论》，《西南科技大学学报》（哲学社会科学版）2012 年第 6 期。
③ 蒋宗许、舒大刚：《苏过的生平行事与文学成就考论》，《西南科技大学学报》（哲学社会科学版）2012 年第 6 期。
④ 《斜川集校注》卷九，第 619 页。
⑤ 《斜川集校注》卷七，第 481 页。
⑥ 《宋史》第 31 册卷三三八，第 10818 页。

"白首折腰，当念蚤为求田问舍之策"①。尽管如此，这并不能抹杀其一腔忧国爱民之志。他在许多诗文中表达出对百姓艰辛困苦的生活的无限同情，正如他诗中感叹的那样："天公固念民，已兆丰年悦。不知贫与富，苦乐相悬绝。"② 苏过在郏城小峨眉山守丧期间，于寒冬季节见一八十多岁的老妇人缺衣少食，不由写道："余偶见而哀之，默谓犹子符：'天寒甚，是且冻死，当制纸被与之。'"③ 他这种时刻将百姓冷暖系于心的仁爱品质令人敬仰。他在《论海南黎事书》中道："仆侍亲海南，实编于民，所与游者，田父野老、闾阎之民耳，道不足以相休戚，而言之者又忘其忌讳，故所得为最详。若默而不言，孰为执事者论之？"④ 他在文中分析了当政者针对黎民所采取的以武力为主的政策弊端，提出了治黎"三策"：整饬吏治，严惩奸商；许之以官，以黎治黎；岁与其禄，民兵可用。他提出的这些建议无疑是切合当地实际的，体现出忧国爱民之志，而这也正是其父苏轼一生"使吾君为尧舜之君，而吾民为尧舜之民"⑤ 政治理想的真实体现。苏过随父亲贬谪生活期间，熟读了《汉书》《唐书》，在《书〈田布传〉后》《书周亚夫传后》《萧何论》《书张骞传后》等文中一方面抒发对历史上被排挤倾轧的忠臣良将的同情，借古讽今，另一方面也表现出他自身的一腔忠义之志。他在《书〈田布传〉后》感叹田布虽有忠君爱国之心，但既不能完成朝廷的使命，又不能报父仇，田布"能不爱死，而不知死所也"⑥，与忠义、平定叛乱的杨怀忠形成对比。因此，他认为，为君愚忠却不能建功立业的做法并不可取，若能忠义两全，懂得变通，则不负君父。可以说，这充分体现了苏过与其父一致的移孝作忠、忠孝两全的思想。

　　总之，苏过在孝道践行上是全面坚守、矢志不渝的，也是不带任何功利目的、不计任何个人得失的，正是因为如此，他才获有"纯孝"之美誉。苏轼被贬到惠州后，曾为苏过"画寒松偃盖为护首小屏"作赞道："燕南赵北，大茂之麓。天僵雪峰，地裂冰谷。凛然孤清，不能无生。生此伟奇，

---

① 《斜川集校注》卷八，第 551 页。
② 《斜川集校注》卷二，第 135 页。
③ 《斜川集校注》卷二，第 134 页。
④ 舒大刚等校注《斜川集校注》卷七，第 492 页。
⑤ 《苏轼全集校注》第 10 册卷二，第 166 页。
⑥ 舒大刚等校注《斜川集校注》卷七，第 499 页。

北方之精。苍皮玉骨，硗硗礧礧。方春不知，冱寒秀发。孺子介刚，从我炎荒。霜中之英，以洗我瘴"①，表面是赞画中之景，实则自拟父子俩的风骨节操，"孺子介刚，从我炎荒。霜中之英，以洗我瘴"一句更是对苏过品行尤其是其孝行的最高评价。

---

① 《苏轼全集校注》第 13 册卷二一，第 2397 页。

第四章

范祖禹的孝道思想

北宋史学世家华阳范氏家族，一门三代修史。因为深谙唐代、五代的历史，范祖禹直接参与了《资治通鉴·唐纪》的编写，在理学兴起的时代背景下，他"折以义理"，融孝道思想于礼法思想、史学思想，发挥宋代理学之长，阐发儒家纲常伦理，著成义理史学名篇《唐鉴》。《唐鉴》对儒学正统思想进行了充分阐发，并就君道、臣道、封建纲常伦理和摈弃天命、提倡天理等涉及史学、哲学的问题进行了论述。他总体上是一位杰出的历史学家，又是北宋王朝杰出的"讲官"，他"每当讲前夕，必正衣冠，俨如在上侧，命子弟侍。开列古义，参之时事，无一长语。苏轼称为讲官第一"①，开讲时既重视礼制仪法，又讲究讲授方法。

考察范祖禹所撰《唐鉴》《帝学》《古文孝经说》，以及《范太史文集》中相关篇章，可以看出，范祖禹往往将孝道思想寓于礼义思想进行阐述。"孝"为德之本，"礼"是"孝"的外在表现形式，而礼义又与孝德密不可分。故范祖禹在阐述礼义典章相关制度时，实际上也同时表达了其孝悌思想。作为当时朝廷著名讲官，范祖禹对孝道、礼制精通，从"畏天""事天""合于天"的高度看待"孝""礼"，认为"天叙有典，故奉之以五典；天秩有礼，故奉之以五礼；天命有德，故奉之以五服；天讨有罪，故奉之以五刑"②，即典礼都是圣人顺应上天意志而行，不能不重视。在评点历史事件、历史人物时，他用以忠孝为核心的纲常伦理和"礼法"这条主线串起来进行论述，他深信"致乐以治心者也，致礼以治躬者也。致礼以致躬，

---

① 《宋史》第 31 册卷三三七，第 10799~10800 页。
② 《太史范公文集》第 24 册卷二四，第 291 页。

则庄敬，庄敬则严威……致礼乐之道，举而措之，天下无难矣"①，将孝悌之道、礼乐之道视为治理天下的根本，期望宋朝最高统治者以史为鉴，以唐王朝许多有违礼法、孝道之处为历史教训，达到国家善治的目的。

一　范祖禹的孝道思想渊源

范祖禹深通儒学，精于典礼，这与他自小受家族家教、家学长期熏陶直接相关。范氏家族是名副其实的诗书名门，更是巴蜀史学世家。华阳范氏家族发迹于范镇。关于其家族详情，在下篇中有论述。

范镇在整个家族家教、家风形成和家业开创中起着核心作用，他本人就具有高尚道德修养，深受诗书礼乐之教，自小就接受儒家教育，毕生以忠孝合一为目标。在治学方面，范镇"其学本于六经仁义，口不道佛老申韩异端之说"，体现了醇儒之学的典型特征。在家教上，范镇本人就是一个践行孝悌仁义道德，以诗书礼乐传家的楷模，对子孙后代影响甚大。范祖禹幼孤，实际从小由叔祖父范镇抚养教育，范祖禹曾自述深受其教，在学问、品德等方面受到范镇的极大影响。范祖禹是一个"幸守素风，惟忠孝以传家"②的儒者，"素风"即为纯朴、高尚的风格、风尚，本身就含有恪守伦理道德、礼法之意。可以说，范祖禹从小就生长于具有浓厚的儒家忠孝伦理纲常、诗书礼乐教育氛围的家族里，范镇、范百禄等父祖辈为楷模，这为他未来特别重视忠孝伦理、礼法、礼制、礼教产生了影响。

二　教化之正根于典传

范祖禹对典礼、制度非常重视，而孝悌伦理纲常往往就寓于典礼、制度之中。他认为"国家之用，典礼为急；典礼之学，制度尤难"③，而典礼制度又源自历代典籍，故他对典籍尤其儒家经典尤为重视，每当自己或大臣、文人有经籍方面的、有益治理的著述，他必奏于朝廷以为讲义。因为

---

① 《太史范公文集》第 24 册卷二七，第 310 页。
② 《全宋文》第 97 册卷二一二三，第 314 页。
③ 《太史范公文集》第 24 册卷一九，第 263 页。

深受醇正儒学影响，范祖禹在国家治理方面主张应从《诗》《礼》《孝经》等典籍中吸取营养。他深为推崇三代、周公之礼，认为三代之君治理的根本在于孝悌、礼义，圣人之道"唯一以至诚而已"①。他多处引用《礼记》等典籍对礼义进行阐释，认为"人文化成莫先于典籍，古训是式实赖于贤才"，孝、悌、仁、义、礼的精要都植根于典籍。他说："（周公时）于是为置三少，皆上大夫也，曰'少保、少傅、少师'，是与太子宴者也。三公三少明孝、仁、礼、义以导习之，逐去邪人，不使见恶行。"② 可见，周公时设"三公"（太保、太傅、太师）和"三少"（少保、少傅、少师），两者都有明礼教礼、除恶导善的作用。在对三公、三少之职分别进行说明时，范祖禹认为"见礼义之正"、学习诗书礼乐等系太师之责，"礼于大臣"、哀丧敬祭、疏远卑贱、诸侯之事属太傅之责，而进退节度、升降揖让、周旋俯仰视瞻等事属太保之责。太师掌理天子"答远方诸侯，不知文雅之辞；应群臣左右，不知己诺之正"之事。少傅掌管天子冠服之制等事。与天子宴饮、玩乐、器皿之制有关的事情由少保负责，可见他推崇备至的《周礼》中的三公、三少，与"孝""礼""义"等紧密相关。

范祖禹还认为，根据《礼记》而成的《乐记》等典籍，对礼乐之间关系有较深的阐述。他认为，乐动于内，礼动于外，二者内外和顺，则天下万民承顺。《礼记》中还有很多篇章涉及对孝道思想的论述。研读、运用孝悌之道、"致礼乐之道"，可以使天下治理变得容易。而这有赖于对典籍的学习，因为这些典籍是"古之君子传先王之法言，论礼乐之本而造于道德之精微"③，学者都应"尽心"，人君也应当"留意"。除此之外，《尚书》《孝经》《论语》等书也是"进德"之书，范祖禹曾收录这些书籍的"切要之语、训戒之言"④供当朝帝王手书、观览。而与之相对的是，范祖禹对儒家之外的典籍态度很平淡，认为"六经之书不可不尊，孔氏之道不可不明，至于诸子百家、神仙道释，盖以备篇籍，广异闻，以示藏书之富，无所不有，本非有益于治道也"⑤。在他看来，诸子百家、神仙道释之书对治国理

① 《太史范公文集》第 24 册卷二七，第 312 页。
② 《太史范公文集》第 24 册卷二七，第 307 页。
③ 《太史范公文集》第 24 册卷二七，第 310 页。
④ 《太史范公文集》第 24 册卷一四，第 230 页。
⑤ 《太史范公文集》第 24 册卷二一，第 274 页。

政没有多少益处，仅彰显藏书之富而已。

三 君臣之道系治乱

作为朝廷讲官和深受儒家思想影响的史学家，范祖禹始终将君道、臣道作为其史学思想的主线和基本价值判断标准，极力向当朝最高统治者宣讲。之所以如此重君道、臣道，是因为"朝廷者，礼义之所出也"，君道、臣道也是忠孝之所系。若君王、大臣都能做到克己复礼，则"四海归仁"，天下大治。他非常推崇三代之礼，认为三代之礼很好地体现了君道、臣道。"礼不可多也，不可寡也。三代之礼，所以为后世之法者，尽矣"①，他认为三代之礼足可为后世效法。他的这种思想具有典型的家学特征，范镇、范百禄等其父祖辈亦如是，范祖禹叔父范百禄就曾言："不得于先王之礼，则不得于人心；不得于人心，则不合于天意。"②此言将三代先王之礼视为天意、人心所系。

关于君道，范祖禹著述中有大量专门评点的文字，这也是他论述的重点。他认为君王要做践行孝、悌、仁、义、礼的典范。一则要敏于学、辨是非。帝王应"务学时敏，作德日新，亲迩儒臣，懋昭圣志"③，在勤学中提升自己道德修养。他特别推崇《无逸》《孝经》二书，认为"《无逸》者，周公之少戒；《孝经》者，孔子之大训"④，因此劝谏帝王应"朝夕观省，以益圣德"。这是因为，好学精进有利于修德养体，有助于达到"事亲则思孝，居处则思敬，动作则思礼……当衣则思天下之寒"⑤的境地，这种境地以道德和仁义为美。二则要兴礼义、知廉耻。君王为天下垂范，可以使人"知廉耻、兴礼义也"，进而影响天下风俗、人情。他以唐太宗武力征伐高丽一事作例，批判唐太宗不重视礼义的行为。"太宗于天下无事，不知用之于礼义，而惟以战胜为美也"⑥，认为其违背《礼记》中"所贵于勇敢

---

① （宋）范祖禹撰，吕祖谦注《唐鉴》卷八，《丛书集成初编》影印本第3829册，上海商务印书馆，1936，第72页。
② 《太史范公文集》第24册卷四四，第423页。
③ 《太史范公文集》第24册卷四，第165页。
④ 《太史范公文集》第24册卷一四，第229页。
⑤ 《太史范公文集》第24册卷一八，第255页。
⑥ 《唐鉴》卷六，《丛书集成初编》影印本第3829册，第48页。

者，贵其敢行礼义也"之语，君王、后妃都应将"隆礼"作为政治中的大事，时时、事事谨慎处之。诸如皇帝纳后的"六礼"，范祖禹就从族姓、女德、隆礼、博议等四方面论述其重要性，在阐述"隆礼"时，他就向皇帝进谏道："至于鄙愚之礼，或杂苗獠之俗，或习委巷之风，下自士族，上流宫禁，有涉于此者，愿陛下一切屏绝之，以正基本，以先天下。故礼不可不隆也。"① 由此可知，他所指"隆礼"之"礼"，仅指三代、周公之"礼"和王朝正礼而不包括乡野风俗。帝王隆礼，为人臣者，亦复如是。范祖禹对君臣废礼义、不知廉耻的行为予以猛烈鞭挞。如唐末哀帝被迫让位于朱全忠，并任命宰相杨涉等为押运传国宝使，杨涉的儿子劝谏父亲辞去这份差事，以免落下千古骂名。而杨涉听后深为惊恐，害怕落祸于身。为此，范祖禹感叹："抑其累世之君，不能养其风俗，而无礼义廉耻之习欤？何三百年之天下，而无一忠义之士扶持之也？人君岂不可养士之廉耻以重其国哉？"② 一言以蔽之，君王若不以知礼义、晓廉耻为则养士，大臣就会不知礼义、廉耻，最终会落得身死国灭的下场。三则要辨族类、别内外。范祖禹认为，君道内容之一是要有华夏与夷狄之分，践守华夏正统之礼。唐太宗作为大唐天子，兼任突厥的"天可汗"，其"不耻其名，而受其佞，事不师古，不足为后世法也"③。因此，唐太宗的行为是混淆夷夏的失"礼"之举。他还认为："先王之制，戎狄荒服，夷不乱华，所以辨族类，别内外也。"④ 唐朝之所以世有戎狄之乱，是因为唐太宗"引诸戎入中国"，而使华夏与戎狄杂处，以致悖礼乱序。可见，范祖禹思想持华夏正统的观念。不仅如此，他肯定唐王朝的正统性，认为其他篡位夺权者都是非正统，具有内外之别。

同时，为人臣者贵在崇德行、守臣道。无论君臣，范祖禹都将孝悌、礼义德行放在首位。他在《唐鉴》中屡对"乱臣贼子"和不能尽臣道的文臣武将予以坚决否定。在李世民与李建成权力斗争中，作为太子的李建成功不及李世民，处于劣势，当时还属于太子一党的王珪、魏徵等游说李建成进击刘黑闼残余势力"以取功名，因结纳山东豪杰"，而范祖禹认为"立

---

① 《太史范公文集》第 24 册卷二○，第 265 页。
② 《唐鉴》卷二十四，《丛书集成初编》影印本第 3829 册，第 216 页。
③ 《唐鉴》卷三，《丛书集成初编》影印本第 3829 册，第 21 页。
④ 《唐鉴》卷三，《丛书集成初编》影印本第 3829 册，第 21 页。

子以长，不以有功；以德，不以有众，古之道也"①，魏徵等人辅佐太子，本应"劝建成以孝于高祖，友于秦王"，却"导之以争也"而起祸乱，其行为有违古训，是不尽臣道的表现。另外，在唐高宗废后立武昭仪事件中，褚遂良、长孙无忌、韩瑗等大臣力谏，关键时候高宗征询作为托孤之臣的李勣的意见，李勣认为这是皇帝的家事，不必问外人，这更加坚定了高宗废立之意。对此，范祖禹认为："孽后之立，无忌、遂良之死，唐室中绝，皆勣之由，其祸岂不博哉！太宗以勣为忠，托以幼孤，而大节如此。"② 将唐朝的兴亡之由归结于李勣一人一言，虽不免夸大，但同时也可以看出范祖禹守臣道、礼法的思想。

除了君、臣各安守自身之道外，君臣之间也应相处有道，正所谓"君臣以道相与，以义相正也，故先王以群臣为友，有朋友之义，非徒以上下之分相使而已"③。君臣相处，除了有上下尊卑等级之礼外，还应有朋友之义，君臣相处应从道不从君。臣待君以忠，君待臣以礼，君臣之间礼义相合才是君臣之间相处正道，也是匡正天下的根本。

四　正纲常伦理风俗莫如孝悌

范祖禹的孝道思想有自身特色。他曾撰《古文孝经说》一部，并手书《古文孝经》，镌刻于北山（见今重庆大足石刻），在其著述中也随处可见关于孝道思想的阐述，认为"圣人之行莫先于孝，书莫先于《孝经》"④，认为"孝"为仁之本，人伦之本。与此相应，范祖禹特别强调"礼"在匡正纲常伦理、养德修身等方面的作用。认为"礼"与"仁""孝"密切相关，互为表里。"孝者，人伦之冠，百行之首也。人君与孝友之人处，则德性粹美而风俗淳厚，是以辅导人君宜莫如孝也。"⑤ 他认为具孝德之人必"温良恭敬，动有规矩""慎静端洁，言行不妄"。而这些美德无一不与守"礼"有关。他

---

① 《唐鉴》卷一，《丛书集成初编》影印本第3829册，第7页。
② 《唐鉴》卷七，《丛书集成初编》影印本第3829册，第57页。
③ 《唐鉴》卷六，《丛书集成初编》影印本第3829册，第46页。
④ 《太史范公文集》第24册卷一四，第231页。
⑤ 《太史范公文集》第24册卷一九，第259页。

又言："成德之君子，举必由礼，躬行而教从，在邦在家，莫不一以正也。"①
即仁孝君子，其举手投足无不合乎"礼"。"礼"在纲常伦理方面具有重要
作用，首先他认为"礼"是"孝"的外在表现，尽礼即心至诚的外化，比
如在祭祀祖先前合于礼的斋戒，"必有专一精洁之诚，乃可以交于神明……
惟诚与敬，可以感通"②，至孝才会至诚，内心至诚才会尽"礼"，才可能跟
祖先神灵感通，这恰与"圣人之德无以加于孝"的思想一致。在议帝王圜
丘合祭之礼时，他认为应"无疑于祖宗之旧，以昭大孝之隆"③，先按祖宗
旧例采用合祭的方式，待条件具备再采用周礼而罢合祭，方能不失礼。可
见，他对君王祭礼、丧服礼、婚礼等很多方面的论述基于纲常伦理中的
孝道。

作为深谙唐史的史学家，他在《唐鉴》等史学著作中对唐王朝的权力
斗争中有悖孝悌纲常伦理的行为大加批判，以此"稽其成败之迹，折以义
理"④，以资当朝统治者借鉴。为此，他重点对晋阳起兵、玄武事变、武则
天废唐建周等历史事件进行了评点。在历史上，唐太宗是一位杰出的君王，
即便如此，范祖禹仍从纲常伦理的角度对其悖孝违礼行为予以否定，发人
深省。言李世民"阴结豪杰谋举大事"而胁迫其父李渊于太原起兵的行为
是"陷父于罪"，从而感叹"太宗有济世之志，拨乱之才，而不知义也"。
在这里，范祖禹将唐太宗之行为视为不守臣节、不循礼义、有违仁孝之举，
大坏纲常伦理。经玄武门之变，李世民除掉太子李建成、齐王李元吉，随
后自己成为太子，操纵政权。范祖禹认为作为藩王的李世民"悖天理、灭
人伦，而有天下不若亡之愈也"⑤，唐太宗李世民悖纲常伦理之罪"著矣"。
范祖禹不仅认为君王须重视孝悌礼义纲常，为人臣者也须恪行不悖。李建
成被杀后，魏徵、王珪等人均成为李世民之臣，身居高位，范祖禹认为他
们"食君之禄而不死其难，朝以为仇，暮以为君，于其不可事而事之，皆
有罪焉"⑥，不讲君臣之义，有违纲常伦理。在"安史之乱"中，唐肃宗

---

① 《太史范公文集》第24册卷三八，第387页。
② 《太史范公文集》第24册卷一六，第242页。
③ 《太史范公文集》第24册卷二三，第287页。
④ 《太史范公文集》第24册卷一三，第225页。
⑤ 《唐鉴》卷二，《丛书集成初编》影印本第3829册，第13页。
⑥ 《唐鉴》卷二，《丛书集成初编》影印本第3829册，第14页。

借讨贼之机在灵武自立为帝，范氏认为"此乃太子叛父"，亦是不孝之举。范祖禹为此严厉批判道："三纲不立，无父子君臣之义，见利而动不顾其亲，是以上无教化，下无廉耻。"① 另外，作为深受儒家纲常伦理思想影响的大臣，范祖禹还坚定地捍卫王朝的正统性。他将武则天代李建周称为"篡"，曰："贞观之治，几于三代，然一传而有武氏之篡，国命中绝二十余年。"② 可见，他从儒家忠孝纲常伦理、封建正统的角度对武则天建周持批判态度。

范祖禹还从敦教化、正风俗方面强调了"孝""礼"的重要作用。在先秦儒家看来，孝、礼等德目本身就有调和社会矛盾，维护君主等级制的社会政治结构，从而达到社会和谐的作用，而这就离不开"礼"。"礼"首先是教育、教化的重要内容。他引用"兴于诗，立于礼，成于乐""谨庠序之教，申之以孝弟之义"之言，认为学校教育也自应以倡礼义、明人伦为要，若"道之不明也，（则为）学者不讲之过也"③，也是在位者不能"讲而明之"之过。其次，行孝悌之道和尊礼、践礼可以匡正社会风气。君臣须谨守三代隆重礼法，以使政教风化施行。范祖禹认为君臣丧服之礼至关重要，当依典礼施行三年之制，其关系人伦之正、君臣之义、天下风化。他说："今欲风天下以忠孝，使民德归厚，莫若先正此礼，则众庶晓然明于君臣之义矣。"④ 他主张祔庙以后宜禁止民众举乐三年，如此虽然会使乐工失业，但会促使"游民"变"良农"，既能合于礼，又能无伤于礼俗，匡正天下人伦，不可谓不重要。对于太宗之女衡山公主因嫁给长孙家，处于服丧期间的衡山公主为便于完婚而除去丧服一事，范祖禹认为："若内无父子，外无君臣，而欲教化行、礼俗成，难矣！"⑤ 因此他极不赞成衡山公主提前除去丧服谈论婚姻之事。无论君王，还是朝臣，范祖禹都认为一切都须按先王之礼行事，居丧期间就要行丧礼，遇吉事时才行吉礼，在丧服期间宴乐有违"先王礼意"。⑥ 在封后纳后仪制方面，君王、嫔妃在服饰方面都有严格

---

① 《唐鉴》卷一一，《丛书集成初编》影印本第 3829 册，第 93 页。
② 《唐鉴》卷二四，《丛书集成初编》影印本第 3829 册，第 217 页。
③ 《太史范公文集》第 24 册卷三五，第 365 页。
④ 《太史范公文集》第 24 册卷一三，第 224 页。
⑤ 《唐鉴》卷七，《丛书集成初编》影印本第 3829 册，第 55 页。
⑥ 《太史范公文集》第 24 册卷一四，第 228 页。

要求，其标准是"于先王之礼无据，则未足为法也"。① 他批评唐明皇置教坊、教俗乐，认为宋代"属太常以郑卫之乐，渎典礼之司"等事对宫廷教化、风气无益，称其为"有司官制之失"。对于丧葬，他倡导在不违礼的情况下达到谨礼俭葬的目的。文德长孙皇后生前留下俭葬的遗训，唐太宗照办，并为节省人力而依山就陵，皇后之墓得免被盗掘之祸。但唐太宗自身并没做到俭葬，而招致陵墓被盗发之祸，故"厚葬之祸，古今之所明知也"。② 另外，按照古礼，在任官员父母亡故，官员应解官行服，若朝廷对官员无故"夺服"，则有损孝治之风，败坏社会风气。但他同时赞成在遇兵革等紧急之事时对官员服丧采取"从权"之制，这样"使武臣皆知礼法，有益风教，而缓急藉才，亦不失金革从权之制"③，他主张在尊"礼"的前提下处理政事、安顿生活。同时也应该看到，范祖禹在大量论述尊"孝""礼"、践"孝""礼"时，几乎都是针对君王、后妃、朝臣而言，而这同样可以起劝诫民众作用。

"礼"在敦教化、正风俗方面具有十分重要的作用。因此，范祖禹认为社会教化、风气之没落根本在于异端学说特别是法家学说盛行。他说："比年以来，朝廷患之，诏禁申、韩、庄、列之学，流风浸习，而犹未绝。……故秦之治文具，而无恻隐之实；晋之俗浮华，而无礼法之防。天下靡然，卒之大乱。"④ 出现这种局面学者难辞其咎，需要士吏、相关机构（"有司"）、朝廷共同努力，以匡风俗、正政事。

概言之，作为生长于诗书名门、史学世家的史学家，范祖禹自小深受儒学、史学影响，他将孝道思想、礼学思想融入其史学思想，就"孝悌""礼义"与古代典籍的关系，以及"孝悌""礼义"在国家治理、君臣之道、纲常伦理、教化风俗等方面的重要作用进行了广泛而深入的义理阐释。他认为，遵"礼"须遵循"忠恕"之道，这也是践行中庸之道的重要内容。圣人为天下制定制度、规范，首先圣人自己能率先垂范，"不为人之所不能，不行人之所不及"⑤，同时还考虑到民众的接受能力范围，以使天下人

---

① 《太史范公文集》第 24 册卷二一，第 272 页。

② 《唐鉴》卷四，《丛书集成初编》影印本第 3829 册，第 31 页。

③ 《太史范公文集》第 24 册卷一八，第 253 页。

④ 《太史范公文集》第 24 册卷三五，第 365 页。

⑤ 《太史范公文集》第 24 册卷三五，第 364 页。

皆能效法，皆可为善，这实际上是"己所不欲，勿施于人"的体现。他说："礼者过乎礼，圣人不以为教也……仁、义、礼、智非独以善一人也，必使天下皆可以行之；不惟使天下皆可以行之，又将使后之人皆可继之。如是而后可以为中庸之道，此所以贵乎忠恕也。"① 可见，范祖禹非常看重"孝""礼""义"诸德的实用性和合理性。

---

① 《太史范公文集》第 24 册卷三五，第 364 页。

第五章
张栻的孝道思想

一　张栻其人

南宋汉州绵竹籍人张栻，出生于四川阆中，自六岁后随父张浚定居于湖南，正如其自序所言："某自幼侍亲来南，周旋三十余年，间又且伏守坟墓于衡山之下，是以虽为蜀人，而不获与蜀之士处。"① 其后数十年都在湖南、湖北、广东、浙江等一带活动，师从二程的再传弟子、著名理学家胡宏，主要是在湖南求学讲学，著书立说，并主讲于湖南岳麓书院等地，与朱熹、吕祖谦等当世名儒论学、有交谊，逐渐地形成和确立了具有自己学术特点的湖湘学派，促进了宋学的发展和理学的形成，使"湖南一派，在当时为最盛"②。终其一生，他只是短暂地回过四川故里，因此，严格地说，他与宋代巴蜀名儒孝道思想没有很密切的关系。但其在家教、家学方面深受其祖母计氏、其父张浚的影响，从小其父亲就教授他儒家忠孝仁义思想，并亲授《周易》。张栻的一些弟子，尤其是一批巴蜀籍的弟子推动了张栻之学在巴蜀的传播，推动了在南宋蜀学的再次兴盛。故在本章中也将其纳入巴蜀名儒系列予以考察。

对于张栻的巴蜀籍弟子在推动张栻之学在蜀地传播中所起的作用，《宋代蜀学研究》一书据《宋元学案·二江诸儒学案》有较详细论述，并列举

---

① （宋）张栻撰《张南轩先生文集》卷二，《丛书集成初编》影印本第 2383 册，中华书局，1985，第 22 页。

② （清）黄宗羲：《宋元学案》第 2 册卷五〇，（清）全祖望补修，陈金生、梁运华点校，中华书局，1986，第 1611 页。

了在巴蜀讲学的张栻"门人"宇文绍节等十人，"私淑"弟子虞刚简、魏了翁等七人，再传弟子程公说、高载等人。另外，蜀中"南轩门人""私淑"弟子及其再传弟子还有李壁、李心传、李道传、赵昱等著名巴蜀籍人物①。其弟子在蜀中广布，使张栻之学返传回蜀。毫无疑问，其弟子思想承自张栻，张栻之孝道思想也必影响到其弟子在巴蜀的讲学，从以上两点看，张栻之学亦与巴蜀学术思想有莫大关系，故在论述巴蜀孝道思想时，亦将张栻作为重点考察对象。

二　张栻孝道思想的来源

张栻的孝道思想是包含在其伦理思想之中的。他在《癸巳论语解》和《孟子说》中对孝道思想进行了阐释，另外在一些诗文中也散见有体现他孝道观的文字。他的孝道思想的形成与他的成长环境、人生阅历、学术师承等息息相关。兹从两方面——理论来源和家庭教育介绍其孝道思想来源。

（一）理论来源

张栻继承了《周易》和周敦颐关于太极的概念，认为宇宙之中太极包含天、地、人，太极生两仪，在天曰阴、阳，在地曰柔、刚，在人曰仁、义，仁即为儒学的核心，而太极是阴阳、刚柔和仁义之"中"，"立人之道曰仁与义，而太极乃仁义之中者乎"②。认为"中正仁义"主导人的生活，并将其作为"立人"的最高准则，这与儒家强调的伦理道德观是一致的。他主张消除感性的欲望和杂念，"居敬主一"，践行中正仁义，为社会活动和思想活动树立一个普遍适用的道德伦理规范，孝悌思想自然包含于其内。孟子曰："仁之实，事亲是也；义之实，从兄是也。"③ 仁义之实不外乎在事亲从兄之间，孝悌思想是仁义思想的核心内容。可以说，张栻孝道思想最根本的理论基础是其"太极"理论。

张栻作为南宋与朱熹齐名的理学家，"理"也是他所重视的一个概念。

---

① 胡昭曦、刘复生、粟品孝：《宋代蜀学研究》，巴蜀书社，1997，第 135～136 页。
② （宋）张栻撰《南轩易说》卷一，《景印文渊阁四库全书》第 13 册，第 636 页。
③ 《十三经注疏（附校勘记）》下册，第 2723 页。

张栻的"理"涉及世间万物，包括人伦道德。他认为，"所谓天者，理而已"①。世道在变，"理"始终不变，即"世有先后，理无古今"②。"有是理，则有是事，有是物夫"③，正是因为有"理"的先天存在，世间万物才得以构成。可见，张栻强调的理是在太极之下事物的内在规律和本质，放在伦理道德层面，则是其道德原则和道德规范。理既是事物存在的道理，又是人心、人伦存在的道理。作为统治阶级的坚定拥护者，张栻特别强调以礼法等级秩序为基础的伦理纲常，认为这些伦理道德规范及相应表现形式的"礼"属于亘古不变之常"理"。他认为，"礼者，理也。理必有其实而后有其文"④，可谓将体现孝悌之道的"礼"抬到与天理齐观的地步。同时，他又非常重视孝悌人伦的日常践行，这些都是"理"之"实"。践行时不能怨天尤人，"惟笃其在己而已，下学而上达是也"⑤，关键在于自身的学习和实践，这体现了张栻践履孝悌之道的特色。

"性""心"是与张栻孝道伦理思想有关的另外两个概念。他眼里的"性"与太极、理既有联系又有区别，认为"性"是存在于太极之中的一种普遍的、善的道德精神，理着眼于具体，而性统摄宇宙、社会、人心，比理更强调人的主体性、内在性，是太极的进一步深化。张栻继承了其师胡宏关于"性"的思想。"'未发为性，已发为心'，'心'是'性'的流行发现，'性'所蕴含的人伦道德精神，通过'心'显现出来，构成一个以'性'为主体的伦理体系。"⑥ 如此看来，张栻的思想远承孟子的心性学说。孟子提出性善论，认为人有恻隐、羞恶、恭敬、是非之心，即所谓"四端"，而人性中的道德伦理只有在特定的条件下表现出来才能成其为恻隐、羞恶、恭敬、是非之心。张栻还认为太极和性是统一的，有太极就有物，有物就有规律、法则，性外无物和物外无性是客观存在的状态。将抽象的太极、性等概念与具体的物统一起来，也就将人伦道德与具体践行准则、规范统一起来。胡宏、张栻将包括儒家伦理道德的"性"作为伦理思想的基础，并上升到宇

---

① （宋）张栻撰《癸巳论语解》卷七，《丛书集成初编》影印本第 487 册，第 120 页。

② （宋）张栻撰《癸巳孟子说》卷五，《景印文渊阁四库全书》第 199 册，第 474 页。

③ 《癸巳孟子说》卷四，《景印文渊阁四库全书》第 199 册，第 442 页。

④ 《癸巳论语解》卷二，《景印文渊阁四库全书》第 486 册，第 15 页。

⑤ 《癸巳论语解》卷七，《景印文渊阁四库全书》第 487 册，第 120 页。

⑥ 汤宽新：《张栻伦理思想研究》，硕士学位论文，湖南师范大学，2009，第 21 页。

宙本体的高度，可以说这是其孝道思想的理论来源。"天理之存乎人心者也，人皆有之"①，加强道德修养，践履孝悌之道，就需要重视心的地位、作用，逐除外物诱惑，涵而养之，修得纯正、善良之"心"。

（二）家庭教育

张栻从小就生活在一个深受儒家伦理道德浸润的家庭，其父张浚一生出将入相，学识渊博，是难得的儒将、儒相。其人品、学识不可避免地对张栻产生影响。关于张浚其人，其不但因事母以孝闻名，更因忠君爱国著称。他在上疏皇帝的奏章中言自己的抱负是为国"誓歼敌仇"，"其意亦欲遂陛下孝养之心，拯生民于涂炭"②。良好的家教对张栻产生了重要影响，这也是他孝道思想的重要源泉之一（下篇有关于其家族孝道思想的专题研究）。

三 张栻对孝道思想的阐述

（一）孝悌乃仁之本

孝悌乃仁之本，这是先秦儒家对"孝"的基本观点。《论语》言："君子务本，本立而道生。孝弟也者，其为仁之本与！"③ 孔子认为孝悌之人必是恭顺谦诚之人，不会做出忤逆悖乱的事。张栻继承了先秦儒家的孝道观，认为"孝弟者，天下之顺德。人而兴于孝弟，则万善类长，人道之所由立也"④，孝悌是人道的根本，这与孝悌为仁之本的观点如出一辙。孝悌之人具有和顺慈良的品质，是注重进德务本的仁人君子，自然不会做犯上作乱的事情，"故孝弟立则仁之道生，未有本不立而末举者也，或以为由孝弟可以至于仁，然则孝弟与仁为异体也，失其旨矣"⑤，"仁"道的源头是孝悌，人只有通过致力于孝悌的行为才能达到"仁民爱物"之"仁"，二者是一个本、末的关系，不是割裂的关系，所以那些仁者修身的过程无不是自孝悌始。

---

① 《癸巳孟子说》卷六，《景印文渊阁四库全书》第 199 册，第 489 页。
② 《宋史》第 32 册卷三六一，第 11304 页。
③ 《十三经注疏（附校勘记）》下册，第 2457 页。
④ 《张南轩先生文集》卷四，《丛书集成初编》影印本第 2384 册，第 66 页。
⑤ 《癸巳论语解》卷一，《丛书集成初编》影印本第 486 册，第 1 页。

张栻对孝悌和仁的关系进行了具体论述。孝悌和仁既存在紧密联系，又存在区别。仁自孝悌始，这是一个渐进的过程，张栻认为要避免揠苗助长式的急功近利，而是要"优游涵泳之"，即涵养。他说："如云以是心事亲则为孝……辞气皆伤太迫，切要当于勿忘勿助长中，优游涵泳之，乃无穷耳，孝弟为仁之本，遗书中有一段说非是，谓由孝弟可以至仁，乃是为仁自孝弟始，此意试玩味之。"① 他认为，仁自孝悌始，并不是孝悌就等同于仁，仁的修成是一个长期积累的过程，是一个没有尽头的过程。具体的事亲敬长行为也并不等同于孝悌，只有在具备"优游涵泳"之心的条件下表现出坚持不懈、敬心诚意的行为才能称其为孝悌。就好比一棵参天大树，其生长必有根，而根和树枝、树叶并不一样。所以，张栻关于仁和孝悌关系的论述与对"性""心"关系的认识是一致的。他一方面强调孝悌乃仁之本，另一方面也指出孝悌之于仁的无穷性，而如何真正做到孝悌，这就涉及持"敬"的践履工夫了。

（二）孝悌居于敬

儒家不仅重视把孝德融入伦理纲常之中，还为之设计了一整套实践程序。这在张栻的孝道思想阐述中有充分的体现。张栻继承了二程"涵养须用敬"的工夫论，注重内心省察中的"敬"的重要作用。对于什么是"敬"，张栻认为"夫主一之为敬"②，"敬"的作用是达到专一、有序、从容的状态，也即"简"的状态。他又曰："修己之道，不越乎敬而已。"③也就是说，要修炼自身，都离不开"敬"。在他看来，所谓"主一"，就是排除内心一切干扰杂念，做到简而不繁，笃定于一事，这实际上就是反求诸己，注重内心的涵养。所谓"居敬"，是为了防止人之心性受外物影响而"陷溺"，要主宰自己心性，保存和涵养纯正的天性之心。诚然，着力于道德修养的孝悌之道便是这种涵养工夫的重要内容。张栻在谈到孝悌之道时，颇为强调"敬"的重要性，"孝子仁人事亲之道，而所以事天者也……由尽心以知性，由存心以养性，必期于无愧歉"④，他认为仁人和孝子都是

---

① 《张南轩先生文集》卷二，《丛书集成初编》影印本第 2383 册，第 36 页。
② 《癸巳论语解》卷三，《丛书集成初编》影印本第 486 册，第 38 页。
③ 《癸巳论语解》卷七，《丛书集成初编》影印本第 487 册，第 122 页。
④ 《全宋文》第 255 册卷五七四二，第 441 页。

"物"，其行为准则和规范都是理、性的表现，要使其合乎礼，保存其"彝性"，也就是使之处于"洁白"无染的状态，那就需要"持敬"而存养心性。实际上，张栻主张"持敬"的工夫适用于诸多方面。正如他在论治学时云："要切处乃在持敬若专一工夫，积累多，自然体察有力。只靠言语上苦思，未是也。事亲之心至亲、至切，古人谓起敬起孝，更须深体而用力焉。"① 于治学等事项，重在"持敬若专一工夫"；在事亲以孝方面，更是强调用心用力。

需要指出的是，作为涵养工夫的"敬"与"犬马之养"无"敬"和父母之养有"敬"的"敬"在本质上一致，但在具体表现形式上仍存在不同。张栻认为，孝亲敬老的"敬"，是指"爱敬之至，和顺充积"②，而表现出来的"愉色婉容"的和乐的状态，是一种内在的"敬"的外显，这种敬在先秦儒家的论述中大量存在，如对父母谏言时，父母不听从，自己仍要一如既往地表现出"敬"和"劳"，毫无怨言，恭敬如一。同时，在与人相交时也要表现出"敬"，只有恒敬人，才能被人恒敬。这种"敬"，是仁、礼的实施和检验。而作为其涵养工夫的"敬"强调的是自我内心省察，重在"知"。

（三）孝悌唯其力行

张栻不仅强调内在涵养的"敬"，还将"敬"的工夫运用到孝道的践履上，以达到知行合一的境地。对此，他在《答陆子寿》书中阐释道：

> 考圣人之教人，固不越乎致知、力行之大端，患在人不知所用力耳，莫非致知也……苟知所用力，则莫非吾格物之妙也。其为力行也，岂但见于孝弟忠信之所发，形于事而后为行乎？……行之力则知愈进，知之深则行愈达。③

这段话本意主要是就治学而言，强调"力行"，也就是躬行践履的重要性。孝悌忠信之道，亦不能停留在"未发"的状态，要知道践履孝悌之道

---

① 《张南轩先生文集》卷一，《丛书集成初编》影印本第 2383 册，第 3 页。
② 《癸巳论语解》卷一，《丛书集成初编》影印本第 486 册，第 9 页。
③ 《张南轩先生文集》卷二，《丛书集成初编》影印本第 2383 册，第 28 页。

的"所用力"之处，在日用之处、细微之间而"用工实"。

张栻在强调治学及孝道的躬行践履时，将"力行"视为"进德之门"，很注重相应方法，要找准"进德之门"，并行而"弗措"，即坚持不懈，不能放弃。他说："学者如果有志，盖亦于所谓入孝、出弟……且夫为孝必自冬温夏凊昏定晨省始，为弟必自徐行后长者始，故善言学者，必以洒扫应对进退为先焉，惟夫弗措之为贵也。"① 张栻和孔子一样将孝悌视为"谨而信""泛爱亲仁"的起点，又言其没有终点，即使行有余力而学文，仍然要从孝悌之行开始，并躬行孝悌之道不辍。他认为孝悌之道践行，可以"行著习察，存养扩充，以至于尽性至命，其端初不远"②，其要略在于"贵乎勿舍"。践履孝道和学习一样，都是从日常生活开始，并没有高深远难之处，而是由浅入深，关键是要抱笃诚的态度，锲而不舍，才能达到求仁成圣的境地。从这点看，张栻的践履工夫跟其"持敬"是联系在一起的，他举例说："譬诸燕人适越，其道里之所从，城郭之所经，山川之阻修，风雨之晦冥，必一一实履焉。"③ 若没有排除干扰、杂念，笃定一心之"敬"，克服各种艰难险阻，断不能从"洒扫应对进退"的此岸而至进德修身的彼岸。

（四）孝悌重于礼

为切实将道德伦理纲常的合理性凸显，张栻将"礼"与"天理"联系在一起，他并不否认人欲，但认为二者又存在质的区别，强调一切视听言行要在"礼"的范围内，即勿"非礼"，"非礼"是不合天理的。为此他认为，天理、人欲不并立，所谓非礼，就是非天理，也就属于人欲的范畴。对于"非天理"之"人欲"，也需要用"礼"克制，即"克之之至，则天理纯全"④，如此才能达到"仁"的境地，而其关键也在于"勉之勿舍"，也就是勤勉自励而锲而不舍。张栻非常重视建立在等级秩序之上的纲常伦理，将其视为具体可操作的、社会人伦之理。而作为道德伦理纲常核心内容的孝悌之道，他也视为"天理"的范畴，在躬行践履时，既要有所"勿"，即要有所不为，"非礼"即"克之"，又要"一循其则"，即要遵循

---

① 《张南轩先生文集》卷四，《丛书集成初编》影印本第 2384 册，第 79~80 页。
② 《张南轩先生文集》卷四，《丛书集成初编》影印本第 2384 册，第 66 页。
③ 《张南轩先生文集》卷四，《丛书集成初编》影印本第 2384 册，第 79 页。
④ 《张南轩先生文集》卷五，《丛书集成初编》影印本第 2384 册，第 92 页。

礼的规则、法则。他在论述天理与人欲的关系时举例道，人们的饮食等生理需求、追逐富贵之心都是正常的，关键是要以其礼、以其道而得之，并且要具有获得的现实可能性，这样才属"天理"，反之，"过是而恣行妄求，则非天理矣"①。所以，人欲只要取之有道，以礼相取则为合理。

在孝悌人伦上，他也阐述了"礼"的重要性。他说："窃惟道莫重乎人伦，教莫先乎礼。礼行则彝伦叙而人道立"②，将礼视为人伦之先和人道建立的前提，使之成为"天理"的保障。而具体在运用中，他认为，礼是天之理，重在有序而不可违背，仁在礼之中。而人之不合理的私欲则"非天理"，都需要克制。"然克己有道，要当深察其私，事事克之。今但指吾心之所愧者必有私，而其所无负者必夫礼，苟工夫未到，而但认己意为则，且将以私为非私，而谓非礼为礼，不亦误乎？"③ 张栻在这段话中阐明，在践履孝悌之道时，首先要重视"序"，包括君臣、父子、兄弟、夫妇和朋友这"五伦"的尊卑等级秩序，不能悖逆。其次要认识并找准自己的"私事"，即私欲，并克制，克制并不等同消灭，这是他的不同之处。在克制自己私欲，也即面对"非天理"时，必须要下一番至诚的工夫，否则达不到克己私、存天理的目的。事双亲、敬兄弟之孝悌，事君之忠孝，都与这二者有直接的关系，把握好这两点，虑思而力行，便既合乎礼，又符合孝悌践履之道了。

（五）孝悌可施于政、教

作为南宋时期的著名理学家，张栻不仅阐述了家庭之孝，还认为将孝悌扩充至教育教化和为官为政中，可以达到化民成俗和"不肃而成，不严而治"④ 的目的，他认为的理想状态是，"孝弟之行，始乎闺门而形于乡党；忠爱之实，见于事君而推以泽民。是则无负于国家之教养，而三代之士风，亦不越是而已"⑤。这也是他期望的孝悌可以施于政、教的理想路径，充分体现了其孝道观的践履求实和经世致用的特色。在孝悌可施于政、教的观

---

① 《全宋文》第 225 册卷五七三一，第 212 页。
② 《张南轩先生文集》卷六，《丛书集成初编》影印本第 2384 册，第 97 页。
③ 《全宋文》第 225 册卷五七二七，第 150 页。
④ 《汉书》第 7 册卷四六，第 2205 页。
⑤ 《张南轩先生文集》卷四，《丛书集成初编》影印本第 2384 册，第 60~61 页。

点上，他从如下几方面进行了阐述。

一是认为孝悌作为一种重要的伦理道德，对于个人修身养德具有重要作用，而这又必须依赖学校教育。关于教育建学的目的，他认为先王建学的本意是"明伦"，进而激扬社会风气。他说："学校以明伦为教，而明伦以孝弟为先。"① 学校的主要目的是"明伦"，进而促使社会民众知礼向善，实现社会风俗的改变，这也是"先王建学之本意"。他具体阐述道，先王之所以建立学校（庠序），就是因为首先要传递孝悌之道，这也是实现王道仁政的前提，所以，在教育教化中以孝悌之道为本的"德育"至关重要。张栻非常欣赏至周而大备的三代之学，认为彼时各种典礼仪式都"申之以孝弟之义"②，将孝悌之道用各种礼仪形式表现出来，能够形成"三代之士风"实现致王道的目的。关于学校在教育中的地位，张栻认为，教育之实为孝悌之道，所以宣扬、倡导孝道的学校就显得非常重要。他说："庠序之教，孝弟为先……夫自乡党之间，而各立之学，以教民孝弟……至于颁白者不负戴于道路，则足以见孝弟之教行于细民……而王道所由成也。"③ 所以，学校教以孝悌之道，可以使君子提振道德良心，平民百姓也因知晓孝悌仁义而不做违法的事情，如此老人得以受到敬养，王道政治也不愁实现。

二是孝悌之道可以贯穿为官从政之途。张栻认为，为政之道寓于孝悌之道中，在家践履孝悌之道和践行为官为政之道二者殊途同归。他认为在家践行孝悌之道，可以将其践孝心得转化成为政之念，如此，"然则虽不为政，而在家庭之间躬行孝友之行，为政之道固在是矣，何待夫为政哉"④。即使没有在朝为官，但在家里能做到躬行孝道不辍，与参悟为政之道也没有本质的区别。所以，作为君王除了自己要躬行孝道外，还要"敕五典以治天下"⑤ 以教民孝道，这里的"五典"就是五种伦理道德的教化。作为治理国家、辅佐君王的臣子，"志存乎典礼，则孝顺和睦之风兴，协力一心，尊君亲上"⑥，如此，才能发挥巨大作用，避免三纲沦废、人心离散。所以，

---

① 《张南轩先生文集》卷四，《丛书集成初编》影印本第 2384 册，第 68 页。
② 《张南轩先生文集》卷四，《丛书集成初编》影印本第 2384 册，第 62 页。
③ 《癸巳孟子说》卷一，《景印文渊阁四库全书》第 199 册，第 326 页。
④ 《癸巳论语解》卷一，《丛书集成初编》影印本第 486 册，第 13 页。
⑤ 《癸巳论语解》卷七，《丛书集成初编》影印本第 487 册，第 122 页。
⑥ 《癸巳论语解》卷八，《丛书集成初编》影印本第 487 册，第 125 页。

张栻认为，在家兴"孝弟雍睦"之行，乡邻之间就会知礼逊廉耻。进而，当在朝为官从政时，"致君泽民，事业可大"①，那就与形成三代时忠孝仁义之风的距离就不远了。

孝悌之道一旦应用到为政之道中，就会发挥出巨大的效力，不仅可以使民心一统，还可御敌制暴，达到"仁者无敌"的境地。张栻认为，躬行孝悌之道，可以"民心一，则天下孰御焉"②。民众知晓并遵循孝悌忠信之道，则可使天下民心归顺，民心归顺，则可使天下得到有效的治理。而且躬行孝悌之道还"可使制梃以挞秦楚之坚甲利兵矣"③。这里他对孟子的"仁政说"予以延伸，认为孝悌忠信是"仁"的重要内容。

三是孝悌之道可以化民成俗。张栻对儒家的孝悌忠信观是非常推崇的，认为它切合社会实际，可以使天下之民"引领而望"，在教化民众方面发挥着巨大作用。"孝弟忠信之习而足以善俗"④，所以君子教人必以孝悌忠信为先，教导孝悌忠信之道可以使民风向善，使民众之间实信无欺。君子自己也可践履"君子之道"，即循大德守正义，为国尽职守本分。在张栻看来，教民孝悌之道主要是靠为政者和君子自己的示范和努力，而非让百姓成为一种被动的接受对象。他说："夫临民以庄，孝于亲，慈于下，善者举之，不能者教之，此皆在我所当为，非为欲使民敬忠，以劝而为之也。"⑤所以，为政者推行孝悌教化，关键是为政者要懂得反求诸己，注重自身修养，这也是儒家重要的道德修养方法。

在孝悌之道对化民成俗的作用上，张栻阐述是较多的，这是因为他认为孝悌忠信之道对士风、民风的养成，乃至对国家治理都至关重要。"使为士者知名教之重、礼义之尊，修其孝弟忠信，则其细民，亦将风动胥劝。尊君亲上，协力一心，守固攻克，又孰御焉？近而吾民既已和辑，则夫境外聚落，闻吾风者，亦岂不感动？"⑥意思是士修孝悌忠信礼义之教，形成良好的士风，可以引导百姓向善，使民德归厚，君臣可以勠力同心，攻坚

① 《张南轩先生文集》卷四，《丛书集成初编》影印本第2384册，第64页。
② 《癸巳孟子说》卷一，《景印文渊阁四库全书》第199册，第328页。
③ 《癸巳孟子说》卷一，《景印文渊阁四库全书》第199册，第327页。
④ 《癸巳孟子说》卷七，《景印文渊阁四库全书》第199册，第523页。
⑤ 《癸巳论语解》卷一，《丛书集成初编》影印本第486册，第12页。
⑥ 《张南轩先生文集》卷四，《丛书集成初编》影印本第2384册，第69页。

克难，可以感化外族。对民众施以孝悌教化还有一个重要作用，即使民众"无讼"，进而达到"不肃而成，不严而治"的效果。"圣人之意不以听讼为能，而以无讼为贵也。"① 所谓"讼"，通俗地讲就是民众之间的案件、纷争。他认为治理天下最好的状态是"无讼"，而达此目的的重要手段就是教之以孝爱、礼逊之道，给民众足够的田地耕种，倡导孝爱之风，这样可以避免违逆不敬的纷争，进而让大家和睦相处。

同时，张栻批评了民众中的两类落后愚昧的现象，认为这都有违孝道的本意。一方面，他批评了那种借孝道之名而行侈靡之实的现象。他以丧葬之事举例道，一些无知的愚民不遵循丧葬礼仪、不遵循相应法度，盲目追求坟墓的华丽装饰，听信僧众的诳诱而广做法事，相互攀比，以致耽搁了亲人下葬的时间，这些人不懂得"丧葬之礼务在主于哀敬，随家力量"②的道理。就是说，丧葬之礼，以体现内在的哀敬之实为本，至于外在的表现形式则为末，要根据各自的财力、物力而为，反对奢靡，不能本末倒置，否则对良好风俗的形成有害无益。可见，张栻的孝道观与先秦儒家的孝道观是一致的，孔子曰："啜菽饮水，尽其欢，斯之谓孝。敛手足形，还葬而无椁，称其财，斯之谓礼。"③ 所以，尽孝时只要能做到对亲人养而尽其欢，葬而称其财，即与自身的家庭经济情况相称，完全出自内心的敬、诚，那么具体的行孝方式即使简单一点也无妨。另一方面，他批评在亲人生病后，其子女听信师巫之说，而耽搁医治亲人、照料病人的行为，认为这种行为愚昧且不孝。亲人卧病在床，子女听信师巫的邪说歪理，只知祈祷，不知求医，甚至不探视亲人，势必造成亲党离析的恶果。正确的做法应是"当兴孝慈之心，相与照管，其邻里等人亦合时来存问"④，不仅要有孝心，而且要有实在的孝行。可以看出，张栻倡导的孝道都是切合民众生活实际的，对当时日益突出的颓丧士风、民风起着矫枉匡正的作用。

① 《癸巳论语解》卷六，《丛书集成初编》影印本第 487 册，第 98 页。
② 《全宋文》第 255 册卷五七二二，第 26 页。
③ 《十三经注疏（附校勘记）》上册，第 1310 页。
④ 《全宋文》第 255 册卷五七二二，第 27 页。

邛州蒲江（今成都蒲江县）人魏了翁出自当时蜀中名门魏氏、高氏家族。作为一代理学家、思想家，魏了翁"不但在宋代理学史上占有重要地位，而且在宋代思想史，以及经学史、教育史、巴蜀文化史上占有重要的地位"①。同时，他还在诗歌、辞赋、书法、中医等方面有较深造诣。在任上他还积极开办书院，推行教化，对匡正当时没落的社会风气大有裨益。本章从其家族背景、孝道践行、从政与治学经历等方面入手，考察魏了翁的孝道思想。

一　魏氏、高氏的孝悌家风

关于蒲江魏氏家族的渊源，《魏了翁家世考》一文据《四部丛刊》本《平斋文集》的《权礼部尚书兼侍读魏了翁辞免兼同修国史实录院同修撰恩命不允诏》一文而有详细的考证，认为魏了翁的先祖系唐宰相魏徵五世孙、巨鹿人魏薯（或为魏谟），魏薯在唐宣宗时任宰相，"广明元年（880），黄巢迫长安，唐僖宗和大批贵族、官吏奔蜀，魏薯子孙随之逃奔成都，其中一支迁居蒲江"②。宋代众多巴蜀名家望族先祖入蜀大多与武周排李或唐末五代十国之乱有关的史事相关，故以上考证是可信的。魏了翁所在家族与同居蒲江的高氏家族和离蒲江城邑二十里的另外一魏氏家族关系紧密，"魏、高二姓通过频繁的过继收养祧嗣，在相当长的一段时间内，两姓'虽

---

① 彭东焕：《魏了翁年谱》，四川人民出版社，2003，第6页。
② 龙腾：《魏了翁家世考》，《蜀学》第六辑，巴蜀书社，2011，第197页。

云亲表，实同本生'，犹如一族。这是魏氏家族一个很突出的特点"①。魏了翁也在奏章里详细地陈述了邛州高氏、魏氏二族的亲缘关系：

> 伏念了翁之祖父娶高氏，生七子男，其第六子曰孝璹，以祖母之兄高黄中无子，自襁褓间取养孝璹为子。后来孝璹既知为魏氏之子，尝欲归宗，却因以请本州文解，有名籍在礼部，恐费申明，遂遣了翁代归本姓。②

高、魏二族通过频繁过继的方式，形成了你中有我、我中有你的亲密关系，魏了翁与高家的高载、高稼、高崇、高定子等人实际为亲兄弟，故研究魏了翁及其家族，当离不开对高氏的研究。

高、魏两家都素有孝悌、诗书传家的传统，"兄弟皆能以诗书持门户"③，这与魏了翁祖父魏革、祖母高氏一代的教养是分不开的。魏了翁的祖母高氏系出蒲江高氏家族，"蒲江维高氏以学业、行谊闻于州间"④，高氏更是"温仁、绸直，有仪法"⑤，她不仅和睦族属，还乐善好施，帮助乡邻，赈济灾民。"我王考为乡里善人，王考即世，于是祖妣年五十有二矣，杜门寡居，娄身治家，延师教子，翕翕有理，用不坠先志"⑥，可见，高氏夫人在教育子孙方面发挥了关键作用。高氏之兄高黄中在治家方面也颇为得法，子孙成材。高黄中过继高氏的第六子魏孝璹为子并改其姓为高姓，孝璹娶谯氏，谯氏也为名门闺秀，谯氏"世居邛之大邑，以儒名家，后徙居蒲江"⑦，夫妻二人生有六子，教子严谨。"大夫（高孝璹）与谯夫人持家矩度严程，督诸子穷晨夜弗懈"⑧，因为方法得当，其六个儿子高载、高稼、高崇、高定子、高茂叔、魏了翁都有大才，其中高载、高稼、高崇、高定子、魏了翁都是进士。另外，高稼之子高斯得、魏了翁从弟魏文翁和魏了

① 邹重华、粟品孝：《宋代四川家族与学术论集》，四川大学出版社，2005，第313页。
② 《鹤山集》卷二三，《景印文渊阁四库全书》第1172册，第289页。
③ 《鹤山集》卷八八，《景印文渊阁四库全书》第1173册，第328页。
④ 《鹤山集》卷八八，《景印文渊阁四库全书》第1173册，第331页。
⑤ 《鹤山集》卷八八，《景印文渊阁四库全书》第1173册，第327页。
⑥ 《鹤山集》卷八八，《景印文渊阁四库全书》第1173册，第327页。
⑦ 《鹤山集》卷七〇，《景印文渊阁四库全书》第1173册，第115页。
⑧ 《鹤山集》卷八八，《景印文渊阁四库全书》第1173册，第331页。

翁子魏近思、魏克愚也中进士①。

魏了翁的同产兄，同为理学名家的高载（字东叔）在其父丧后尽人子之礼，在母丧后更是哀痛成疾而亡。他"闻母病于宁川，忧厉熏心，遂感怦怔淫热之疾，乃即白府乞身，以便省侍，诸弟寻以母丧赴。君执书恸泣曰：'吾何以生为也。'于是柴瘠加等，疾不可为矣，遂以七月之九日属纩"②。他还将孝悌之道应用到为官从政之中，导民向善。魏了翁叙述高载之事时言道：

> 听讼本诸义理，尝有兄弟交诉，而父直其弟者，且曰："季能食我。"君语之曰："孔子为鲁司寇，释父子之讼，汉韩延寿不肯决。兄弟之争议，天伦所在，丽于法则害于教。今为之兄者，既不能养其父，傥绳以令甲，则宁翅不祥之离，姑令百拜以谢，幸其幡然以返于彝也。而犹不悛，以干于僇，则县令风之未至，将无辞于责，可缓闭合之思乎？"于是兄弟感泣，拜唯而退，遂为父子兄弟如初。③

由上可以看出，高载在裁决民事纠纷时，当法律与人伦出现冲突，他非常注重以孝悌之义训诫百姓，充分考虑其现实情况，积极宣扬教化，以达到民众恪守人伦之序、闻过自省、改善社会风气的目的。

高载之弟高稼（字南叔）也是风采卓著，与魏了翁齐名的大儒真德秀"一见以国士期之"④。他奋勇抗敌时表现得有勇有谋，最终壮烈殉国。其子高斯得也为当时名士，高载战死后，在强敌环伺之境，"斯得日夜西向号泣。会其僮至自沔，知稼战没处，与斯得潜行至其地，遂得稼遗体，奉以归，见者感泣。服除而哀伤不已，无意仕进"⑤，可见高斯得父子俱为忠孝之士。高斯得著有文集《耻堂存稿》，其间屡有对孝道的论述。高斯得之弟高不器有斋名为"所斋"，乃魏了翁所题写，意为君子不能失其"所"，如

---

① 详见胡昭曦《诗书持家 理学名门——宋代蒲江魏氏家族研究》一文，收入《宋代四川家族与学术论集》一书。
② 《鹤山集》卷八八，《景印文渊阁四库全书》第 1173 册，第 330 页。
③ 《鹤山集》卷八八，《景印文渊阁四库全书》第 1173 册，第 329 页。
④ 《宋史》第 38 册卷四四九，第 13230 页。
⑤ 《宋史》第 35 册卷四〇九，第 12322 页。

孝是子之"所"，慈是父之"所"，若能在日用常行之间深悟"所"之理，"庶几无愧，而鹤山之所以望子者，可无负矣"①。可见，魏了翁时以孝悌家训训诫子侄辈，并嘱其恪守。

高载之弟高崇（字西叔）自小勤礼笃学，深受父母所爱，"大人即世，公哀不自胜，尽瘁丧葬，母心以宁"②，他对父母也是极尽孝道。其为官颇有政声，治学著述丰硕，义理丰富，正所谓"其言论风指可为后法者"。③

高载之弟高定子（字瞻叔）性至孝，"宇文公绍荐其忠孝两全"④。他在父亲得病期间，"衣不解带六旬。居丧，哀毁骨立"⑤，尽执人子之礼。他还建有敬身堂，参用孔子、曾子所阐孝道之意，魏了翁为之作铭曰：

> 阳健阴顺，体性相成。子于父母，同气异形。终风之噫，陟岵之行。此感彼应，山夷钟鸣。是以古人，跬步弗忘。事君必忠，居处必庄。临阵必勇，取友必良。发肤之末，犹惧毁伤。劬瘁之亲，五事五常。毋问穷达，与亲在庭。秋毫弗尽，即忝厥生。岂待辱身，始遗恶名。曾子之敬，子思之诚，孟子之守，孔训益明。⑥

可以看出，高定子是非常重视忠孝节义等道德品行的，魏了翁将"敬身"阐述为修身养德的忠、孝、勇、庄、良等"五事五常"，并以之为堂名，视同修身处世的座右铭。特别是他认为不管是贫穷还是通达，都要尽孝道，与亲同在，不能辱没平生，留下骂名。这些都显示出其对孝悌人伦大道的推崇。

魏氏家族亦是恪守孝悌之道。魏了翁的伯父魏和孙"性宽易，寡与物忤，孝于亲，厚于友，遇人一以诚，长者无贵贱，长少皆得其欢心"⑦，是一位颇受人尊敬的宽厚仁者。魏文翁之父"孝友""性不违物"⑧。与魏了

---

① （宋）高斯得撰《耻堂存稿》卷四，《景印文渊阁四库全书》第1182册，第67页。
② 《鹤山集》卷八八，《景印文渊阁四库全书》第1173册，第331页。
③ 《鹤山集》卷八八，《景印文渊阁四库全书》第1173册，第335页。
④ 《宋元学案》第4册卷八〇，第2673页。
⑤ 《宋元学案》第4册卷八〇，第2673页。
⑥ 《鹤山集》卷五七，《景印文渊阁四库全书》第1172册，第637页。
⑦ 《鹤山集》卷七〇，《景印文渊阁四库全书》第1173册，第114页。
⑧ 《鹤山集》卷八一，《景印文渊阁四库全书》第1173册，第251页。

翁从小同居共学的从弟魏文翁早年师从名儒李坤臣，其师双目失明后，文翁亲为扶持奉侍，以父子之礼事之，极尽孝道。了翁评价文翁道：

> 蚤晤夙成，孝友温任，俨有父风。自以禄不逮亲，每拜一官辄感怆终日。春秋尝祀，如或见之，尝读《礼》至"将为善，思贻父母令名，必果"，讽味不能释。名先墓之庐曰"果善堂"，又自为"果斋"。①

虽做官，但却因不能孝养双亲而悲怆；遇做善事，想到能为父母留下好名声而事必成，魏文翁真正践行了孝悌之道。魏了翁的堂兄魏纯甫兄弟众多，家中并不宽裕，魏了翁叙述道："头戢戢立阃以内，米盐靡秘之事皆重为季父忧，君（魏纯甫）为分其劳。居数年，季父卒，而君益不得自脱矣。"② 当家中油盐酱醋等家务事都已成为负担时，魏纯甫在大家庭中勇挑重担，为父分忧，支撑大家生活，在看似平常的生活中践行着孝悌之道。

高氏、魏氏兄弟从小共学互助，感情深厚，兄友弟恭。魏了翁在回忆自己与诸兄弟随启蒙先生杜德称（杜希仲）就学时道："予自幼与内外群从兄弟皆从杜德称先生游，虫飞而兴，日三商而罢，夜窗率漏下二十刻，受馆十余年，犹一日也。"③ 由此可以看出，魏了翁与众兄弟既有兄弟亲情，又有同窗友谊；高氏、魏氏兄弟学习勤奋，珍惜时间，跟随杜希仲学习十余年；杜先生是一位德行高洁，事亲至孝，精于儒学的先生，他对高氏、魏氏兄弟品德、学业影响很大。从魏了翁思想来看，其对孝悌的认识非常深刻，多次言自己与高氏兄弟"虽云亲表，实同本生"④ 之语，为诸兄弟撰写的墓志铭字里行间体现出深厚的兄弟感情。在自己两个儿子尚是"白身"的情况下，魏了翁积极地先为高载之子高斯谋谋取恩泽奏补，只因为"本生之恩未报，私心实有未安，今来妄意欲将合得恩泽，一资奏补亲兄之子高斯谋，庶几凭借寸禄以奉本生父母祭祀，则上以彰圣朝孝治之意，下以

---

① 《鹤山集》卷八一，《景印文渊阁四库全书》第 1173 册，第 251 页。
② 《鹤山集》卷七二，《景印文渊阁四库全书》第 1173 册，第 139 页。
③ 《鹤山集》卷八三，《景印文渊阁四库全书》第 1173 册，第 278 页。
④ 《鹤山集》卷二五，《景印文渊阁四库全书》第 1172 册，第 310 页。

慰人子报亲之心"①，将对侄子的关照提升到对父母恩情和对君王恩泽报答的高度，同时也体现出魏氏、高氏两族的血脉深情。

二　孝悌是求仁之基

在宋明理学和宋代蜀学代表人物中，魏了翁占有重要地位。他对孝道格外重视，在相关著述中多次阐述了其孝道观。据统计，他在《礼记要义》中就有四十段左右的文字专门论述孝道，其孝道观在《九经要义》中的其他部分也多有呈现。如他在《尚书要义》中对"天叙有典，谓次叙常性，各有分义"一句阐释道：

> 天叙有典，有此五典，即父义、母慈、兄友、弟恭、子孝是也。五者，人之常性，自然而有，但人性有多少耳。天次叙，人之常性，使之各有分义。人君敕正我五常之教，使合于五者皆厚。②

在此，魏了翁结合孔安国的《传》和孔颖达的《正义》，认为孝悌是人之天性、常性，"五典"要有序。每个人的孝悌之性有多与少的区别，君王的责任就是匡正五常之序。可以看出，这与魏了翁屡次提到的"天伦""人极"等概念是一致的。

他通过上疏表彰周敦颐、二程并为之请谥号，为理学在意识形态领域的正统地位的确立发挥了重要作用。他折中朱熹、陆九渊之学，融合心、理之学并确立了以心学为主体的思想。同时，他又继承张栻之学，会通蜀、洛之学，并在蜀中创办书院，传播义理之学，促进了蜀学的发展③。在当时人心沦丧、士风日下、政治岌岌可危的社会背景下，魏了翁将忠孝之道提升到极高的地位，渴望以此整顿秩序，挽救处于危机中的宋王朝。他不仅希望当朝统治者"崇孝道，厚天伦。笃意儒学，以养圣明之资；亲近正人，以杜邪佞之口"④，还期望百姓能倡导孝悌之道以召和气，以厚风俗。因此，

---

① 《鹤山集》卷二四，《景印文渊阁四库全书》第 1172 册，第 289 页。
② （宋）魏了翁：《尚书要义》卷四，《景印文渊阁四库全书》第 60 册，第 56 页。
③ 详见蔡方鹿《魏了翁在宋明理学史上的地位》，《成都大学学报》（社会科学版）1994 年第 3 期。
④ 《鹤山集》卷八六，《景印文渊阁四库全书》第 1173 册，第 304 页。

他将孝道的相关含义提升到人道之极、人心之极的高度，认为孝悌之道是天命运行之道，圣人成圣之道，故他说："近取诸身，则君臣、父子、兄弟、夫妇朋友之间，莫非天命之流行，而人文之昭晰，是故尧、舜、禹、汤、文、武所以化成天下而圣人。"①此即意谓天下之人之所以迁性向善、圣人之所以成圣，是因为包括"孝"在内的五伦有序，天命也才运行不悖。

魏了翁以朱熹理学为基础，吸取了陆九渊"心即理"的心学思想，即"心"即宇宙的本体论，提倡"尊德性"和匡扶人心，由是形成了以心学为主体的思想体系。他将人心视为宇宙的本体，即太极，决定着天地万事万物，认为尧、舜、禹等圣王，孔门七十高徒，战国称雄之诸侯殊异都是因为"心之动见"。故他言道："心者，神明之舍，所以范围天地，出入古今，错综人物，贯通幽明，其远若此。"②"心"的作用如此之大，以至于包括决定人心的孝悌大德自然而然就决定着人道之极、天地之极，为此，他进一步提出了孝悌系人心主太极的观点：

> 心者，人之太极，而人心又为天地之太极，以主两仪，以命万物，不越诸此。……自继善以及于成性，皆一本而分也，而人心之灵，则所以奠人极，人极立而天地位焉。孔子曰："事父孝，故事天明；事母孝，故事地察。"……无非此心之发见。③

他认为孝道孝行都是"心"被激发的外在表现，将人心抬高到决定万物的天地之太极的高度，世间万事万物的运行流动，包括人情世故的练达，道德品行的建树都是"此心之发见"。可见，在魏了翁这里，"人心"是万能的。甚至当皇帝认为自己心中不安之时，魏了翁也认为"非此心之外别有所谓天地神明也"④，并建议皇帝"盖即不安而求之，对天地，事太母，见群臣，亲讲读，皆随事反求，则大本立而无事不可为矣"⑤，这种"心外无理"，万事从心中求的观点带有明显的主观唯心主义色彩。此处的"大本

---

① 《鹤山集》卷三九，《景印文渊阁四库全书》第1172册，第452页。
② 《鹤山集》卷四九，《景印文渊阁四库全书》第1172册，第562页。
③ 《鹤山集》卷一六，《景印文渊阁四库全书》第1172册，第208~209页。
④ 《宋史》第37册卷四三七，第12967页。
⑤ 《宋史》第37册卷四三七，第12967页。

立"之"大本"，魏了翁在《大邑县学振文堂记》中曾提及："为士者以勤学好问为事，以孝弟谨信为本。"① "大本"即指天地、父子、君臣、朋友等之间的"孝弟谨信"的纲常伦理道德。魏了翁这种"随事反求"的思想亦是受邵雍的影响。他云："邵子曰：'先天学心法也，万化万物生于心也。'每味其言，先儒之所谓学者盖如此，故更愿牧之，归而求之。"② 看得出来，他对邵雍之言也很推崇。

既然人心为天地之"太极"，为宇宙之本，那人心之本又是什么呢？魏了翁认为是"仁"，求仁时"其无以他求，其亦内反诸心"③。要从心内求仁，而仁乃本心固有，其观点与性本善有相近之处。为阐明其观点，魏了翁以孝悌之道为例，言道："'孝弟是仁之一事，谓行仁自孝弟始'，其义滋益晓然。呜呼！仁夫其无以他求，其亦内反诸心。"④ 因此，孝悌与仁是从属的关系，践行孝悌之道便是求仁之举，是仁之始，仁立则人立、人心立，而求仁之举都寓于孝悌人伦、日常生活之中，须长期坚守，不能停止，这应该就是魏了翁对孝悌之道的基本认识。

三　孝悌为教化之源

南宋王朝进入中后期，其政权面临着空前的危机，外不能抵御敌军入侵，内不能止法纪纲常失序和政治腐败之乱，党争激烈，道德沦丧，人心不古。针对此，魏了翁高举理学大旗，奉其为尊，期望以天理收敛人心，统一社会思想。为此，他一方面积极上疏为周敦颐、张载、二程赐封爵位和册封谥号，确定理学正统地位。另一方面，他在治国理政、讲学授徒中大力倡导孝悌之道，匡正世俗风气。正如明代学者苏州人吴宽所言：

抑公（了翁）之仕宋，当寇乱扰攘蹙于偏安之地，忠言沮塞尼于权势之人，其事业既不得大行于时，独其讲学之迹见于所著《九经要

---

① 《鹤山集》卷四〇，《景印文渊阁四库全书》第 1172 册，第 460 页。
② 《鹤山集》卷五三，《景印文渊阁四库全书》第 1172 册，第 599 页。
③ 《鹤山集》卷五八，《景印文渊阁四库全书》第 1173 册，第 6 页。
④ 《鹤山集》卷五八，《景印文渊阁四库全书》第 1173 册，第 6 页。

义》《周礼集说》等书，有不可泯者，故虽百世之下，学者犹有赖焉。①

魏了翁晚年被赐第居住于苏州，并归葬于此。其十世孙魏芳向吴宽陈奏其祖上之功，并由吴宽写下此祀文。因此，魏了翁当时撰写《九经要义》有一个主观目的，即将其书院讲学之要义进行刊印、传播，以达到匡正世风的目的。此祀文高度评价了魏了翁在当时的社会背景下的突出学术贡献。同时，这种学术贡献对当时的社会无疑是大有裨益的。正如文中所言，真德秀、魏了翁二公的著述皆有"黜异端、崇正理"之功。另外，魏了翁还创办了鹤山书院积极地授徒讲学，大力宣扬程朱理学和孝悌之道。他认为，世道虽然在变，但孝悌忠信之心世代不变，为永恒之理。他言道："仁、义、礼、知之性，恻隐、羞恶、辞逊、是非之情，则古今同此民也；父慈、子孝、兄友、弟恭、夫义、妇顺，则古今同此心也。"② 因此，就要用孝悌忠信之道正世俗风气。为此，针对当时的社会风气之弊，魏了翁提出了他的救世之策。

上以忠孝之道拨乱于朝廷。魏了翁满怀忠君爱国忧民之心，期望统治者能倡忠孝之道结束内部倾轧局面，同心协力以御强敌。他在述及国家正遭遇的种种外患危机之时道："孝友之臣，其心纯实不贰。故孝者必忠于君父，友者必信乎同列。"③ 他认为孝友是忠信的前提，直言内乱的根本原因是众人"秉心不纯"，群臣之间相互倾轧、朝廷内乱不止，以至于受制于外敌不能自立，说到底是各为私利而计，无怀忠孝之心所致，所以他殷切地期望君王重贤用能，获得人心，以挽救社稷。魏了翁将孝悌人心与国家存亡相联系。当然，在朝堂之上、大臣之间倡忠孝之道，需要最高统治者的躬行践履。所以魏了翁恳请皇帝"以贤圣仁孝之夙著，无心而得天下，以艰难险阻之备尝，小心以保天下"④。他将得天下、保天下的希望寄托在最高统治者身上，在当时的条件下，又是不切合实际的。

下崇孝悌以植善行之"根"。南宋中晚期，内外交困，政治日渐腐朽，国家更加衰弱，士大夫风气亦更加颓废，上行下效，既而民风不正，寡廉

---

① （明）陈昕编《吴中金石新编》卷五，《景印文渊阁四库全书》第683册，第184页。
② 《鹤山集》卷四六，《景印文渊阁四库全书》第1172册，第522页。
③ 《鹤山集》卷二八，《景印文渊阁四库全书》第1172册，第341~342页。
④ 《鹤山集》卷一九，《景印文渊阁四库全书》第1172册，第244页。

鲜耻者辈出。魏了翁在文中就写道："有不率教于乡者，有嚚讼以扰民者，有以不当与闻之事挟持上下者，有凭恃豪猾武断乡曲者，有妄告绝产与官吏为市使民不得奠居者。"① 为此，他在潼川府任职时提出"崇孝弟以植善行之根，励廉耻以除心术之莠，亲善类以浸灌气质，远小人以堤防蟊贼，戒斗狠饮博以毋害于尔生"②，认为孝悌直接关系到善行、心术、气质，百姓崇尚孝悌之道，可以上承天意而享受五谷丰登之喜悦。因此，他将"崇孝弟"作为匡正时弊、正民风的首要方式，视之为一切善行之根本，这与魏了翁"人心"即"太极"的根本思想是一致的。

中以庠序申孝悌之义。要申孝悌、正人心，就必须提高民众，尤其是士阶层的道德水平，这就有赖于加强教育，开办书院、学校。他认为庠序具有使民众"教法、序齿位，书其德行""使之事亲、从兄、亲师、取友，以行乎孝弟之实"③ 的作用，宣扬孝悌之道是开办学校的重要内容。在这点上，魏了翁是做出了突出贡献的。他在各地为官时重视教育，开办了蒲江鹤山书院、靖州鹤山书院，宋理宗还曾御书"鹤山书院"四个大字。魏了翁的学徒众多，以至于"与之共学负笈而至者襁属不绝"④，在当时影响非常大。他通过书院广收生徒，传播理学，宣扬孝悌思想。在论及办学之旨时，他道："阴阳五行，播生万物，山川之产，天地之产也。身体发肤一气，而分人子之身、父母之身也。是故穷天下之物无可以称天德，终孝子之身不足以报亲恩。"⑤ 他认为人类是天地的产物，所以人理应报答天德，而孝子是父母的产物，故应倾力报父母之恩德。正是基于此，其开办靖州鹤山书院目的之一便是"有孝有德以引以翼，嫌汲汲以求深也"⑥，将宣扬孝德作为立人之"双翼"。魏了翁创办书院，固然是为教化民众、振颓除弊，为改善民风、传播文化发挥积极作用，但其也不讳言创办书院、学校的根本目的是为统治阶级服务，实现自己的抱负，故他言道："以庠序申孝弟之义，力行己志，上报主知。"⑦ 可以说，忠君爱国又是他孝道思想的外

① 《鹤山集》卷一〇〇，《景印文渊阁四库全书》第 1173 册，第 456 页。
② 《鹤山集》卷一〇〇，《景印文渊阁四库全书》第 1173 册，第 456 页。
③ 《鹤山集》卷五〇，《景印文渊阁四库全书》第 1172 册，第 565 页。
④ 《鹤山集》卷四一，《景印文渊阁四库全书》第 1172 册，第 468 页。
⑤ 《鹤山集》卷四七，《景印文渊阁四库全书》第 1172 册，第 527 页。
⑥ 《鹤山集》卷四七，《景印文渊阁四库全书》第 1172 册，第 527 页。
⑦ 《鹤山集》卷一三，《景印文渊阁四库全书》第 1172 册，第 177 页。

在体现。

魏了翁还从天地和乐、万物和谐的角度去认识孝悌之道在人伦社会教化中的重要作用。他说：

> 所谓善者，只是为其所当为，如忠于君，孝于亲，友于兄弟，信于朋友，皆本分当为之事。苟循理而行，则一日之间、一家之内吉祥和气薰蒸，为庆为祥皆由乎此。近则一家一国兴仁兴逊，远则流及子孙垂庆无穷。①

魏了翁将孝悌忠信之道视为善者之所为，将其作为家庭、社会和睦、和乐的重要基础，这是与当时外敌压境、社会矛盾突出的现状息息相关的，将行孝悌忠信之道、促内部和谐作为抵御各种危机的一种手段。因此，他在论及此思想之时，强调了两个方面的内容。一是人心之和乐。"人心和平民气乐，日月昭明天宇豁"②，人心和乐，则天地和顺，天地自然和顺，则政通人和。可见，这与魏了翁将人心视为"太极"之思想如出一辙，体现了他的根本宇宙观。如何达到人心和乐，魏了翁认为要以"诚意实德持之悠久"③。此处的"实德"就包括以孝悌为本的"仁"。魏了翁在《古今考》中云大司徒以"六德""六行""六艺"教万民，而其中的"六德"便是"知、仁、圣、义、中、和"，"六行"是"孝、友、睦、姻、任、恤"④，如此，以德充之，人心和乐，方才能达到"民气和乐，精神流通，四序协宜"⑤ 的美好状态。二是天地万物之和乐。以人心和乐为前提，才能达到人与自然、人与人和谐相处。为此，他将仁的思想及孝悌思想投射到自然之物上，赋予其人的形象。"冬笋与霜堇，孝可使之生。老槐与枯荆，义可使之荣……慈竹吾父子，义木吾弟兄……愿言厚封植，岁晚长青青"⑥，将自然物视为自己的"父子""兄弟"，这与张载的"民胞物与"的思想有异曲

---

① 《鹤山集》卷一○○，《景印文渊阁四库全书》第 1173 册，第 457 页。
② 《鹤山集》卷六，《景印文渊阁四库全书》第 1172 册，第 122 页。
③ 《鹤山集》卷一○○，《景印文渊阁四库全书》第 1173 册，第 459 页。
④ （宋）魏了翁：《古今考》卷一二，《景印文渊阁四库全书》第 853 册，第 292 页。
⑤ 《鹤山集》卷一○○，《景印文渊阁四库全书》第 1173 册，第 459 页。
⑥ 《鹤山集》卷三，《景印文渊阁四库全书》第 1172 册，第 94 页。

同工之妙。关于人群之和乐、和谐，魏了翁也曾论及，他说："'凡为人子之礼，冬温而夏清，昏定而晨省，在丑夷不争'，此二句，全在'丑夷不争'，方是孝子之实……子曰：'父母其顺矣乎！'妻子好合，兄弟和乐，父母处于其间，怡然而顺，然则在丑夷而争者，父母之心固有所不乐也。"①所以，他认为要秉承孝悌之道，符合礼的规范，家庭成员之间和睦相处，同辈之间不能好勇斗狠以伤父母之心，如此才能使家庭、族群和乐。而要达到社会人群之间的和乐和谐，就要"自孝弟、谨信、仁爱之余，乃及学文"②，以孝悌忠信等为本，以学文知礼为末，两者互相补充，人与人之间以礼相待，和平相处，则整个社会将会处于一种"和乐且湛"的美好状态。

总体来看，魏了翁是一名活跃于宋代末期的出身巴蜀名家望族、依靠科举考试获得功名的士大夫。他深受儒家思想影响，上承朱熹、陆九渊、张栻之学，下启元明心学，虽然"权史当朝，以儒为戏，（鹤山）先生辈人不得行志"③，但他确是宋代晚期理学大家和宋代蜀学集大成者。鹤山门人游似评价曰："鹤山公以高明俊伟之姿，刻意于学，不肯随声接响，蹑陈驾虚，如求骊龙之珠，必下九渊而亲揽之乃已。故其议论穷极根柢，多异乎人，匪求异人，实能得众人之所未得也。"④此语既赞扬了魏了翁之大德，又揭示出他注重考据、不尚虚浮的学术特点和学术成就。同时，他"学以忠信笃敬为工夫，践履既茂，用发而宏……厥功为大，而况有懿德忠节炳炳乎哉！"⑤在王朝统治岌岌可危的时代，具有"懿德忠节"的鹤山先生，如一股清流，忠实地宣扬、践行着忠孝大道，匡正着没落的社会风气，真可谓居功甚伟。

① 《鹤山集》卷一〇九，《景印文渊阁四库全书》第1173册，第597~598页。
② 《鹤山集》卷六一，《景印文渊阁四库全书》第1173册，第33页。
③ （宋）王迈撰《臞轩集》卷一一，《景印文渊阁四库全书》第1178册，第600页。
④ 《全蜀艺文志》中册卷三一，第823页。
⑤ 《吴中金石新编》卷五，《景印文渊阁四库全书》第683册，第179页。

第七章
其他诸家孝道思想

宋代三百多年间，巴蜀大地除了出现了苏轼、张栻、魏了翁等非常著名的思想家和理学家，还出现了著名史学家如范镇、范祖禹、范冲、丹棱李焘、井研李心传，文学家如铜山苏舜钦、丹棱唐庚父子、眉山家铉翁、梓州文同等，另外还有具较高知名度和才华的官吏，如张商英兄弟、吕陶、王珪、刘光祖、度正、冯时行等。仅《宋史》中"道学""儒林""文苑"部分就有近三十名蜀人之传，如果将《宋史》其他部分中所举的蜀人如苏轼、范镇等计算在内，宋代巴蜀籍的名流当不下百位，可谓名家璀璨。因一些名儒以家族形式呈现，如华阳范氏、丹棱李氏、井研李氏等，故而在后文家族孝道思想专题研究部分对其予以阐述。本部分重点对北宋的文同、王珪、吕陶和南宋的家铉翁、度正的孝道思想进行考察。

一　文同的孝道思想

（一）忠信仁义君子形象

四川梓州梓潼郡（今盐亭一带）人文同，字与可，擅诗画，尤其擅长画竹，系苏轼从表兄，与苏轼兄弟二人感情深厚，与范镇等也颇有交情。范百禄作有《新知湖州文公墓志铭》，对其生平行迹有详细介绍，言其为文翁之后。苏轼对文同的书画之功非常赏识，写下了《石室先生画竹赞》《文与可画墨竹屏风赞》《戒坛院文与可画墨竹赞》《文与可枯木赞》《文与可飞白赞》《文与可琴铭》等诗文，赞美文同画工的同时也赞美了其品节。苏轼好竹，应是受到文同影响。文同逝世后，苏轼非常悲痛，写了两篇祭文

《祭文与可文》《黄州再祭文与可》，并在文同逝世十四年后写下《文与可画赞》，苏辙也写了《祭文与可学士文》两篇，对文同进行了高度评价和缅怀。从这些文字中也可以窥出文同的道德情操和思想特点。苏轼赞他"惇德秉义""养民厚俗""齐宠辱、忘得丧"①，又言他"忠信而文""志气方刚，谈词如云""道德为膏，以自濯薰"②。苏辙对文同同样给予了极高的评价，认为他"忠信笃实""廉而不刿，柔而不屈""发为文章，实似其德。风雅之深，追配古人"③，还赞他"公心浩然，实而弗炫。有触不屈，始知其坚……利诱于旁，奔走倾旋。公居其间，澹乎忘言"④，君子形象跃然纸上。文同酷爱竹的品节，而且画竹独具风格，可见他是一个风格高雅、很有气节的文人。在苏轼、苏辙的眼里，文同具有鲜明的个性特征：富有文才，长于诗词翰墨；其人道德高尚，具有忠信笃实、刚正廉洁、勤政爱民、淡泊名利、宠辱不惊等优秀品质，充分体现了宋代文人士大夫的高尚节操。同时，由苏轼引述文同之语"是身如浮云，无去无来，无忘无存"等可以看出，其亦受佛家思想影响，身上又具有"齐宠辱、忘得丧"的道家风骨。除了推崇其才艺外，苏轼兄弟更为推崇他以"道德为膏"的品行和"追配古人"的风雅，赞他"惇德秉义"之和正，"养民厚俗"之宽明，"齐宠辱、忘得丧"之淡然，认为其他人只要具备他诸多才艺和德行中的一样，就"足以自珍"。可见，在苏氏兄弟的眼里，文同集忠、孝、信、仁、义、智于一身。实际上，文同本人也是非常注重自身的道德修养和践行孝悌之道，今有其所著《丹渊集》四十卷存世，文中也屡见其对孝道思想的阐述。

（二）盼君王行仁孝之治

文同与众多士大夫一样，心系天下，作为忠君爱国之臣，他也殷切期待当朝统治者修礼义，践仁孝之治，以追三皇五帝之德。他建议皇帝"纂嗣庆基，修崇徽屋，度越虞华之孝，增高商乙之仁"⑤，行古圣先贤仁孝之

---

① 《苏轼全集校注》第 18 册卷六三，第 6985 页。
② 《苏轼全集校注》第 18 册卷六三，第 6987 页。
③ （宋）苏辙撰《栾城集》中册卷二六，曾枣庄、马德富校点，上海古籍出版社，1987，第539 页。
④ 《栾城集》下册卷二〇，第 1384 页。
⑤ （宋）文同撰《丹渊集》卷二七，《景印文渊阁四库全书》第 1096 册，第 715 页。

德，从而使天下达社会稳定、政治清明。他在任时，勤政爱民，以忠孝礼义治邑，自言为官之志为"出忠孝之家，禀礼义之教，凤成懿德，休有令名"①。据范百禄《新知湖州文公墓志铭》，文同知兴元府时，为改变当地文化、风俗落后的局面，兴办学校，选拔才德突出的人掌管学校，亲自巡视并训以孝悌仁义之道，使得当地风俗大改。他在将要赴外地就任时的举动，既体现出为国赴命的责任感，又表现出对亲人的不舍和欲尽孝奉养的迫切。他在写给苏轼的文稿中言道："有母八十，重远于慈闱，去国三千，难归于儒馆。敢图就养，辄以抗闻……属圣君之孝治，体人子之勤诚……今侍亲舆之至，即书吏版之中。"② 作为人子，要尽孝养高龄母亲的义务，作为人臣，又要为国尽忠，此语将一个孝子的矛盾心迹表露无遗。由此可见，文同自己就是一个对家国秉持忠孝之道的典范。

（三）事亲孝老致敬致乐

在对孝道的基本认识上，文同非常强调事亲孝老时致敬、致乐的重要性，并且他自己就是一个躬行孝道的人，范百禄言他"事亲孝，未尝违去晨暮，恬于远官，以便甘旨者十有余年"③，一生数次为尽孝、服丧而迁官、辞官。他对孝道的观点还体现在为一些友人、同僚而作的墓志铭中，对具有孝悌德行的友人、同僚给予高度评价。如他称屯田郎中阎君"性孝友，事亲生死，无少怠；养亡弟诸孤，恩意益厚，如己子"④。他在称赞屯田员外郎、蜀人罗登事母的孝行时言及罗登之母在双流有良田三百亩，因为罗登还年幼，于是其母将田产委托给一个姓句的亲戚耕种，后来句氏无赖霸占了田产，否认罗母之托，罗登成人后，不再向其亲戚索要田产，认为当初母亲之所以将田产托付给亲戚代为耕种，是相信亲戚的为人，如果自己再坚持索要田产，不但是对母亲当初决定的怀疑，更会伤母亲的心，所以断不为此。曾子曰："孝子之养老也，乐其心，不违其志……"⑤ 儒家追求孝顺父母时要"忠养"，为人子者须承父母之意。文同将此事予以追述并赞

---

① 《丹渊集》卷二七，《景印文渊阁四库全书》第 1096 册，第 735 页。
② 《丹渊集》卷三一，《景印文渊阁四库全书》第 1096 册，第 740 页。
③ 《全宋文》第 76 册卷一六五七，第 76 页。
④ 《丹渊集》卷三六，《景印文渊阁四库全书》第 1096 册，第 769 页。
⑤ （清）阮元校刻《十三经注疏（附校勘记）》下册，第 1467 页。

赏，反映了他侍奉双亲坚持"居则致其敬"的孝道观念。将对父母之"敬"放在首位，其中的一个重要方面便是不能违逆父母的意图。他追述陈叔献之事时称："（陈君）性孝友，事太夫人每惧以己疾为忧，常强饭，设精神，以立左右。问之，答亡恙，太夫人乃喜。"① 他对陈君为免除母之忧而尽心尽力的孝行表示充分肯定。孔子曰："父母唯其疾之。"② 可以看出，文同认为让自己保持身体健康无虞，使母亲无忧无虑，心情愉悦，这也是儿女应尽之孝。

文同对那种割股奉亲之类的行为虽未表现出明显的称赏，但他还是持肯定态度，他称荣州杨处士在母亲病重时，"再剔髀肉，以馔进，悉愈"③ 的行为属于孝行，这也反映出在北宋时割股疗亲这种极端的孝行已不乏见。文同还认为事继母至诚亦是一种值得称道的孝行，他称郭友直在其继母病重时遍访诸术士寻求医母之法的行为属于至孝的行为，这与《二十四孝》中记述的晋代王祥事继母至孝而卧冰求鲤故事反映出的孝道观是一致的。另外，文同还对一些女性之孝行予以赞扬，如他将长寿县杨氏事姑孝谨、相夫教子笃实的行为归为妇女难得的淑节懿行，称华阳杨氏"性孝且直。奉养舅姑，无阙礼。抚育诸叔，一尽乎仁爱"④ 的行为是体现孝慈之举。

二　王珪的孝道思想

作为北宋仕三朝的朝中大员，王珪以文章通显，官至宰相。华阳（今成都双流）人王珪，字禹玉，其也是一位文学家，今有《华阳集》存世。李清臣撰有《王太师珪神道碑》，对王珪生平事迹有详细介绍，评其人"泛通六经，深于诗书，善史学，其为文豪，胆有气，闳侈瑰丽而不失义正，自成一家"⑤，虽然其作品大多数是制诰、章表、墓志铭、青词、疏文等，多逢迎之作，但也不乏具有一定思想深度之作。其人"自奉甚约而厚于昆

---

① 《丹渊集》卷三八，《景印文渊阁四库全书》第 1096 册，第 781 页。
② （清）阮元校刻《十三经注疏（附校勘记）》下册，第 2462 页。
③ 《丹渊集》卷三八，《景印文渊阁四库全书》第 1096 册，第 784 页。
④ 《丹渊集》卷四〇，《景印文渊阁四库全书》第 1096 册，第 800 页。
⑤ 《名臣碑传琬琰之集》上卷八，《景印文渊阁四库全书》第 450 册，第 72 页。

弟，然于亲属终不敢私援荐，不知者至或怨之"①，才品俱佳，其本人及其家族在孝道践履方面也有足可称道之处。

（一）系出文翰词科名门

王珪出生于华阳名家望族王氏家族，其家世、家学基础甚好，家教也非常严苛。该家族在宋代科举考试中登进士者极多，被赞誉为"衣冠盛世堪书日，六世词科只一家"②。在中国古代封建王朝中，科举场上的成功也就意味着高官厚禄、荣华富贵，事实也正如此。据《（嘉庆）华阳县志》、《（民国）华阳县志》之"选举"和"人物"部分记载，华阳王氏家族中知名者就有王永（王珪曾祖父，官右补阙）、王贽（登进士第）、王罕（王珪季父，官度支副使）、王琪（太平兴国年间进士，任馆阁校堪、集贤校理、礼部侍郎）、王珪（庆历年间进士，官至尚书左仆射兼门下侍郎）、王准（任三司盐廷判官）、王仲修（元丰年间中进士第）、王仲甫（王珪从子，北宋著名词人）、王昂（仲甫子，状元）、王耆（仲甫子，崇宁年间进士）等人。王氏家族能够人才辈出，与其良好的家教息息相关。这从王珪的伯父王覃及其妻吕氏的家教就可窥见王氏家族成功之道。王珪在回忆王覃及其妻吕氏时道："少卿（王覃）天性孝笃，侍尚书（王贽）左右二十余年，未始一日违去。而夫人佐蒸尝之事，春秋益虔。少卿临事素严，夫人治家亦有法，阃内肃然如官廷。"③从王珪的详细记述中可以看出，王覃夫妇举止体现在几个关键之处：言行合礼、事亲至孝、勤于家政、亲授学业、刻苦攻读、长幼尊卑有序、和睦宗族。其中严守孝悌之道是其核心内容。特别是吕氏在夫亡后尽心抚养诸子，谦逊简朴，亲自教授诸子经义，使之成才，成为宗族学习的榜样。王珪在追念伯父王罕之妻狄氏时叙述道："（自己）少孤，蒙夫人之抚养甚厚，以至今日之成就，念夫人之恩，未始一日之忘也。"④他言辞之间体现了一种反哺报恩的孝道。而对王珪有抚育之恩的伯母狄氏也是至孝之人，王珪言她"方侍吾祖司空之疾，夫人念不及姑之养，

---

① 《名臣碑传琬琰之集》上卷八，《景印文渊阁四库全书》第 450 册，第 73 页。
② （宋）庄绰撰《鸡肋编》卷中，萧鲁阳点校，中华书局，1983，第 77 页。
③ （宋）王珪撰《华阳集》卷五三，《景印文渊阁四库全书》第 1093 册，第 391 页。
④ 《华阳集》卷五七，《景印文渊阁四库全书》第 1093 册，第 421 页。

惟恐奉承之不能。居其丧，如事存之不少怠"①。王覃、王罕两位伯父家教如此，王珪之父母王准夫妇亦如此。在拥有如此良好家教家风的家族中成长，王珪对孝道思想的阐述和躬行践履当在情理之中。

王珪虽然自小随父从华阳移居到安徽舒州，但其人深受家风家教的影响，将其算作巴蜀名儒并无不妥。"王禹玉历仁宗、英宗、神宗三朝，为翰林学士，其家自太平兴国至元丰十榜皆有人登科"②，《（民国）华阳县志》也载"王氏，华阳大姓，在宋代科第、文章并盛"③，就连同为华阳人的北宋名相范镇也称叹王氏道："三朝遇主惟文翰，十榜传家有姓名。"④ 王珪长女就是李清照之母王氏，华阳王氏满门俱有才学⑤，是实至名归的蜀中大族。

（二）孝尽人伦报明天道

王珪与王安石、苏轼等人生活于同一时期，当时各种社会矛盾越来越突出，为此，他感叹道："故国凄凉谁与问，人心无复更风流。"⑥ 因此，作为位居高位的大臣，他也渴望以孝悌之道复振人心，应对危机，这种思想在《华阳集》中处处可见。对于为什么需要孝道，他的基本观点是"夫物生本乎天，人道始于祖，故有天下不可不严大报，为人子不可不怵孝思"⑦，认为孝悌之道原于天道，践行孝道就是遵循天道的表现，所以不可不重视。他对孝道的阐述主要针对帝王和皇室，注重天子、臣子之孝，因为天子受命于天，所以要时时表现出对天地、父母的孝思、孝感、孝诚，而臣子之孝上可尽忠，下可化民，这些思想集中表现在各种典礼、仪式诏令中。因为当时朝廷很多重大典制、策令出于他之手，他连续为皇室起草诏书近二十年。正是通过这样一种特殊身份，他站在统治者的立场上为天子制法、颁令，将其孝道观渗透于这些典制、策令、诏书之中。

---

① 《华阳集》卷五七，《景印文渊阁四库全书》第 1093 册，第 421 页。
② （宋）叶梦得撰《石林燕语》卷九，宇文绍奕考异，侯忠义点校，中华书局，1984，第 135 页。
③ 陈法驾修，曾鉴纂《（民国）华阳县志》卷九，《中国地方志集成·四川府县志辑》第 3 册，第 142 页。
④ 《石林燕语》卷九，第 135 页。
⑤ 李清臣在《王太师珪神道碑》中云"女长适郓州教授李格非，早卒"，李格非即李清照之父。
⑥ 《华阳集》卷三，《景印文渊阁四库全书》第 1093 册，第 23 页。
⑦ 《华阳集》卷三七，《景印文渊阁四库全书》第 1093 册，第 267 页。

正是因其身份特殊，王珪格外强调皇家要践行孝道，一切要符合礼制。《宋史》中多处记载每当天子或宫廷举行重大祭祀和典礼时，都由王珪提供建议或主持，可见他是深通礼法、深谙人伦大道的。王珪本人也担任过"南郊大礼使"一职。他认为不论何种身份，即使尊为天子，也应重视孝道，这是人道的表现，不能因人而异。践行孝道的人道是遵循天道、报于上天的表现。他在对一些宫殿名进行解释时云："孝熙殿，孝熙者，言孝道广且光明……孝宁殿，《扬子·孝志篇》：'孝莫大于宁亲，宁亲莫大于宁神，宁神莫大于四海之欢心。'……孝徽殿，徽，美也。《尚书》：'慎防五典，五典克从。'五典：父义、母慈、兄友、弟恭、子孝也。舜能慎美笃行之。"① 他引用《尚书》之言将孝列为"五典"之一，将孝道思想蕴于日常生活之中，给统治者以教益。在皇室祭祀方面，他强调祭祀对于传递孝道的重要意义。他认为君王举行宗庙祭祀，一是为了追孝养之心，尽孝子之情；二是通过恭行燔柴祭天之礼将君王治理天下的情况向上天报告。

王珪精通古代礼制，他在朝时屡次根据古代礼制和孝道礼仪纠正一些不恰当的祭祀礼仪。如英宗在位时讨论仁宗配祭的事，因为英宗是濮王赵允让之子，过继给宋仁宗为嗣，所以在配祭上存在争议。王珪认为季秋大飨应该以仁宗配祭，这才符合严父之道。在众说不定时，王畴建议依照王珪的提议"奉仁宗配飨明堂，以符《大易》配考之说、《孝经》严父之礼"②。王珪还认为，作为威加海内的天子，其孝不仅仅是面对自己亲人，还要推而及众。他说："夫古者治国无二道，要之大义，以矶天下孝者，非亲亲之谓欤？然圣人善推其所为，以及于众，故爱其亲者，则必念人之亲矣。"③"亲亲"只是孝道的一个方面，而对于天子之孝，还要将天下人之亲放在心上。在天子之孝方面，王珪认为仅仅注重一些孝的形式还算不上真正的孝，天下人的评价才非常重要，如果百姓都称赞国君是孝子，那才算真正与孝相配了。

（三）做忠孝高节之臣以报亲事君

与其他巴蜀名儒、名臣一样，王珪同样看重选拔人才、任用人才时对

---

① 《华阳集》卷八，《景印文渊阁四库全书》第 1093 册，第 58 页。

② 《宋史》第 28 册卷二九一，第 9749 页。

③ 《华阳集》卷三三，《景印文渊阁四库全书》第 1093 册，第 230 页。

孝悌品行的考察。他所代拟诏书中称文彦博具有高尚的忠孝品节："夫与国者忠之至，显亲者孝之大，忍私徇义可不勉乎！"① 他以此为理由不允文彦博辞职。在系列代拟诏书中，王珪都表达出了臣子有移孝为忠的义务，云"移君以忠者孝之隆，合世之变者权之大"②，要合乎权变，为国、君尽忠。他同时指出了移孝为忠为孝的最高表现，曰："笃君臣者莫大乎义，则可以断恩；显父母者必扬其名，则可以称孝。"③ 这意味着既要为国立功，不辱君命，又要显亲扬名，这也是对父母之大孝，这些体现了他为统治者网罗人才的标准。

王珪认为作为人子，养亲敬亲是最基本的孝，是成为忠君爱国之臣的基础。他赞卫将军孝谨之行时言卫将军将平常获得的赏赐都给予父母，不敢私藏。当其病重其父母前往看望时，其痛哭感泣的不是自己病重，而是以奉养孝敬双亲的日子短而为遗憾，这种至死仍考虑尽孝的至孝行为可谓至真至诚。当事亲之孝与忠君爱国没有冲突时，他赞这种行为"事君辞宠者德之嘉，报亲崇养者孝之至"④，将其视为嘉德和孝至。而当二者之间存在冲突时，奉亲之孝必须向忠君爱国让步，即"不以家事辞王事"⑤，这反映了王珪既具有宋代士大夫群体忠君爱国的一面，又处处体现了作为君主倡导孝治的"代言人"特点。

三　吕陶的孝道思想

（一）孝悌致人性中和

北宋成都人吕陶⑥，亦是一位颇有才学的人物，历仁宗、英宗、神宗、哲宗、徽宗五朝。其人因长期陷入"洛蜀党争"，命运亦起伏不定。今存《净德集》三十八卷于世，字里行间也体现出其孝道观。

在关于人性的根本认识上，吕陶也持性本善的观点。他认为，人之所

---

① 《华阳集》卷二一，《景印文渊阁四库全书》第 1093 册，第 152 页。
② 《华阳集》卷一八，《景印文渊阁四库全书》第 1093 册，第 131 页。
③ 《华阳集》卷二一，《景印文渊阁四库全书》第 1093 册，第 158 页。
④ 《华阳集》卷二一，《景印文渊阁四库全书》第 1093 册，第 156 页。
⑤ 《华阳集》卷一八，《景印文渊阁四库全书》第 1093 册，第 129 页。
⑥ 据《宋史》记载，吕陶为成都人。嘉庆时重修《眉州属志》记其为眉州彭山人。

以有不善的情况存在，是因为会受到外部物欲的影响而丧失内之"心术"，会使人之心性发生偏颇，如徇爱、多忍、巽懦、乐勤、严、慢等。所以，就要用仁、义、礼、智、信、温、宽等予以中和，以弥补"人性之大蔽而不中其节也"①的不足。他说："天之生斯人，皆可以为善。而有不善者，盖中性之动，逐物于外，而心术丧于内，不知所以揉治防制之道故也。夫揉治防制之道，圣人所以成人之性，而复之于中和也。"②要致人性之"中和"，以契合驾驭人欲的状态，就必须施以教化。因此，他认为，宣扬、躬行孝悌之道是改造人性、使之近乎完美的根本方式之一，孝道可以使君臣和敬、族党和顺、父子兄弟和亲，因此非常重要。

（二）行孝悌之道须去其惰

吕陶将忠、信、廉、孝视为天下之善行，而在孝悌之道的践行上，吕陶认为一些人没有践履孝道不是因为没有可能性，而是心存畏惧，而产生惰性，不能坚守。要使得孝悌之道易于践行，那就不要把它看成高远难事。他在《教论》中论道："古之圣人察夫人情，而知其资之可为，而虑其心之畏不可以及，是故为之教也，不遏其端，不咈其欲，充其所有，致其所无，引之以至易，要之以至难。"③ 在这里，吕陶强调了教化对培养忠、信、廉、孝之道的重要作用。他认为，比干、尾生、伯夷、虞舜是践行忠、信、廉、孝的杰出榜样，他们的行为标准似乎让人难以企及，但如果因此而心生懈惰，则实属不当，而实际上，孝道是浅近可行的。敬养双亲属于孝，但孝不止于敬养，要从敬养之类的简易行为开始，去其畏难情绪和惰怠之心，坚持不懈，这是符合人们的接受能力和情感需要的实际的，再辅之以仁、义、礼、智等德行的教化，由易到难，则可达孝之至。

（三）广孝爱而厚风俗

在孝道的具体践行方面，他首先非常看重孝悌在国家教化方面的作用。他以西汉为例道："（西汉）不书德行道艺之美，而复其孝悌，以风斯民。

---

① （宋）吕陶撰《净德集》卷一七，《景印文渊阁四库全书》第 1098 册，第 136 页。
② 《净德集》卷一七，《景印文渊阁四库全书》第 1098 册，第 135 页。
③ 《净德集》卷一八，《景印文渊阁四库全书》第 1098 册，第 144~145 页。

事皆近而易行，不足以经远，名为治理，而曾无其实，使三代之道邈然不可复见，政教益苟简，风俗益偷敝。"① 西汉在历史上以孝治闻名，但吕陶认为单纯推行一些简单易行的孝悌措施，而不能较好地推行德行道艺的教化的做法，终究是存在缺陷的。所以，他认为弘扬孝道的一个重要方面是推崇儒家忠、孝、仁、义、礼、乐教化。

其次，吕陶与其他士大夫一样，希望天子"礼敬极隆于孝治"②，认为最高统治者应秉承孝道，为天下苍生计，"务答天心"。天子躬行孝道，率先垂范，可以引领天下的民风习俗，"先王贵老之义，推而行之，所以广孝爱而厚风俗也"③，而天子做好孝道表率的一个重要方面就是继承光大先王之基业，保持良好的风气，其中就包括保持礼文有节，弘扬节俭之风。例如，他在听闻灾害频发之际皇帝准备重开乐宴时，即向皇帝进谏应罢宴，认为君王罢除奢靡宴饮不仅可以承继二圣慈孝之德，还可以报答上天之恩，这是符合天子孝道的。他还借人之口劝谏统治者道："天子之孝，不在宫庙之奢靡，在继先志，隆大业。今营建甚盛，非所以昭先帝俭德。"④ 这些主张同时也体现了吕陶忠君爱国之孝。另外，他认为天子不仅自己要躬行孝道，还要对臣子孝悌之行予以同情、理解和支持，这既是稽寻先王之道的表现，又是徇人之常情的需要。

再次，他还关心民众之孝亲敬老，这对形成淳朴的孝悌民风有着直接影响。在他眼里，理想的民风应该是"江山如故，得陪父老之嬉游，丘垄不遐，尽岁时之孝敬"⑤，而此民风的形成，需要地方官员的引导。这就有赖于统治者慎选慎用人才，真正做到用人辨正邪，明察秋毫。他认为，吏部在选拔官员时起到的作用非常重要，应做到"擢其规鉴之明，处以铨衡之贰。昔韦陟以严整称职，孝本以清慎服人"⑥，将孝德作为选拔人才的重要标准。

最后，他认为践人子之孝不仅要尽心奉养双亲，不辱亲名，更要做到

---

① 《净德集》卷一六，《景印文渊阁四库全书》第 1098 册，第 124 页。
② 《净德集》卷六，《景印文渊阁四库全书》第 1098 册，第 52 页。
③ 《净德集》卷九，《景印文渊阁四库全书》第 1098 册，第 75 页。
④ 《净德集》卷二一，《景印文渊阁四库全书》第 1098 册，第 171 页。
⑤ 《净德集》卷七，《景印文渊阁四库全书》第 1098 册，第 58 页。
⑥ 《净德集》卷八，《景印文渊阁四库全书》第 1098 册，第 60 页。

亲殁后显扬亲名，使双亲在世时尽享福报，逝后也能通过加封等方式让其令名得显。他论道："古之人，其母贤，则其子有立于时，其令名懿德克见于后世。此报亲之恩，所以加于存没，而广孝之教，成于天下也。"① 他认为，子女具有孝德，跟父母的贤德有直接关系，因为父母教养了子女。作为儿女，报答父母恩情的重要方式是使父母好的名声流传后世，为天下所效法。所以，在他看来，为父母争取封赠有其特殊的意义。

吕陶在一些墓志铭中鲜明地表达出对一些具孝悌品行人物的赞美，提出"士人所以异于编氓者，盖有孝义廉耻也"② 的基本观点，孝义廉耻是有道德修养的君子必备的素质。他称赞武昌程公长期坚持践履孝道，"或板舆迎养，或持檄还省，始终十余年，庭闱欢然，得尽人子之心"③。他还称赞邛州常君能竭力事亲，即使身处离乱之世，也要让父母安乐。他特别提到员外郎赵君的孝行，赵君在任职荣州时建悦老堂，极尽孝养之事，悦其双亲，乡党族人无不称颂，"（母亡）君哀毁屡绝，仅能扶丧。归，昼夜哭如礼，又时强饮食，凡四十九日而病，又五十一日而卒……哀哉，君子孝爱其亲，终继以死，可谓不幸矣"④。对赵君为双亲服丧悲哀过度致病而亡的孝行，吕陶在字里行间没有表示出特别的赞美和肯定，而是表现出了同情和惋惜。他高度认可这类践行孝道的态度，但又不认可这种为行孝而伤身自虐般的极端行为，这也是符合先秦儒家孝道思想宗旨的。

四　家铉翁的孝道思想

（一）忠臣不事二主

南宋末眉州人家铉翁，官至端明殿学士、签书枢密院事等职。家铉翁也出生于家教甚好的名门世家，其先祖因唐末之乱随唐皇入蜀。吕陶在为家定国（字退翁）写的墓志铭中称赞眉山家氏时道："眉阳士人之盛甲两蜀，盖耆儒宿学能以德行道义励风俗、训子孙，使人人有所宗仰而趋于善，

① 《净德集》卷九，《景印文渊阁四库全书》第 1098 册，第 69 页。
② 《净德集》卷二一，《景印文渊阁四库全书》第 1098 册，第 180 页。
③ 《净德集》卷二一，《景印文渊阁四库全书》第 1098 册，第 178 页。
④ 《净德集》卷二四，《景印文渊阁四库全书》第 1098 册，第 196 页。

故其后裔晚生，循率风范，求为君子，以至承家从仕，誉望有立者众。家氏之族乃其一也。"① 可见，家氏家族是非常注重以德行道义教育子孙的。正是因为成长于如此的家庭，家铉翁具备忠孝气节。闻宋亡，家铉翁"旦夕哭泣不食饮者数月"②，之后，不受元廷高官利禄之诱，守志不仕，表现出了很高的士大夫气节。《宋史》中有其传，言铉翁"其学邃于《春秋》……乃以《春秋》教授弟子，数为诸生谈宋故事及宋兴亡之故，或流涕太息"③，其对《春秋》学颇有研究，对一些人伦大义有着深刻体悟。其《则堂集》《春秋集传详说》今存于世，屡见其对孝道思想的阐述。

（二）孝贵在养志

在关于孝道观的根本认识上，家铉翁尤具有独到的见解。他认为孝贵在养志、孝为人生之乐、孝因义存、孝要在亲人逝后致终身之思。这些观点集中体现在他的《养志堂记》《一乐堂记》《拙斋记》《思义斋记》《时思堂记》等文章中。因家铉翁还在元初生活了近二十年，故他很多文章还被《全元文》收录。他一生六十多年的时间生活于南宋王朝，在思想上具有典型的宋代理学特征。

家铉翁上承思孟学说，提出了孝贵在养志的观点。他认为这里的"志"，就是心之所向往而没有用言语表现出来的东西，事亲、孝亲就是一种养志的过程。极尽致养之道，不仅仅在于特定的晨昏定省和起居饮食之间，而更多的是"以诚合诚""以志承志"，以自己之志承父母之志，所以内心的敬诚显得尤为重要。他说："君子之事亲，乃能先意承志，尽所以致养之道，是岂有他哉，亦积诚而已矣。盖曾子之孝，根乎诚者也。诚积于中，敬致乎养，己之心，即亲之心；己之志，即亲之志。"④ 这里意指孝乃"心之动"，是内心之"志"被激发起的一种外在行为，志存于内心、有所指向，而不是用言语表现出来的一种东西，有点类似张栻的"性"的概念。躬行孝道贵在养志，即"先意承志"，顺承"亲之志"，而养志的根本在于"积诚"，时时刻刻满怀敬诚之心。从日常起居至顺亲大道，诚莫不在其中。

---

① 《净德集》卷二三，《景印文渊阁四库全书》第 1098 册，第 190 页。
② 《宋史》第 36 册卷四二一，第 12598 页。
③ 《宋史》第 36 册卷四二一，第 12598～12599 页。
④ 李修生主编《全元文》第 11 册卷四〇九，江苏古籍出版社，1999，第 789～790 页。

（三）孝为人生之乐

家铉翁由孟子论"三乐"的思想阐发开来，提出孝为人生之乐的观点。他认为人生来就具有乐的本性，比如孟子论述的父母俱存、兄弟无故这种"乐"是人伦天理，是不假外求而自然存在的。为此，他阐述孝悌人伦之乐道：

> 为在中之乐，发而为情，情与乐俱迁，则情荡而乐肆，欲胜而理亡矣……一而不二，纯而不杂，夫是之谓一乐……余曰：子之乐，孝弟中之乐，曾、闵之乐也。夫所谓乐，求曾、闵所乐何事而已。①

在这里他提出了"欲胜而理亡"，即宋儒常提及的天理、人欲。他不否认人欲的存在，但认为不能任其发展。他认为行孝并不是人生的一个苦差事，而是基于自然秉性的人生一大乐事。人性的一个表现是"自然之乐"，人人拥有，与生俱来，内心之"乐"被激发出来就表现为"情"，"情"的表现多种多样，比如富贵、功名、辩说、辞章都有相应的"情"的表现形式，如果任其发展，会导致"情荡""理亡"的结果，所以就要靠孝悌人伦天理予以节制，这不需要向外求索，而是靠自己事亲敬老时"一而不二，纯而不杂"，笃实地"事其事"，做好该做的事，倘如此，那么践行孝道也就变成了人生一大乐事。可以看出，家铉翁对孝悌之道的相关阐述具有鲜明的宋代理学特征。

（四）孝使人伦有"节"

家铉翁还提出孝使人伦有"节"的观点。他认为世间万事万物"莫不皆有自然之节，至众而至一也，至不齐而莫不皆止于齐也"②，比如星辰运行有序、寒暑往来有度就是"节"的表现，这里的"节"就相当于自然规律、自然准则。人事方面亦一样，圣人通过"节"来调节人们的行为，使之保持有节有序，这里的"节"就相当于人伦纲常、道德规范、行为准则。作为规范

---

① 《全元文》第 11 册卷四〇九，第 784~785 页。
② （宋）家铉翁撰《则堂集》卷二，《景印文渊阁四库全书》第 1189 册，第 295 页。

尊卑等级秩序、协调人伦关系的礼，便发挥着"节"的作用，使人们的各项行为有节有度，也即所谓的"中正"。他说："在人则君臣父子之伦，日用常行之道，所以止仁、止敬、止慈，各止其止，而不得过者，皆其自然之节也。"① 在他看来，以礼为表，以仁、敬、孝、慈为实，便是调节君臣父子关系，使之顺乎"节"，符合人伦大道，并将之纳于至善之地的重要途径。

（五）孝是义之思

家铉翁也格外关注"心"的作用。他认为孝因义之思而生，人之所以存在，是因为有义存在，继而"孝、友、睦、姻交相爱"。义在子子孙孙中延续存在，是因为"心"之精神，即思在发挥着重要作用。为人子者事亲不仅有晨昏定省之勤等，还有在亲人过世后祭祀中的"春秋烝尝之思"，即"致殁身之思"，如在祭祀亲人时思父母生前之笑语、志向、欢乐、嗜好及对子孙的恩泽等，就好像父母仍然在世、在身边一样，只有时时存有这种爱之"思"、敬之"思"，就自然而然存有孝敬之义了。对于这种观点，他在《思义斋记》和《时思堂记》中有阐述。他认为之所以有孝、友、睦、姻等存在，是因为有义的存在。义是自然而然的"天理"，是人心固有的。子孙繁衍生息是因为有义的存在，义通过孝、友、睦、姻等各种具体行为表现出来，这种表现就是"思"，如孝思就是由孝行而表现。他在阐述义、心、思的关系时说：

> 夫见得思义，非事至而后为之思也，盖心者，一身之主宰，而思则心之精神，所以酬酢事物而使之各中其度而不忒者也，圣贤学问之功，惟思为谨……天理在是，外物纷至，无由而入，故思不在于得，而在乎义，是其谨思之功也。②

由上可以看出，家铉翁认为义是思之本，思又是心的精神，而心主宰着人的行为。所以，心正则思正，才能保证各种行为合乎其道，不出现偏差，反之则心偏思废。在此处，家铉翁的"心"与理学家倡导的人伦道德之"心"应是一致的，这种"心"则需通过恭谨笃诚之思表现出来。为进

---

① 《则堂集》卷二，《景印文渊阁四库全书》第 1189 册，第 295 页。
② 《全元文》第 11 册卷四一〇，第 807 页。

一步说明思的作用，他以在孝道基础之上的祭祀为例道："至其祭也……思之所存，即孝敬之所存，是之谓殁身之思。必能尽终身之养，而后能致其殁身之思，将之以礼敬，行之以哀慕，如亲之在此堂，所以致殁身之思也。"①家铉翁认为，子女祭祀父母之灵时的虔诚之思不仅仅是一种追思的行为，此虔诚之思有孝义存在。在思时，要抱诚敬笃实之心并合乎礼仪，以极尽哀慕。祭祀时思父母之笑语、志意、所乐、所嗜，如亲之在堂，无悖于义，如果能够达到"事死如生，丧亡若存"②，那就真正做到孝敬之思了。

（六）孝自务内践实

与宋代其他思想家一样，家铉翁同样重视孝悌之道的践履。他认为不管身处何境，践行孝悌之道皆应心怀诚敬、务求践实，为此，他说道：

> 拙斋务内践实，亦学为曾子者也。曾子之学仁也，曾子之孝，曾子所以成其仁也……穷而在下，则任斯道之托；达而居上，则任世道之托。莫不自务内践实中来。③

他以曾子为例意在说明要像曾子那样事亲致孝，且不能仅仅停留至此。行孝只是成仁的起点。学问之道亦是如此，自孝老、悦亲而明善，进而齐家、治国、平天下。孝是成仁、成善的根本，是明善、至信、忠若爱民的起点。要达仁，就必须在"明善而诚身悦亲"的前提下"务内践实"，做"体用兼该"。所谓"体"，即是包括孝悌在内的仁。所谓"用"，当为悦亲、事亲等的具体行为和规范。

值得一提的是，家铉翁的孝道观点亦是在南宋末元初那种特定社会背景下提出的，他也深切渴望通过阐发、践行孝悌大道改变颓废堕落的社会风气，以挽救摇摇欲坠的南宋王朝。如此，他结合先秦儒家孟子、曾子学说，吸取其心性理论，同时又充分发挥了宋人义理阐释之长，将先秦儒家思想和南宋末的社会现实相结合，进行了可贵的孝道思想探索。

---

① 《全元文》第 11 册卷四一〇，第 808～809 页。
② （宋）家铉翁撰《春秋详说》卷一三，《景印文渊阁四库全书》第 158 册，第 253 页。
③ 《全元文》第 11 册卷四一〇，第 805 页。

五　度正的孝道思想

南宋合州（今重庆铜梁）人、朱熹弟子度正，是南宋中期巴蜀地区比较有名的学者，他大部分时间都是在巴蜀地区的四川、重庆一带度过，在将理学传播于巴蜀的过程中发挥了重要作用。他一生屡任要职。他以朱熹、刘光祖为师，与当世名儒魏了翁、范仲黼、吴猎等人交游。魏了翁曾云"然其书固不与俱亡也，葬有日，吾友度周卿为铭"①，称度正（字周卿）为友，可见两人关系亲近。度正著有《周子年谱》《太极图说》《性理纂》《周濂溪年表》等，今存《性善堂文稿》十五卷，其中有关于他对孝道思想的阐述。

度正身上有着鲜明的宋代士大夫精神，面对当时的社会现实，他以"入则孝与悌，出则信与忠"② 自勉，希望上能够规谏天子"宽仁有得于圣心，孝敬日闻于天下"③，下能够"但见田亩兴孝悌，已无稂莠劳梳爬"④，在推动理学在巴蜀传播的同时积极阐发和践行他的孝悌之道。

（一）孝道需学以致进

度正认为孝悌虽然为先天之性，皆为"人心之有"，但这种内在具有的秉性需要外部恰当的引导，这种引导就是教育。他将教育区分为小学之教和大学之教。将孩提之童的爱亲之心和稍长时的敬兄之心扩充为孝、悌，就是小学之教；将人人具有的恻隐之心、羞恶之心、辞逊之心、是非之心扩充为仁、义、礼、智，就是大学之教。故他说："先王之所以教，皆人心之有而顺道之，非有所强之于外也，故其为教也易而成材也众。"⑤ 他认为，孝悌之心人皆有之，先王教化的作用主要是引导，即"顺道之"，以便造就更多的人才。可以看出，他的思想继承发展了孟子的"四端"之说。

爱亲、敬长之心本身不是孝道，而只有通过教育、教化引导而扩充，

---

① 《鹤山集》卷六二，《景印文渊阁四库全书》第 1173 册，第 37 页。
② （宋）度正撰《性善堂文稿》卷一，《景印文渊阁四库全书》第 1170 册，第 154 页。
③ 《性善堂文稿》卷五，《景印文渊阁四库全书》第 1170 册，第 181 页。
④ 《性善堂文稿》卷二，《景印文渊阁四库全书》第 1170 册，第 163 页。
⑤ 《性善堂文稿》卷一〇，《景印文渊阁四库全书》第 1170 册，第 230 页。

才上升为孝悌之道，度正认为这是圣贤之学，这个过程需要内外兼修。他说："夫圣贤之学，内外交相养而已。养之于内，则礼义之悦我心者，不可无以发之；养之于外，则进退周旋之际、起居饮食之间亦不可无。"① 所以，包括孝悌之道的礼义应属于内部涵养之功，并通过外在形式，如具体孝行表现出来。上至圣人、君主、显贵，下至普通民众，概莫不如此。

对具体的教育内容，度正也做了相关阐述。他认为，未来会君临天下的太子，其学习内容包括为人君、为人父之道，而要学会为人君之道，就须先学为人臣之道，要学为人父之道，就须先学为人子之道，只有对为人臣之道和为人子之道有深刻的认识和领悟，才能做一个合格的君王。所以，他说："为人子而孝者必能为慈父，为人臣而忠者必能为仁君。"②虽然他论述的是太子所应学习的内容，但对普通人同样有借鉴作用。即使是圣人，也不是生而知之。君臣、父子之人伦大道更是需要学习、领会并践行。为此他举例道，商代高宗（即武丁）少时就以贤臣甘盘为师。周文王之所以具有大德，是因为他还是世子时，就躬行仁孝，尊师重道，唯恐做得不够，并且不断学习进取。故度正曰："古之圣人虽曰生而知之，然考其行事，未有不学者。"③ 因此，他强调要成就圣贤仁孝大德，是需要不断敬诚涵养、学习修炼的，此也即践履工夫。

（二）孝道离不开学校教育

在小学之教和大学之教方面，度正非常重视学校培养人才的作用，尤其是弘扬孝悌之道的作用。他曾亲为君王作颂词，歌颂忠孝、勤俭等美德，以期达到"贻之诸生，俾歌于庠序，以彰圣朝孝治之美"④ 的目的。他在文中论道："国有学，乡有校，党有庠，遂有序，家有塾，本之以知、仁、圣、义、中、和，申之以孝、友、睦、姻、任、恤，成之于礼、乐、射、御、书、数。"⑤ 这实际上指出了在宋代各级学校培养人才的宗旨、培养目标和教学内容中都含有孝道的内容。进入学校接受教育者，可以成为服务

① 《性善堂文稿》卷七，《景印文渊阁四库全书》第 1170 册，第 205 页。
② 《性善堂文稿》卷七，《景印文渊阁四库全书》第 1170 册，第 205~206 页。
③ 《性善堂文稿》卷七，《景印文渊阁四库全书》第 1170 册，第 207~208 页。
④ 《性善堂文稿》卷一二，《景印文渊阁四库全书》第 1170 册，第 244 页。
⑤ 《性善堂文稿》卷一〇，《景印文渊阁四库全书》第 1170 册，第 232 页。

于天子、朝廷的可用之才。而因为贫穷等原因不能进入学校者，就可能会失去良心善性，从而不能成才。度正眼里理想的人才从培养目标上是要能够致知格物，本于正心诚意，内足以修身，外足以治天下。其具体培养内容不是章句文辞，而是切于世用的、利于国家的修身、经世大道。显然，度正大力宣扬孝悌思想也是符合当时社会现实的，对匡正时弊大有裨益。

（三）孝难在事人所不能

度正也对那种事亲至孝的行为予以充分肯定。他称赵茂"天性至孝，丁父忧，哀毁不自胜，叔父为说《檀弓》君子执丧之礼以慰解之"①。他特别地提到陈罩"事后母有至孝之行，事有人之所甚难者，而罩由以所以处之如古卓行孝子之为，而未尝自言于人……事亲以孝，斯可事君"②，认为陈罩之举他人难以做到，就连当时的名士吴猎、李寅仲、费栋等都深为敬叹，在度正看来，事亲孝是事君忠的前提，陈罩就是这样忠孝之人。孝悌之行大多数人都具有，贵在能行别人难行之孝，而且默默坚持，处之泰然，这种孝，应该是事亲之孝的极致了。

度正曾自言"志在《春秋》而行在《孝经》，傥修名之可立；生者父母，而成者夫子，誓终身而勿忘"③，意思是自己按照《春秋》规划人生，按照《孝经》躬行实践，父母给予了自己生命，孔子等先贤赋予了自己思想和精神，这些都是不能忘的，这实际上既是他的座右铭，又是他自己一生的写照。在治学上，作为朱熹得意门徒，他学问精深，被朱熹门人叶味道称为"吾党中第一人"④；在为官上，提倡经世致用，勇于进谏，勤于政事，推行了很多便民利民的措施，表现出刚毅正直、忠君爱国的品性。

---

① 《性善堂文稿》卷一三，《景印文渊阁四库全书》第 1170 册，第 256 页。
② 《性善堂文稿》卷一三，《景印文渊阁四库全书》第 1170 册，第 258 页。
③ 《性善堂文稿》卷九，《景印文渊阁四库全书》第 1170 册，第 219 页。
④ 《宋史》第 36 册卷四二五，第 12673 页。

本篇小结

本篇共考察了苏轼及苏过、范祖禹、张栻、魏了翁、文同、王珪、吕陶、家铉翁、度正等宋代巴蜀名儒的孝道思想。他们都重视对孝道思想的探索和阐发，重视孝悌忠信之道的实践，充实、发展了巴蜀孝道思想和巴蜀文化，从"立德、立言、立功"三方面留下了宝贵的精神财富。总体看来，宋代巴蜀名儒在思想理论体系方面对孝道思想的阐发和践履体现了以下共同点和特色。

一是都继承了先秦儒家孝道观。先秦儒家思想认为孝为至德要道，将孝视为人立身之本、仁德之本、人伦之本。宋代巴蜀思想家无一例外地坚持了这种认识，并分别在孝的核心内涵、孝与礼、孝与教育、孝与义、孝与和、孝与"三教"的关系方面予以了阐发。因此，他们既承继了先秦儒家的伦理思想，又结合当时的社会现实进行了创新。

二是普遍具有以儒家思想为根本的深厚家学渊源。宋代大多数巴蜀籍思想家都以家族性的群体出现，此种现象无可避免地使他们深受家学中儒家伦理道德思想影响。这种家族多兼具政治性、学术性，为保障其特殊的政治、经济地位，尤其重视以忠孝为核心的伦理纲常内容，这些内容通过家学等形式世代相传。苏轼、范祖禹、张栻、魏了翁、王珪、李心传、李焘等人莫不如此。即使有的思想家虽并非出自显赫家族，但他们或以拜师，或以交友，抑或以联姻等方式与那些家族保持密切联系，在秉性、治学上互相影响。

三是希冀君王将个人之孝扩充至天下之大孝的孝道理论予以践行。在宋代特殊的时代背景下，众多巴蜀思想家殷切地希望当朝统治者能行曾闵之孝，致尧舜之治，改俗除弊，进而使四海政清人和。所以，他们利用自己的特殊身份和地位，从治家之"小孝"到治国之"大孝"两个方面为统治者提供了系列方略。可以说，这些巴蜀思想家大多数都扮演了帝王的老师、参谋和"顶层设计者"等诸多角色,不断地通过谏言、疏文、制诰、章表等形式对统治者施加影响,以便将孝道思想运用到治国理政之中。

四是受北宋时的古文运动、儒学复兴逐渐到南宋的理学发展、成熟的过程的影响,宋儒对孝道思想的阐释也随之发生一些变化。宋代的巴蜀思想家们也表现出了一个明显的转型趋势。如北宋的巴蜀"苏氏蜀学""范氏蜀学"都以儒学为正统,在经史方面都取得突出成就。而至南宋,巴蜀的思想家们或宗"濂洛之学",或以朱熹、张栻为师,或援佛、道入儒,积极宣扬理学思想,站在理学家的立场上审视和阐发孝道思想。他们在本体论、工夫论方面对包括孝道思想的儒家伦理思想进行了深入的阐发,丰富了天理、人欲、心性、善恶、敬诚、存养等与孝道思想有关的概念的内涵。例如,"张栻提出'性外无物'的观点,把'性'扩大成一种无所不在的东西,因而也就说明宇宙中存在着一种无所不在的普遍的人伦精神"①,进而为伦理纲常和道德的合理性、神圣性提供了理论依据。张栻之学回传入蜀,对蜀中众多的思想家产生了很大的影响。如魏了翁就对朱熹、张栻很推崇,在思想上受其影响,并云:"乾道、淳熙间,朱、张、吕三子以学问为群儒倡,虽其才分天成,功力纯至,然亦不可谓非师友切磋之益。"② 他认为张栻与朱熹、吕祖谦齐名,认为他们三人学问、思想也是相互影响的。

五是宋代众多巴蜀思想家自身还是践履孝道的典范。他们大多出身名门,从小接受良好的教育,并师从名儒,以儒家忠孝仁义思想为根本。他们都将孝道作为立身之本和为政之本,在家以孝道治家,自己奉亲至孝,孝道之声远播。主政地方时以孝治邑,改善民风。在朝为官时,规谏帝王行尧舜之治,以孝治天下,并发挥自身影响力,引领天下士人弘德孝之风。他们自己躬行孝道,很好地诠释了知行合一的深刻内涵。

---

① 陈谷嘉:《宋代理学伦理思想研究》,湖南大学出版社,2006,第347页。
② 《鹤山集》卷六四,《景印文渊阁四库全书》第1173册,第59页。

下　篇

名儒会集的宋代巴蜀家族
孝道思想

上篇和中篇分别对宋代巴蜀名儒孝经学研究和巴蜀名儒的孝道思想阐述进行了研究，主要目的是从不同的个体考察宋代巴蜀孝道思想研究的特点和总体面貌。这些人物既活跃于宋代那个特殊的社会背景、时代背景之中，又植根于各自具体的生长环境和生活环境，即家族、家庭中，他们在性格特征、行为方式、学术渊源、思想追求等方面深受所处环境的影响。本篇将对宋代巴蜀名儒会集的部分名家望族进行研究，考察其在修身、治家、治学、教子等方面体现出的孝道思想及与孝道有关的现象。

　　本篇共分为六章，分别对眉山苏氏、华阳范氏、绵竹张氏、阆州陈氏、新津张氏、丹棱李氏、井研李氏、铜山苏氏等家族开展研究，其中眉山苏氏、华阳范氏、绵竹张氏、阆州陈氏等四个家族是考察重点。学术界对古代名家望族的研究论著不少，但角度取舍不同，如政治、经济地位及影响，思想、文化、学术背景，婚姻、交友等，或从多方面综合考察。本篇拟专门从孝道的角度着眼，以期通过对宋代巴蜀名家望族的研究，从另外一个途径归纳出巴蜀名儒孝道思想阐述及实践的一些特点和规律。

第八章
眉山苏氏

一 眉山苏氏家族渊源

（一）苏氏家族起源

关于苏姓起源情况，《新编苏氏大族谱》《宋代眉山苏氏家族研究》[①]均有详细阐述。《宋代眉山苏氏家族研究》一书对苏氏家族做了较全面的研究，但主要遵循眉山苏氏世系产生、发展、兴盛、繁衍、衰落的历史主线进行考述，对孝道思想没有做专门的论述。

唐代名贤苏味道被公认为眉山苏氏始祖，苏洵称苏氏"其后至唐武后之世……以贬为眉州刺史，迁为益州长史，未行而卒。有子一人不能归，遂家焉……自益州长史味道至吾之高祖，期间世次皆不可纪"[②]。苏洵自叙其家族自高祖以上皆无从考据，其高祖为苏泾，可知自苏味道至苏泾之间的谱系在苏洵时已无从得知。结合苏洵在《嘉祐集》中的记载和各种研究著述，苏洵一系的世系为：苏味道许多代之后即有苏泾，苏泾生苏钇，苏钇娶黄氏。苏钇少子苏祐，娶李氏。苏祐生苏杲，苏杲娶宋氏。苏杲生苏序，苏序娶史氏。苏序即苏洵之父，苏洵娶程氏。之后为苏轼、苏辙[③]。苏洵之

---

① 参见颜中其、苏汝谦、苏克福主编《新编苏氏大族谱》，东北师范大学出版社，1994，第13页。另详见马斗成《宋代眉山苏氏家族研究》，中国社会科学出版社，2005。

② （宋）苏洵撰《苏洵集》卷一四，邱少华点校，中国书店，2000，第132页。

③ 详见《新编苏氏大族谱》第20～21页《眉山苏氏世系图》，以及《宋代眉山苏氏家族研究》第353～354页。

先祖苏味道，《旧唐书》言其"少与乡人李峤俱以文辞知名，时人谓之'苏李'"，非常有才华，写文章能够"援笔而成，辞理精密，盛传于代"①。《新唐书》亦载："（杜审言）少与李峤、崔融、苏味道为'文章四友'，世号'崔、李、苏、杜'。"② 由此可知，苏味道因才学在当时为世人所称道，其著有文集《苏味道集》十五卷（今不存）。同时，他性格比较圆滑，"常谓人曰：'决事不欲明白，误则有悔，摸棱持两端可也。'故世号'摸棱手'"③，指他遇事常取明哲保身的态度，这在当时的政治环境中，可谓一种处世手段。苏味道之后眉山一系数代均默默无闻，在唐代中后期至五代时期尤明显，这与动荡的政治环境有一定关系。一则眉山苏氏可能学问上确无突出之人；二则在五代王、孟据蜀时，按照苏洵的说法，蜀地的名流高士、学问子弟大多不屑于辅佐割据政权以求厚禄，因此在仕途上亦无显名者；三则长期的战乱易致家谱、族谱遗失，故两百多年后至苏洵的高祖苏泾才得以留名。

苏洵在《族谱后录》下篇中对其眉山先祖可考者均有叙述。苏泾之事已不详，从苏序的曾祖苏钊（有的作"祈"）开始才能知晓一些，言苏钊"以侠气闻于乡间"④。苏钊之子苏祐是五兄弟中最小最贤德的，以才干精敏闻名于世，其妻李氏为唐李氏后裔，出自官宦之家，性格严毅，居家整肃，富有才华，有窦太后、柴氏主的遗风。苏序之父苏杲非常乐善好施，侍奉父母极尽孝道，与兄弟友爱，与朋友交往以笃信为原则，深受乡间邻舍之人爱戴。苏杲之妻宋氏甚孝谨，管理子孙后辈非常严格。苏洵对父亲苏序的叙述最为详尽，概括起来，苏洵认为其父具有的性格特点和品德为：小时候性格偏内向，不好读书；长大后喜欢作诗，比较通俗，几十年的时间作了几千首不同题材的诗，虽然谈不上工整，但也表现出胸襟气度，并具有一定思想；性情平和，薄于待己，厚以待人，与人交往平易近人，上至士大夫，下至百姓，一律谦和；注重与品行佳的人交往，尊重老者；生活勤俭，注重修身；家里之事交付晚辈处理，而族里之事无不尽心；乐善好施，不求回报；淡泊名利，与古代"隐君子"相比有过之而无不及。在苏

---

① 《旧唐书》第 9 册卷九四，中华书局，1975，第 2991 页。
② 《新唐书》第 18 册卷二〇一，中华书局，1975，第 5736 页。
③ 《新唐书》第 13 册卷一一四，第 4203 页。
④ 《苏洵集》卷一四，第 134 页。

洵的眼里，其父苏序身上有着太多的优秀品质，作为至亲，不免有夸大之嫌，但同为"唐宋八大家"之一的曾巩在为苏序所作《赠职方员外郎苏君墓志铭》中也道："曾大父钤、大父祜，父杲，三世皆不仕，而行义闻于乡里。"① 曾巩还提到苏序"读书务知大义，为诗务达其志而已，诗多至千余篇。为人疏达自信，持之以谦，轻财好施，急人之病，孜孜若不及"②，可见苏洵之言非虚。而苏序之妻史氏出自眉州名门史家，她也具有慈仁宽厚的品质，与苏序之母、要求甚是严格的宋氏相处得很好，与族人也相处和睦。

眉山苏氏具有的特点：孝悌持家，仁义待人，诗书传世。这种良好的家风世代相传至苏序时，家族命运发生了明显的转机。苏序次子苏涣"以进士起家，蜀人荣之，意始大变，皆喜受学。及其后，眉之学者至千余人，盖自苏氏始"③。苏洵许是受其兄的影响和激励，才发奋求学，与两个儿子苏轼、苏辙（同为进士）以文章名闻天下，为天下所宗。

（二）眉山苏氏赓续

宋代眉山苏氏自苏轼、苏辙之后，虽然在才学和名气上再无超越二人者，但也并非无可称道者。其后代累中进士者多人。

据《（嘉庆）眉州属志》等文献记载，宋代眉山苏氏产生的进士达 21 名④，其中知名者有苏涣、苏轼、苏辙、苏过、苏符、苏元老等人。苏轼的儿子"迈、迨、过，俱善为文"⑤，其中苏过尤为有名，颇有苏轼之风，著有《斜川集》。苏辙的儿子苏迟、苏适、苏逊才华也是不俗。苏迟曾任权刑部侍郎、权工部侍郎等职。苏辙孙辈也是人才辈出。"二苏"孙辈之后有的还活跃于政治舞台。如苏轼的男孙苏符、苏籍较为有名，苏符官至礼部尚书，苏籍曾任太常主簿。苏辙的男孙较出名的有苏籀、苏范、苏简、苏策、苏箕等人，苏籀曾任太府侍丞等职，苏范做过承务郎。苏简曾任直龙图阁，苏策曾任福建转运判官等职。苏箕中武举，官至太尉。另外苏轼族孙辈（苏

---

① （宋）曾巩撰《曾巩集》卷四三，陈杏珍、晁继周点校，中华书局，1984，第 587 页。
② 《曾巩集》卷四三，第 587 页。
③ 《曾巩集》卷四三，第 587 页。
④ （清）涂长发修，王昌年纂《（嘉庆）眉州属志》卷一〇，巴蜀书社，1992，第 137 页。
⑤ 《宋史》第 31 册卷三三八，第 10817 页。

涣曾孙）中知名者苏元老颇有文学才华，曾任成都路转运副使、太常少卿等职。苏轼的曾孙苏岘曾任太常寺主簿、吏部侍郎。苏符的儿子苏山曾任太府丞、司农少卿，苏简的儿子、苏辙曾孙苏谔官知州、秘阁修撰、江东转运使，苏辙曾孙苏诵、苏诩都官至知州。可以看出，苏氏后人成器成才者众多，其家族既是学术世家，又是政治世家。

南宋吏部侍郎钱端礼在推荐苏轼曾孙苏岘时称："苏轼为宋儒宗，爵不配德，而岘才识、操履绰有典型，愿加甄录，庶可敦风俗，激士气。"[1] 孝宗皇帝亦云"东坡之孙，惟岘有家法，充秘阁修撰"[2]。眉山苏氏后人多遵循其祖辈家训、家诫，弘扬了优良家风。"眉山苏氏主以文学传家，辅以恩荫，传衍五六世之多，苏辙一支更是传至九世，显示了文学世家的特色。"[3] 很显然，光靠文学传家并不会很持久，其长期形成的家族伦理、价值规范、行为准则才是永葆家族生命力的源泉。

二　苏氏家族孝道思想的主要载体

眉山苏氏之所以能够兴旺与其良好的家教有着直接的关系，渗透在其家风中的孝道思想传承起着关键的作用，并被苏氏后人遵循。

（一）家训

家训为"父母的教导"[4]。按照通常的说法，家训就是父母先辈对子孙后代的训导之语。如北齐的颜之推撰的《颜氏家训》长期以来影响很大。家训的内容是非常广泛的，如修身养性，处世交友，读书治学，勤俭持家等，总体来看，"每一篇家训都是作者对于做人和治家这两个重大问题所做出的规范和准则，因而它也就包含了作者毕生的生活经历和全部学术思想"[5]。眉山苏氏家族的家训既具有其他家训的共性，又具有自己的特色，最典型的特点便是富含孝悌思想和忠君爱国思想。

---

① （清）陆心源辑撰《宋史翼》卷四，中华书局，1991，第46页。
② 《宋史翼》卷四，第46页。
③ 《宋代眉山苏氏家族研究》，第122页。
④ 商务印书馆修订组编《辞源》，商务印书馆，1918，第838页。
⑤ 包东坡选注《中国历代名人家训精粹》，安徽文艺出版社，2000，第1页。

如果说苏序之上各先辈主要是从人格和品行方面影响着家族成员的话，那么自苏洵开始便从思想（包括儒家孝道思想）、孝道践履两个方面对后世施加影响，至苏轼、苏辙时一系列思想成熟、完善，并最终形成教育、勉励家族成员的苏氏家训。

不管在为政上，还是在教育子女上，苏洵都非常强调孝道思想的重要作用。他说："古者之制爵禄，必皆孝弟忠信，修洁博习，闻于乡党，而达于朝廷以得之。"① 作为效力于国家、君王的致仕干禄者，孝悌忠信是必备条件。同时，在治家、管理宗族方面，苏洵开创了一种新的家谱、族谱编撰形式。他认为家谱、族谱在维护宗法关系中发挥着重要的作用，对加强家族、宗族内部的凝聚力，维系以孝道为基础的道德伦理关系而言不可或缺。"观吾之《谱》者，孝弟之心可以油然而生矣"②，换句话说，家谱、宗谱可以增强成员的荣誉感、自豪感、责任感，使之以祖辈为榜样，承先人之志，自然而然孝悌之心便会产生了。所以，他说："得吾高祖之子孙之谱而合之，而以吾《谱》考焉，则至于无穷而不可乱也。"③ 这实际上也体现出他对后世子孙提出的观谱修谱不可止、不可乱的期望。苏洵对二子的训导和期望，还体现在对苏轼、苏辙的起名上。他在解释二人名字来由时说道：

> 轮、辐、盖、轸，皆有职乎车，而轼独若无所为者。虽然，去轼，则吾未见其为完车也。轼乎，吾惧汝之不外饰也。天下之车莫不由辙，而言车之功者，辙不与焉。虽然，车仆马毙，而患亦不及辙。是辙者，善处乎祸福之间也。辙乎，吾知免矣。④

苏洵认为"轼"于车辆的功用和职能而言没有特别重要的作用，但却起着不可或缺的装饰作用，以此告诫苏轼要多注意修饰自己的言行，少一些棱角和锋芒。而"辙"意在告诫苏辙要一贯秉持趋福避祸之道，善于在祸福之间自处。后来苏轼、苏辙兄弟二人的发展、境遇证明，苏洵对儿子

---

① 《苏洵集》卷一〇，第 92 页。
② 《苏洵集》卷一四，第 129 页。
③ 《苏洵集》卷一四，第 133~134 页。
④ 《苏洵集》卷一五，第 145~146 页。

们的个性把握是十分精准的，其训诫对儿子的成长确实起到了指导作用。同时，苏洵之妻程氏也善于教子，她自身颇有学识，亲授其子，激励苏轼要学东汉著名直臣、孝子范滂，并以滂母自比。作为在眉山苏氏家族教育中发挥关键作用的女性，苏轼之母程氏在教育子女上有其可贵之处。司马光记述程氏"喜读书，皆识其大义，轼、辙之幼也，夫人亲教之。常戒曰：'汝读书勿效曹耦，止欲以书自名而已。'每称引古人名节以励之曰：'汝果能死直道，吾无戚焉。'"① 程氏用范滂和"曹耦"这一正一反的事例训诫苏轼兄弟学会正确的治学之道，让他们勿学"曹耦"。"曹耦"即"曹偶"，指那些读书只为让人知道自己是读书人的同辈人。同时，她还教育儿子要做坚持正道的人，这对苏轼性格养成影响很大。由此可见，苏轼兄弟二人少年所受之教育多赖于其母程氏。她不仅从知识上亲自教育儿子，还注重教导他们养成优良的品性。不仅如此，程氏还乐于扶贫济困，帮助亲族乡邻。苏洵夫妻二人家训得法，苏轼兄弟取得成就与之不无关联。

苏轼兄弟二人对于后辈子孙不论在治学上，还是在处世交友上都给予了谆谆告诫。苏轼自己是个光明磊落的君子，故他对晚辈人品是非常看重的，告诫他们要成为正直诚实之人。他在写给其一个侄子的信中说："独立不惧者，惟司马君实与叔兄弟耳，万事委命，直道而行，纵以此窜逐，所获多矣。"② 他强调，要坚持自己认为正确的事情，即坚持正道，勇者不惧，无论成败。他的这种精神屡屡体现在与子孙的书信中。他在与族孙苏元老的信中言及在海南的困苦遭遇时称自己"厄穷至此，委命而已""胸中亦超然自得，不改其度"③。即使自己命运坎坷，也绝不怨尤于人，这实际上也是告诫子孙要有开阔的胸襟面对逆境。

苏轼性格中亦具有天真烂漫的一面，他在给予子孙教益的同时也充满了深切的爱。他在《洗儿戏作》诗中言："人皆养子望聪明，我被聪明误一生。惟愿孩儿愚且鲁，无灾无难到公卿。"④ 苏轼并不是真的希望自己的后人"愚且鲁"，所谓"愚且鲁"是一种大智若愚般的处世哲学，是一种游刃有余于复杂社会中的立身之道，这可以说也是他对家庭成员的殷切的期望

---

① 《司马光集》第 3 册卷七六，第 1555 页。
② 《苏轼全集校注》第 18 册卷六〇，第 6647 页。
③ （宋）苏轼：《苏东坡全集》下册卷七，中国书店，1986，第 220 页。
④ 《苏轼全集校注》第 4 册卷二二，第 2485 页。

和耐人深思的训诫。关于苏辙之孝道观，苏辙在《〈古今家训诫〉叙》中有阐述。他引述老子之语"慈故能勇，俭故能广"①，教导子孙慈、勇、俭、广，并备言父母之于子与师之于弟子、君之于臣一样，于父母而言，"子虽不肖，岂有弃子者哉！是以尽其有以告之，无憾而后止"。② 父母对子女的教诲、爱意是博大无私、没有穷尽的，子女对父母也应尽孝而无止境。所以，苏辙将父母与子女的关系称为"人伦之极也"。为此，他感叹道："虽有悍子，忿斗于市莫之能止也，闻父之声则敛手而退，市人过之者亦莫不泣也。慈孝之心，人皆有之，特患无以发之耳！"③ 他认为孝乃人的天性，人人皆有，但怕的是不能很好地表现出来，不能忠实地践行。可以说，苏氏兄弟就是这样将孝悌忠信思想寓于平实的家训之中，塑造了整个家族的风貌。

（二）家风

家风，简单地讲是指家族的传统风尚，它是"家庭的道德风貌和相沿成习的家庭传统，它是一种无形的精神力量，潜移默化地影响着家庭成员的思想和行为"④。简而言之，家风就是一个家庭之风气、风格、风尚。良好家风的形成是一个长期的过程，往往要经过一代或几代人的努力。家风与家教既有联系又有区别。家训是一个家庭、家族内的前辈或长者对家庭、家族成员提出的起着教育警示作用的治家要求和行为规范，而家风是在家训的影响下形成的一种比较稳定的家族、家庭传统、规范习俗等。

宋代名望家族的家风中包含忠孝之道，其良好家风的形成是与其家训、家诫分不开的。眉山苏氏之所以兴盛上百年，与以"三苏"为核心而发展、形成的孝悌家风密切相关。苏洵之祖父苏杲事父母极孝，与兄弟相友，其妻宋氏亦事父母甚孝。苏洵之父母苏序、史氏也是以孝悌持家、和睦族人，无怪乎曾巩赞苏序云："君始不羁，劳躬以卑。孝于父母，施及穷嫠。维见之卓，教其子孙。"⑤ 苏洵夫妇更是以孝悌之道教育诸子，苏轼之母程氏恪

---

①　（宋）苏辙撰《苏辙集·栾城集》卷二五，陈宏天、高秀芳点校，中华书局，1990，第428页。
②　《苏辙集·栾城集》卷二五，第428页。
③　《苏辙集·栾城集》卷二五，第429页。
④　宋希仁：《中外治家名言点评系列——家风·家教》，中国方正出版社，2002，第1页。
⑤　《曾巩集》卷四三，第588页。

守孝悌家风，深刻影响到苏轼兄弟等人。司马光在追述程氏事迹时道：

> 独夫人能顺适其（祖姑）志，祖姑见之必说。府君年二十七犹不学……夫人曰："我欲言之久矣，恶使子为因我而学者。子苟有志，以生累我可也。"即罄出服玩鬻之以治生，不数年遂为富家。府君由是得专志于学，卒成大儒。①

此段记述表明，程氏家族较为殷实，而苏氏家族相对较贫，虽处家困之中，程氏丝毫不向自己父母索取，而是自强自立、甘于勤俭，并且不断激励、支持而立之年的苏洵立志求学、成才。可以看出，程氏身上具有谨守妇道、孝顺、恭谨、勤劳、节俭、自强等诸多优良品质。她在家能谨守孝悌之风，能尽其所能悦其亲长，在德行方面成为同族人的表率。可以说，程氏是相夫教子的典范，她在眉山苏氏家族孝悌家风的形成中扮演了重要的角色。

苏轼无疑是宋代士大夫中践行忠孝之道的典范。苏辙亦素以孝悌之风治家，苏辙曾言："人之治其家也，其最上者为虞、舜，其次为曾、闵，而其次犹得为天下之良人，其下者乃有不慈不孝。"②，虞、舜、曾、闵都是大孝之人，治家有方，苏辙将不慈不孝者视为治家最失败的一类人。可见，苏辙很看重孝道在家风传承中的重要作用。《三苏后代研究》一书对苏轼三子苏迈、苏迨、苏过和苏辙的三子苏迟、苏适、苏远之行实进行了考证③，诸子均有其父辈之风。苏过在其父苏轼处于人生的低谷时，始终不离不弃，守护左右，"翁板则儿筑之，翁樵则儿薪之。翁赋诗著书，则儿更端起拜之。为能须臾乐乎先生者也"④，苏过的孝顺事亲，极尽孝道，让苏轼在被流放期间倍感欣慰。苏辙也盛赞苏过笃孝，云："公以侍从齿岭南编户，独以少子过自随。"⑤ 他要求宗族成员都向苏过学习。苏适也素有孝行，苏迟在为苏适撰写的《墓志铭》中云："先人尝患不得归省祖茔，仲南代行者

---

① 《司马光集》第3册卷七六，第1554~1555页。
② 《苏辙集·栾城集》卷一九，第350页。
③ 详见舒大刚撰《三苏后代研究》，巴蜀书社，1995。
④ 《嵩山文集》卷二十，《四部丛刊续编》第389册，第740页。
⑤ 《苏辙集·栾城后集》卷二二，第1126页。

再。既至，则造石垣，建精舍，立僧规，益斋粮，为经久之计。又举外祖
母之丧而葬之。"① 苏适表现出了对已逝父祖的无限孝思。这种孝悌的家风
一直延续，如黄庭坚就称赞苏辙族孙苏元老"作诗书字，真东坡先生家子
弟，人物亦高秀，闻其平居甚孝谨，不易得也"②。另外，苏东坡的曾孙苏
岘居家以俭，事亲以孝，"才识操履绰有典型"，亦继承了其一贯家风。

概言之，苏氏家族之所以能形成长期兴盛的局面，孝悌家风起到了关
键作用。将孝立为德行之本，于家训中首重孝道，于家风中弘扬孝悌，促
进了家族成员优良品质的养成。孝悌家风的形成，能够促使家族和谐团结，
增强家族成员的家族荣誉感、责任感、使命感，从而使家族始终积极、奋
发向上。

（三）家学

宋代眉山苏氏历代秉持孝友家法，这与其家学有密切联系。其家学总
体上分为两个方面：以诗文传家和重视经史之学。考察其家学两方面内容，
不难发现其核心是包括孝道思想在内的儒家伦理思想。

眉山苏氏家族历代成员工于诗书，以诗文著称于世。苏洵之父苏序就
写诗文达数千首，"为诗务达其志而已"③。苏辙回忆伯父苏涣"少颖悟，职
方君自总以家事，使公得笃志于学"④，苏辙亦言苏涣"忠信孝友，恭俭正
直出于天性""善为诗，得千余篇"⑤。苏洵大器晚成，靠才学最终高中进
士。苏洵年少不满于章句、名数、声律之学，后来受到欧阳修、尹洙、苏
舜钦、梅尧臣等倡导的古文运动影响，转而研习古文，其散文成就高，其
诗作并不多，善写五言诗，多是怀古抒情之作，文意质朴，颇有古风，《全
宋诗》录其诗四十余首。苏洵是非常重视德、义的，自然也重视孝悌之德。
他在系列著述中就表达了对德行的看重。苏洵在《自尤》诗序中自言立身
教子是"与其君子，远其不义"⑥。他在《涵虚阁》诗中曰："世德书芳史，

---

① 《全宋文》第 135 册卷二九一五，第 170 页。
② （宋）黄庭坚撰《山谷别集》卷一九，《景印文渊阁四库全书》第 1113 册，第 734 页。
③ 《曾巩集》卷四三，第 587 页。
④ 《苏辙集·栾城集》卷二五，第 414 页。
⑤ 《苏辙集·栾城集》卷二五，第 417 页。
⑥ 傅璇琮等主编《全宋诗》第 7 册卷三五二，北京大学出版社，1992，第 4372 页。

传家有令孙。"① 治学和传家都以德行为本。他又在《六经论·诗论》中曰："为人臣,为人子,为人弟,不可使有怨于其君父兄也。"② 又云:"圣人之道,严于礼而通于诗。""《诗》之教,不使人之情至于不胜也。"③ 意思是"礼"的作用是让人们恪守孝悌忠信仁义之道,对君王、父兄不能有怨恨之气,而"诗"的作用是让人们在情感上秉持中和之道,而不至于走向极端。为此,他举例道,《国风》体现的风格虽然"婉娈柔媚""好色",但却能做到守正持中而不至于走向淫癖。可以说,苏洵的这种诗教思想一定程度上对苏轼兄弟二人诗风产生了影响。苏轼兄弟除了在大量的诗中直接歌颂孝行事迹外,还对诗人孝悌德行予以赞美。苏轼在《邵茂诚诗集叙》中言及邵氏的诗作时称"余读之弥月不厌。其文清和妙丽如晋、宋间人。而诗尤可爱,咀嚼有味,杂以江左唐人之风。其为人笃学强记,恭俭孝友,而贯穿法律,敏于吏事"④,又在《钱塘勤上人诗集叙》中称赞钱氏欣赏招徕治《诗》《书》、学仁义、行孝悌的贤者的行为。可见,苏轼认为诗学、诗境是与诗人的孝悌仁义等德行紧密联系的。特别是他在《王定国诗集叙》中言:"若夫发于情止于忠孝者,其诗岂可同日而语哉?"⑤ 他认为诗的境界与诗人的道德境界(包括忠孝品德)相联系。这种基本认识始终贯穿于苏轼的诗文创作。苏辙将孝悌与《诗》《礼》视为人必备的品德和才学,他称赞仲鸾等人力行孝恭的品德和勤习《诗》《礼》的才学,又在《范镇父》中高度肯定"以孝弟为传家之资,以《诗》《书》为教子之实"⑥ 的家教之法。可以看出,苏辙和苏轼一样,都注重诗学传家,其诗文渗透忠孝仁义之道。

除了诗学,眉山苏氏一贯重视经史之学,在继承经史之学时注重弘扬孝悌大义。苏氏一门很多成员在经史方面有所建树。在古代,苏洵夫妇无疑是在教子方面颇为成功的,苏洵之妻程氏就是一位精通经史之学、有高尚气节的女性。关于经、史的关系,苏洵认为:"经不得史无以证其褒贬,

---

① (宋)陈思编《两宋名贤小集》卷七〇,《景印文渊阁四库全书》第 1362 册,第 744 页。
② 《苏洵集》卷六,第 48 页。
③ 《苏洵集》卷六,第 49 页。
④ 《苏轼全集校注》第 11 册卷一〇,第 998 页。
⑤ 《苏轼全集校注》第 11 册卷一〇,第 988 页。
⑥ 《苏辙集·栾城集》卷三二,第 546 页。

史不得经无以酌其轻重；经非一代之实录，史非万世之常法，体不相沿，而用实相资焉。"① 这里的"道""法"指"圣人之道与法"，自然就包括孝悌忠信之道。他认为，经中蕴含着圣人很多微言大义和修身、治世的道理，这些需要通过史来予以检验；史也需要借助经来度量其价值。为此，他非常重视经史的作用，并在《六经论》中阐发对经典的认识，认为《易》《书》《诗》《礼》《乐》《春秋》都是圣人为天下制法而作，正所谓"圣人之言无所不通"②。比如，《礼》就是圣人为明长幼尊卑之序而作。他又在《史论》中认为作史是因为"有忧也""忧小人"，史书是用来惩劝小人的，由此使"乱臣贼子惧"，经与史都是因"忧小人而作"，并以《春秋》为例予以说明。正是基于对经史的基本认识，苏洵对其格外重视，尤其他在易学方面的造诣颇深。苏轼《东坡易传》亦是在其父研究基础之上完成。苏轼曾言："到黄州……辄复覃思于《易》《论语》……遂因先子之学，作《易传》九卷。"③ 苏辙也追忆其父苏洵"平生好读《诗》《春秋》，病先儒多失其旨，欲更为之传"④。苏洵的扎实经史之学功底对其子影响很深，苏轼少时在父母的教导下便博通经史，在研读经史著作时欲明古今治乱得失，晓圣人微言大义，其后的很多著作即为经学研究著作，他对自己用力颇多的经学著作《易传》《论语说》《书传》引以为傲，曾自言："吾作《易》《书传》《论语说》，亦粗备矣。呜呼！又何以多为。"⑤ 苏辙亦是对经史研究颇有心得，曰："予既壮而仕，仕宦之余，未尝废书，为《诗》《春秋集传》，因古之遗文而得圣贤处身临事之微意。"⑥ 其意谓通过对儒家经籍的研习，得以探晓圣贤立身处世的微言大义。"三苏"在治学中往往将经史结合，以探求修身、齐家、治国之道。他们也都擅长史论，借评点历史人物、历史事件以议论时政。不仅如此，他们还十分关注晚辈是否勤于经史之学，授之以正确的治学方法。苏轼晚年即使身处困境，也不忘询问和勉励侄孙苏元老："近来为学何如，恐不免趋时，然亦须多读书史……慰海外老人意

---

① 《苏洵集》卷八，第 76 页。
② 《苏洵集》卷七，第 62 页。
③ 《苏轼全集校注》第 16 册卷四八，第 5202 页。
④ 《苏辙集·栾城后集》卷一二，第 1017 页。
⑤ （宋）苏轼撰《仇池笔记》卷下，《景印文渊阁四库全书》第 863 册，第 19 页。
⑥ 《苏辙集·栾城后集》卷七，第 958 页。

也。"① 苏轼、苏辙之后世子孙基本都秉承了以诗学、经史为主的家学，以之为重要载体，世代传递着儒家孝悌忠信思想，并以之为根本，不断将家学予以传承和发扬。

特别值得一提的是，苏氏家学的要义还往往通过家训体现出来，苏氏家族在诗文和经史方面对后世子孙治学提出严格要求和期望。如苏轼对诸子侄的训导为"春秋古史乃家法，诗笔《离骚》亦时用"②，他希望后世子孙能够将经史之学合诗文之学并举以传家。苏辙云："吾儿生来读书史，不惯田间争斗斛。"③ 他对晚辈们能勤于修史治文颇为称赏，当其子苏逊出生时，苏辙亦期望其能"汝家家世事文史，门户岂有空刚强"④，以传文史家学。

（四）修谱、祭祀

眉山苏氏非常重视修谱、祭祀活动，以此来加强家族成员的凝聚力，表达对祖辈先人的一种孝心，这也体现出一种慎终追远、不忘根本之意。在这方面，苏洵做出了突出贡献，并在修谱上具有开创性之举。他在《谱例》中叙述了其修谱方法，即从纵向上注意父子相继的关系，主张五世则迁的小宗之法，又从横的方向对兄弟分支加以区别，推崇合各支谱为一编的大宗谱，推崇大宗之法。关于修谱的目的，苏洵毫不讳言是因惧怕先人之德行不能彰显，不能为后世子孙所继承，"于是记其万一而藏之家，以示子孙"⑤，其目的是不忘祖宗，不散宗族，让子孙看到自己的家谱、宗谱便油然而生孝悌之心，传至百世，让后人铭记先人。这实际上也是通过家谱这样一种载体传递孝悌之道的过程。关于宗族、家族祭祀，苏洵认为这是维系宗法关系的重要仪式。他将所作《苏氏族谱》刻在位于高祖墓旁的苏氏族谱亭中石上，将族谱亭作为宗族祭祖之地，并向族人宣告："凡在此者，死必赴，冠、娶妻必告，少而孤则老者字之，贫而无归则富者收之。

---

① 《苏东坡全集》下册卷七，第220页。
② 《苏轼全集校注》第7册卷四二，第4967页。
③ 《苏辙集·栾城后集》卷四，第937页。
④ 《苏辙集·栾城集》卷五，第92页。
⑤ 《苏洵集》，第136页。

而不然者，族人之所共诮让也。"① 这实际上就是一个族训，树立宗族公约，让族人遵循，并将族谱亭作为一个族人拜奠合祭的场所，以倡导族人弘扬"骨肉之恩""孝弟之行""礼义之节""嫡庶之别""闺门之政""廉耻之路"等"六行"。苏洵在《谥法》中认为孝德含义包括慈惠爱亲、能养能恭、继志成事、协时肇享、干蛊用誉、秉德不回、五宗安之等，很多都与孝悌之道有莫大关系，其中"协时肇享"② 当为祭祀祖宗、以尽孝思之意。而关于祭祀，除了苏洵建苏氏族谱亭并合族同祭外，还有形式多样的家祭，以追念长辈，表达孝敬之意。苏辙认为宗族、家族的祭祀，是用来"追求先祖之神灵，庶几得而享之，以安恤孝子之志者也"③，如苏辙祭奠其兄苏轼、嫂王氏等亲长时致祭文均称"以家馔酒果之奠"，表明是以家祭的形式进行。除了家祭外，苏氏因笃于佛、道，又常年在外为官，往往还将对先祖亲人的祭祀融于佛、道仪式之中。如苏轼在《应梦罗汉记》中记述，将一庙中破损的阿罗汉像载回并修葺一新，安放在安国寺，并于苏洵忌日向僧人施饭，以表达孝思。苏轼身处偏远的黄州时，于母亲忌日修葺佛龛，饭僧于寺，以体现对母亲的追念。苏轼还在父亲苏洵忌日前夕于其父旧游之地圆通禅院"手写宝积献盖颂佛一偈，以赠长老仙公"④。这些都体现出苏氏以儒为主的孝道思想具有融合佛、道的特点。苏洵父子对修谱、祭祀的重视和具体实践，势必对族人起到巨大的示范作用。由此可以看出，"苏氏家族刻谱修亭，行墓祠合族祭祖功能，也旨在敦宗睦祖，强化已淡化了的血缘宗亲意识"⑤，其"亲亲""尊尊"的理念随以孝道为核心的家族伦理道德世代相传。

---

① 《苏洵集》，第 138 页。
② （宋）苏洵撰《谥法》卷三，《景印文渊阁四库全书》第 646 册，第 912 页。
③ 《苏辙集·栾城应诏集》卷四，第 1269 页。
④ 《苏轼全集校注》第 4 册卷二三，第 2544 页。
⑤ 《宋代眉山苏氏家族研究》，第 243 页。

一 华阳范氏家族渊源

（一）华阳范氏起源

如同宋代眉山"三苏"一样，同时代的华阳"三范"（范镇、范祖禹、范冲）名气亦很大，华阳范氏名家辈出，很多都青史留名。

关于华阳范氏的起源，在今人所编著作《范氏宗谱》中有大致描述①。范隆生范彦郎，彦郎生绍温，绍温生二子晶祚、晶祜，晶祜生范璲，范璲生范度，范度生范锴，范锴的从兄弟有范镃、范镇。范镃以下三代为范百常、范祖武、范成大。范锴生四子，分别为范百文、范百朋、范百福、范百进。范百文之子为范祖禹，其孙为范冲。范百朋之子为范祖旦其孙为范洧。范百福之子范祖从、孙范渥。该世系中对范镇子嗣没有记述。

该世系描述中存在不少错误。如范镇的曾祖为昌祐（有的作"昌佑"）而不为"昌祜"或"晶祜"，范祖禹之父为范百祉（或百之），而不为"百文"，"范百之，华阳人，《氏族谱》作百祉，祖禹父"②。范锴即为范镇之兄，其子还有范百禄，名气、地位甚高。范镇之子有范百揆、范百嘉、范百岁等，均不在此世系图。范祖禹为范百嘉、范百岁分别撰有墓志铭，言之较详。苏轼在《范景仁墓志铭》中对范镇父祖辈的情况进行了叙述："其

---

① 《范氏宗谱》，第 91 页。
② 《（嘉庆）四川通志》卷一二二，第 3691 页。

先自长安徙蜀，六世祖隆，始葬成都之华阳。曾祖讳昌祐……祖讳璨……累世皆不仕。考讳度，赠开府仪同三司……开府以文艺节行，为蜀守张咏所知。有子三人。长曰镒，终陇城令。次曰锴，终卫尉寺丞。公其季也。"①，由此可知，华阳范氏与眉山苏氏相似，祖上累世不仕。《（嘉庆）四川通志》中亦有记载："华阳范氏宋时最盛，如蜀公镇、荣公百禄、淳甫、元长辈皆以勋业文章显名当世，起家实自度始。"② 自范度开始范氏一族才有人步入仕途，张咏治蜀时范度因富有文才、品节和德行而被赏识。

关于范璨、范度之德行，史籍有相关记载。范璨之事迹仅见于宋人李昌龄注的《太上感应篇》："昔王均乱蜀……时蜀士范璨尚气节，范璨好读书，文鉴大师有名行，皆蜀中所素敬者……三人者皆堂堂丈夫，且陈议慷慨忘身为物，出于至诚……由是一城之民得脱于死，范与鉴之力也。"③ 范璨、范璨兄弟二人都富有气节，为蜀中名士，被百姓尊敬，虽然为一介布衣，但范度之父范璨及叔父范璨面对强敌不卑不亢，最终救民于水火。其才学和品节对其子范度产生了重要影响。

元代华阳人费著在《氏族谱》中云："昌祐有令德。二子曰璨、曰璨。璨赠太保公也，太保生二子：曰度、曰祥，度赠太师公也……"④ 由此记述和《范景仁墓志铭》可知，此处范璨与范璨当为同一人。而华阳范氏自范度开始才有人步入仕途，赠开府仪同三司，在宋代此官衔不低。文献中对范度记载甚少，宋人王应麟在《玉海》中曰："《使秃笔书》，本朝任玠序，范度五体书文。五体：曰篆、曰八分、曰真、曰行、曰草。其体虽五，其流唯三，篆则统乎。"⑤ 又据《茅亭客话》《宋诗纪事》等，此处"任玠"即为与李畋、张逵等师从乐安先生任奉古、颇有才学的蜀人任玠，其主要活动时间范围与范度一致，均为宋真宗时期，二人当交好。由此观之，范度亦是非常具有才学之人，而且擅长书法。而对范度事迹所记最为详尽的是宋人王铚，他在《默记》中叙述范度曾为张咏的孔目官，将张咏私底下

① （宋）苏轼撰《苏轼文集》，孔凡礼点校，中华书局，1986，第435～436页。
② 《（嘉庆）四川通志》卷一四四，第4369页。
③ 李昌龄注《太上感应篇》卷三，山东画报出版社，2004，第24页。
④ 成都地方志编纂委员会、四川大学历史地理研究所整理《成都旧志》，成都时代出版社，2007，第4页。
⑤ （宋）王应麟：《玉海》第2册卷四五，江苏古籍出版社，1987，第837页。

专门详细记录别人过错、以备惩戒的小册子焚毁，当张咏发现后怒而质问时，范度言："公为政过猛，而又阴采人短长，不皆究实而诛，若不毁焚，恐自是杀人无穷也。"① 由此，张咏对其刮目相看，认为其人忠肝义胆，子孙必兴。宋代的孔目官是掌管档案、文书一类的刀笔吏，类似于今天的机要秘书，这也与他颇具文字功底的特征是相吻合的。范度能在此位置上临大义而不惧死，勇于向张咏进谏，规谏他要为官光明磊落、明察秋毫、施行仁政，他以品节、勇气、才学赢得张咏的器重。华阳范氏兴盛达百年，这与范氏家族良好的家教息息相关。

（二）范氏家族赓续

据《（雍正）四川通志》，范镒为天禧年间进士。其卒于官，应是早逝，故家世并不显，其留有遗腹子范百常，自小由范镇抚养。范百常曾任大理寺丞、茂州郡守，"少受学于乡先生庞直温，直温子昉卒于京师，镇娶其女为孙妇，养其妻子终身"②。据苏轼《范景仁墓志铭》，范锴官至卫尉寺丞，其子有范百祉、范百禄等人，其后人中范百祉、范祖禹、范冲祖孙三人最为有名。虽然范镇"四岁而孤，从二兄为学"③，但其在其兄弟三人中成就最大。二兄之子嗣或由其悉心抚养，或受其巨大影响，均有不菲成就。范镇于仁宗宝元元年（1038）中进士，官至翰林学士，为北宋名臣、史家，与司马光齐名。自此，范氏家世渐显，绵延百年。

据《（嘉庆）华阳县志》记载，终宋一代，华阳范氏中进士有名字可考者达三十余人，其中知名者有范镇、范百祉（祖禹父）、范百禄、范祖禹、范冲、范仲凯、范仲黼、范子长等人，时间跨度从范镇中进士之宝元元年（1038）算起，至南宋孝宗淳熙年间范仲黼、范子长、子修中进士④，经百余年。其中范百禄曾为中书侍郎，范镇、范百禄、范祖禹和范冲为翰林学士，另外担任馆阁臣僚、州郡官者不计其数。如范百禄之子"祖德，右宣德郎勾当京东下卸司；祖修，右承务郎，勾当嵩山崇福宫；祖述，右承奉

① （宋）王铚撰《默记·燕翼诒谋录》卷上，朱杰人点校，中华书局，1981，第 28 页。
② 《宋史》第 31 册卷三三七，第 10790 页。
③ 《苏轼文集》，第 436 页。
④ （清）吴巩、董淳修《（嘉庆）华阳县志》第 5 册卷二十七，东门文昌宫藏板，嘉庆丙子年镌版，第 5~17 页。

郎，勾当西京粮料院；祖义，登进士第，雄州军事推官，知开封府祥符县丞，皆谨厚而文；祖德，屡荐试礼部；祖和，右承奉郎；祖临、祖言未官，皆幼"①。至南宋，范氏一族知名者仍不少，如范仲艺、范仲黼、范子长等，多担任与修史有关的职务。范镇、范百禄、范祖禹、范仲彪、范仲黼、范子长、范子垓等人还被列入《宋元学案》。华阳范氏近两百年不衰，众多名人在宦海、学界浮沉，很多被载入史册。范氏形成这样一种盛况，基于血缘宗亲关系、家族伦理道德的孝道传承发挥了重要作用。

二　范氏孝道思想的主要载体

（一）家训

华阳范氏历代重视将孝悌思想渗透到家训、家诫中，并通过自己的德行操守影响着子孙后代。费著在《氏族谱》中言范镇的祖上范隆为唐相范履冰之十一代孙，华阳范氏之家训可远溯至唐相范履冰定下的族规，其族规中有"守望宜相助，和睦宜共敦"②之言，就是告诫子孙要奉公守法，保持节操，在家族、邻里之事方面要互相帮助，和睦共处，这实际上包含了以孝悌忠信之道处理家庭、宗族各种关系的内容。范氏子孙可谓恪守了族规、祖训。范镇父祖辈范昌祐、范璲（及其兄弟范璨）、范度均有"令德"（费著语），这对范镇兄弟及其家人无疑有重要影响。

在范氏家族中，范镇在家教方面无疑起着核心作用，他自己也是一个道德修养水平较高的儒者。史载他"清直夷坦，遇人以诚，恭俭寡言，终日危坐，未尝跛倚。平生不道人过失，及在上前论议，争大体决是非，色温而词确，不少回屈。荫补先族人而后子弟，乡有不克婚葬者，辄为主之"③，在家族乃至整个宗族中扮演中流砥柱般的角色。范镇很小就为孤儿，他曾向皇帝奏言自己四岁丧父，七岁亡母，并道："今食陛下之禄，父母之养为不已，其所可为者，合忠孝一意以事陛下耳。若于此时畏避而不尽

---

① 《太史范公文集》第24册卷四四，第428页。
② 《范氏宗谱》，第323页。
③ （宋）韩维撰《南阳集》卷三〇，《景印文渊阁四库全书》第1101册，第762页。

言，则臣负不忠不孝之罪于陛下也。"① 将满腔忠孝之心付予君王、国家，敢言人之所不敢言，这是他移孝为忠的表现。同时，在家族之内，他也忠实地践履着孝悌之道。范镇由其兄嫂抚养成人，故视兄嫂为父母，非常感念其恩德，全力抚养和教育二兄之后代，以反哺其恩，范氏三兄弟可谓"守望相助""和睦共敦"的典范。范镇一生与司马光关系非常好，二人意见常相一致，司马光生前写了《范蜀公镇传》，范镇又为司马光写了墓志铭。司马光评价范镇"为人和易修饬""与亲旧乐饮，赈施其贫者""其为勇，人莫之敌"②，赞其兼具仁、义、勇、慈等品质。范镇不仅对自身如此严格要求，对其他官吏亦是如此。范镇在向朝廷请辞时言"李定避持服，遂不认母，坏人伦，逆天理"③，认为李定不孝敬母亲，坏人之大伦，不应委以重任。在对官员的选任上，范镇的标准是"慈孝友恭、惠聪质仁，秀出于众者，可得而官使"④，将孝悌列为评定人才的首要标准。可见，范镇深受孝道思想影响。

范镇之兄范镃、范锴亦非常重视以孝悌之道训诫家人及子孙。据《宋代成都范氏墓志新见》一文转引的于成都出土的、由范锴为其妻郭氏撰写的《宋故永寿县太君郭氏墓志铭》，"府君之兄陇城府君镃治家严，夫人事之如舅……"⑤，因此，范镇能成国家栋梁，应与其兄范锴的严格的教养有莫大关系。范锴之子范百禄官位显赫，在元祐年间上《分别邪正条目疏》。疏中列举各种正邪品行："导人主以尊宗庙、敬祭祀，则为公正；导人主以简宗庙、略神祇，则为奸邪。导人主以亲睦九族、惠养耆老，则为公正；导人主以疏薄骨肉、弃老遗年，则为奸邪"⑥，尊宗庙、敬祭祀、亲睦九族、惠养耆老，这些实际上都与孝道直接相关，他将不敬不孝的行为视为"奸邪"之举，这也是对家族成员的训诫之辞。范锴之孙范祖禹重视孝道，对孝道思想深有研究，前文已述及。《宋代成都范氏墓志新见》还转引成都出土的《宋故范君元嘉墓志铭》之记载："思绎太史尝所训抚者，于是究经术、敦行义以

① 《全宋文》第 40 册卷八六四，第 188 页。
② 《名臣碑传琬琰之集》卷九，《景印文渊阁四库全书》第 450 册，第 726~728 页。
③ 《宋史》第 31 册三三七，第 10788 页。
④ 《全蜀艺文志》中册卷二九，第 755 页。
⑤ 胡昭曦：《宋代成都范氏墓志新见》，《西华大学学报》（哲学社会科学版）2010 年第 5 期。
⑥ 《全宋文》第 76 册卷一六五六，第 52 页。

自修，故其奉亲尽孝，丧祭尽礼，事长尽恭顺……惟以正心诚意日教督其子……"① 范元嘉，即范锴之曾孙，范祖禹兄弟范祖哲之子。范元嘉能够以德修身，乐善好施，正心诚意教子，广散资财，尽心帮助诸兄抚养子女，视若己出。范氏一族秉承了其祖上定下的孝悌家训，形成了良好的范氏家风。

（二）家学

范氏之家学深受儒家思想影响。关于范氏之学的特征，胡昭曦先生认为："范氏之学的传统是重文章、重'人情'、重'术'，长于史学，并在史学上'折以义理'……范氏在经学方面主要是'究心于致主之术'，而反对阴阳性命的纯理论探讨，极力主张排斥佛老之道。很少探究性命义理。"② 因此，与之相应的是，范学的孝悌思想融铸于经史之中，与同时期的洛学、苏学等有所区别。与眉山苏氏出入三教不同，范镇可谓一个醇儒。苏轼评价"其学本于六经仁义，口不道佛老申韩异端之说。其文清丽简远，学者以为师法"③，这说明他专注于儒家思想的研究，而对佛、道、法家等思想不感兴趣，这反映出"当时蜀学人物的一种主要治学倾向，即儒家思想还是占据了其学术思想的主要位置"④。同时，从他的著作篇名来看，其所治之学也尽属文学、史学、典章制度、乐类，尤长于史学，其以儒家思想为本当属实。这种学术倾向成为范氏家学的典型特征，并影响到范氏子孙。范氏家学借古鉴今，教后人晓以大义，明孝悌人伦大道。

范镇重视道德修养和善行。他在《议取士状》中云："窃以取士之弊，患于以文而不以行……今取士不由于学，以文而不以行，及其官之也，又不材诸位，不考之事，薄书期会而已，是本末皆失也。"⑤ 他认为选拔任用人才应以其行为是否为善行为标准，要重文之实质，而不能流于文之形式。关于贡举之法，他认为最重要的是"不孝不悌不得举，举者罚，是亦责行之本也"⑥。他主张全面地考察人之德行善行是否与其位相称，尤以孝悌之

① 胡昭曦：《宋代成都范氏墓志新见》，《西华大学学报》（哲学社会科学版）2010 年第 5 期。
② 胡昭曦：《宋史论集》，西南师范大学出版社，1998，第 306 页。
③ 《苏轼文集》，第 442 页。
④ 蔡方鹿：《范镇、范百禄以儒为本的思想》，《蜀学》第 7 辑，巴蜀书社，2012，第 45 页。
⑤ 《全宋文》第 40 册卷八六七，第 224 页。
⑥ 《全宋文》第 40 册卷八六七，第 224 页。

德为首要标准。另外，范镇在治学、理政方面，始终将道德、人心、善行放在首位，与王安石等致力于经世致用、改革变法形成对比。他向皇帝进言："陛下以上圣之资，励精求治，宜先道德，以安民心而服四夷。"① 他认为民心道德为治理天下之前提。关于以儒为本的思想，范镇本人也是承认的，他在《上蜀帅王密学疏》中自叙道："镇……所赖诸兄养之长之，又从而诲之，得于圣明时服为儒者事业。"② 因此，他建议王密应顺应君王"欲置天下于仁义礼乐"③ 之心，施行仁义，罢黜苛政，善用忠贤，筑就"仁义之化著，礼乐之风格"④ 的太平盛世。可以看出，范镇的言论处处体现出以儒为本的思想，而这源于其诸兄的儒学教育，因此他在治家、治国时特别强调仁义道德、礼乐教化的作用。范镇史学、文学思想及治家、治国理念均以儒家仁义思想为本，这从根本上塑造了范氏的家学特征。此后，范氏后人在多方面有所建树者，大都继承了范氏家学。

在范镇兄弟后人中，范百禄、范祖禹、范冲、范仲黼等人最为有名，他们或多或少地都受到家学的影响，有的在继承的基础上有所创新。范百禄之学，受范锴、范镇影响明显，史载范百禄"受学于镇，故其议论操修，粹然一出于正"⑤。在他敬献《诗传补注》二十卷后，宋哲宗在嘉奖他的诏书中赞他道："夫六艺之文，盖温柔敦厚之教；四家之说，有训诂传笺之殊。虽同出于先儒，或有非其本义。是使后学各务名家。"⑥ 这表明范百禄继承了其家学中六艺辞章之学，在史学、经学方面颇有所建树，对诗学体悟尤深。范祖禹幼孤，实际从小由范镇抚养教育，又受学于范百禄，受其家学影响尤深。其经学著作较丰富，在经学方面比范镇、范百禄更有成就。但相较而言，其史学成就更大。

范祖禹之学传其子范冲和孙辈范仲黼等。范冲也是长于经史之学，其著有《春秋左氏讲义》四卷。他在李公麟画的《孝经图》后作注，认为"孝者自然之理，天地之所以大，万物之所以生，人之所以灵，三纲五常之

---

① 《全宋文》第 40 册卷八六七，第 231 页。
② 《全宋文》第 40 册卷八六八，第 244 页。
③ 《全宋文》第 40 册卷八六八，第 244 页。
④ 《全宋文》第 40 册卷八六八，第 245 页。
⑤ 《宋史》第 31 册卷三三七，第 10800 页。
⑥ （宋）苏颂撰《苏魏公集》上册卷二二，王同策等点校，中华书局，1988，第 293 页。

所以立"①，即孝是天地万物、人和三纲五常赖以存在的基础，是自然之"理"，实际就是"天理"，修身立命、正心诚意等都需要至诚至孝。同时，他又提出了学而知之、知而行之的实践途径。在践行的过程中"心"具有重要作用，心要"至诚"，依天地之道、人伦之道而行，并且在践行时还要遵循礼。值得注意的是，范冲已将"理""心""性""诚"等概念提出，这反映了范氏之学开始向理学方向转变的倾向。而到了南宋时，这种倾向进一步明显，范氏后人在治学上开始积极传播理学，范仲黼就是明显的例子。范仲黼是南宋名儒张栻的弟子，对理学在蜀中的传播发挥了积极作用。成都范氏习张栻之学的还有范子长、范子垓、范荪。"乾（道）、淳（熙）以后，南轩之学盛于蜀中，范文叔（仲黼）为之魁，而范少才（子长）、少约（子垓）与先生（范荪）并称嫡传，时人谓之'四范'。"② 可见，即使百年之后的南宋时期，华阳范氏仍活跃在学术领域，为蜀学的转型和复兴做出了重要贡献。

（三）家风

华阳范氏家族长期以来形成了良好的家风，"范氏孝悌忠恕、仁爱助人、诲育子孙、诗书传家的儒者家风甚为明显，且世代绵延"③。华阳范氏在家族家风影响下，兴盛百年，范镇更是起到了重要作用。在范镇之后，经范百禄、范祖禹数代，范氏家风得以弘扬。故南宋蜀人李石曰："范氏自忠文蜀国公以名节大其家……故蜀之言家法者，首以范氏，而苏氏次之。"④ 蜀国公即范镇，荣国公即范百禄，唐鉴公即范祖禹。

华阳范氏家风表现在很多方面，如孝亲敬老、守望相助、谦让敦睦、忠勇丹诚、史学传家等。综合来看，华阳范氏家族之孝悌家风特征尤为明显。范镇兄弟、范百禄、范祖禹、范冲等范氏名流无不谨守孝悌之道，从严治家，前文已有论述。范镇对其子教诲甚严，其子范百岁常侍于左右，"忠文公官于京师，门生寓馆者常十余人，退朝教诲不倦，继之以夜，子孙

---

① 《建炎以来系年要录》卷九〇，第 1501 页。
② 《宋元学案》第 3 册卷七二，第 2412 页。
③ 胡昭曦：《宋代成都范氏墓志新见》，《西华大学学报》（哲学社会科学版）2010 年第 5 期。
④ 李石撰《方舟集》卷一五，《景印文渊阁四库全书》第 1149 册，第 700 页。

受学皆有家法"①，家族成员都受到范镇的巨大影响。从子范百禄"好施予，自奉养如寒士，而亲戚族属之贫者，丧葬嫁娶必待而后具"②，完全继承了范镇践行的先人后己、乐善好施、笃于行义的家风。范祖禹在奏表中云："伏念臣本兴孤族，幸守素风，惟忠孝以传家，非公侯之继世，致位上宰，席宠三朝。"③ 此意为自己虽出身艰难，而能位极人臣，子孙得荫庇福泽，是因为自己践行了家族忠孝素朴的家风。范祖禹不仅自己秉承孝悌家风，还在《古文孝经说》和大量章表、札子、墓志铭中阐发了其丰富的孝道思想。可以说，范氏家族孝悌家风成熟、定型于范祖禹时期。终宋一代，范氏家风得到了很好的发扬，南宋时范百禄之孙、南宋范仲黼之父范叔源"能知上世之可学者以滋其性""年少时欲起荣国太史之绝学"④，范仲黼终成名儒。范氏子孙能继承家学如此，孝悌家风绵延百余年自是情理之中。

---

① 《太史范公文集》第 24 册卷三九，第 396 页。
② 《太史范公文集》第 24 册卷四四，第 428 页。
③ 《全宋文》第 97 册卷二一二三，第 314 页。
④ 《方舟集》卷一五，《景印文渊阁四库全书》第 1149 册，第 700 页。

第十章
绵竹张氏

一 绵竹张氏家族渊源

（一）张氏家族起源

在宋代巴蜀著姓大族中，绵竹的张氏家族以政治地位和学术地位显赫著称。在政坛上，张浚出将入相，进士及第，历任朝廷要职，地位显赫，同时他在学术方面精于经学，尤擅于《周易》研究。在学术上，张浚之子张栻为宋代名儒、著名理学家。张氏其他诸多家族成员为官、治学者甚多。由张浚奠其基，绵竹张氏家族亦是盛极一时。

关于绵竹张氏的起源，《宋史》云张浚为"唐宰相九龄弟九皋之后"①。而关于张浚之祖上基本情况，《中华族谱集成》之《（光绪）张氏通谱》记载较详，张浚先祖辈"九皋，字子远……改四川节度使……生子璘，字无瑕。僖宗幸蜀，因居成都……生子庭坚……生子文矩……生子纮……生子咸"②。可以看出，张浚之祖上可追溯自唐僖宗时迁居蜀地的张璘，历经张庭坚、张文矩、张纮、张咸等几代。唐僖宗时张璘任国子监祭酒，主管教育。张庭坚、张文矩不仕，是因为唐末、五代社会政治动荡，很多士人不愿为官。至北宋初，张纮进入仕途，不过也只担任雷州司户、殿中丞一类的官职。而至张咸时，其家庭运势开始发生大的转变。张咸即张浚之父，

---

① 《宋史》第 32 册卷三六一，第 11297 页。
② （清）张而昌修，张铣寿校订《（光绪）张氏通谱》，《中华族谱集成》第 6 册，巴蜀书社，1995，第 286 页。

高中进士，官阶不低。张浚能有较大成就，很大程度上得益于到其父打下的基础及良好的家教。张咸及其夫人计氏在张氏一族良好家教、家风的形成过程中的作用非常关键。所以，绵竹张氏的学术思想及孝悌家风当形成、发展并定型于张咸、张浚、张栻三代，后世代相传。

（二）张氏家族赓续

绵竹张氏家族众多人物中，张浚无疑是当时政治舞台上的风云人物。在学术上，张栻为一代理学大家，朱熹称其"天资甚高，闻道甚早，其学之所就，既足以名于一世"[1]。除此二人其余张氏家族成员仍有可称道者。如张栻之弟张杓，《（雍正）四川通志》记载其"有能声……孝宗甚喜杓天姿高爽，吏材敏给……又尹临安南渡以来，京尹以杓为首"，[2] 并且称张杓的儿子张忠恕以贤能、敢谏、有祖父风而闻名。《（万历）绍兴府志》也称张杓"抚良戢奸，恩威并著"[3]，其后世子孙有迁居会稽者。可以看出，张杓不仅颇有政声，而且也有才学。张忠恕，被称为拙斋先生，其在学问上颇有成就，也是当时名儒。其辞官后讲学于岳麓书院，弘扬张栻之学。他注重个人修身，道德文章俱佳，吸引了不少湖湘学者相从。魏了翁对张忠恕评价甚高，叹其学问得张氏子弟之"真传也……一时名流无不倾心"[4]，并赞其"拳拳体国似浚，拨繁剸剧似其父杓，敛华就实则有志义理之学，尝有闻乎栻之教矣"[5]，颇有其父祖之遗风。终宋一代，张氏后世子孙虽累有入仕为官者，但在学问、政绩方面已没有超过其祖辈之人。如《（光绪）张氏通谱》载张栻二子中张焯仅官至承奉郎，张炳亦不见入仕的记载。可

---

① （宋）朱熹撰《晦庵集》卷七六，《景印文渊阁四库全书》第 1145 册，第 573 页。
② （清）黄廷桂等修纂《（雍正）四川通志》卷九上，《景印文渊阁四库全书》第 559 册，第 407 页。
③ （明）萧良干修，张元忭纂《（万历）绍兴府志》卷三七，《中国方志丛书》，（台北）成文出版社有限公司，1983，第 2485 页。
④ 《宋元学案》第 2 册卷五〇，第 1641 页。
⑤ 《宋史》第 35 册卷四〇九，第 12331 页。许多文献中，"张杓"与"张构"混用，二者是否为同一人存疑。（清）李亨特修，平恕纂《（乾隆）绍兴府志》［（台北）成文出版社有限公司 1975 年据乾隆五十七年刊本影印］第 1011 页，卷四二《名宦中》据《宋史》《万历志》，认为张杓与张构为同一人。《（光绪）张氏通谱》第 6 册第 316 页"世系图"记张杓及其子张忠恕、张忠纯。笔者认为，《宋史·张浚传》载张浚子为"构"，《张忠恕传》中也记为"构"，其先知袁州、衢州，后知临安，当以《宋史》为是。

见，宋代绵竹张氏家族兴盛的阶段也仅限于张咸至张忠恕这四代，之后便走向衰落，这固然跟南宋末年战乱频仍的时代背景直接相关。

二 绵竹张氏家族孝道思想主要载体

（一）家训

绵竹张氏家族核心人物为张浚。虽然他在政治生活中存在争议，但他在家教方面甚为得法，在他的悉心教导下，其家族成员秉持孝悌之道，张氏一族成为宋代巴蜀的显赫家族。考察张浚的成长背景，发现其能取得如此成就并非偶然。张浚之祖父张纮即为以孝友治家、勤政爱民、忠君爱国的典范，史载他在家"事母、待子弟孝而友顺，从师为学，刻志自奋"。①在为官从政上，张纮能在地方上革除旧俗，兴除利害，颇有声誉，特别是在雷州为官期间，"暇日延父老授诸生条教"②，严长幼之序，兴修水利，整备军事，为改变当地落后的民风民俗和经济状况做出了贡献。今仅存有张纮在雷州为官时的作品《思亭记》，他在该文中云：

> （为政）急之则散，漫之则怠。散则怨生，怠则妄起，宁无思乎？……得不思夫无邪者乎？……得不思夫不出其位者乎？……得不思夫患而豫防者乎？总此三者存于心，得不三思而后行者乎？③

张纮写作《思亭记》的主要目的是抒发为官心得，他引用《易经》之《艮》卦中的"君子以思不出其位"和《既济》卦中"君子以思患而豫防之"之语，提出的善思为政理念对于德行的修炼未尝不具有重要作用，其对后世子孙修身、治家、为政起着与家训、家诫同样的作用。张纮告诫自己和同僚，为官之道重在持中庸之道，做到无过、无不及，要认识到身心放纵、耽于宴饮享乐的危害，所以要将"无邪""不出其位""患而豫防"

---

① 见 1938 年出土碑刻《武都居士墓志铭》，《四川文物》1993 年第 6 期。

② 《（嘉庆）四川通志》卷一五二，第 4594 页。

③ （清）雷学海修，陈昌齐纂《（嘉庆）雷州府志》卷一八，《中国地方志集成·广东府县志辑》第 43 册，上海书店出版社，2003，第 487 页。

的"三思"常存于心中,如此,才能做到"无悔吝之及焉"。

张浚之父张咸在元丰二年(1079)高中进士,任仁寿令。元祐年间他在制策中言:"臣宁言而死于斧钺,不忍不言而负陛下。"① 由此可见其忠心昭昭,其语对家风的塑造和对张浚等人忠君爱国品性的养成有莫大影响。关于张咸的详细生平,宇文之绍在《奉议郎张君说墓志铭》中有较详细的叙述,言张咸幼时家贫,伯兄之子及后人孤苦无依。张咸后来高中进士后,"遂携诸孤之官,抚养教育,讫于婚嫁,视之犹君说子也"②。由以上叙述可知,张咸在家能秉持孝悌之道,对诸兄之子视若己出;能忠孝报国,不惧刀斧。范祖禹评价其人素有操履德行,善文学,言其"方正能直言"③,并力举荐之。张咸的夫人,即张浚的母亲计氏教子甚严,《宋史》载:"浚将极论时事,恐贻母忧。母讶其瘠,问故,浚以实对。母诵其父对策之语曰:'臣宁言而死于斧钺,不忍不言而负陛下。'浚意乃决。"④ 这说明张浚的母亲计氏是一位识大体、严家教、谨守忠孝节义的母亲,常以忠孝家训教育张浚。不仅如此,计氏还有其他优秀品质,据《续传灯录》记载,"秦国夫人计氏法真,自寡处屏去纷华,常蔬食吸有为法"⑤,计氏生活节俭,笃信佛教,其人品对张浚兄弟等人影响很大。张浚事母至孝,常以母亲教导为念,谨守父母之忠孝为国的训诫。

张浚于家是严父孝子,于国是忠臣。得益于父母的深刻影响,张浚在教育子女方面也颇为得法。他经常告诫子孙及门人学习要以礼义为本,礼义要以敬爱为先。他言道:"学者当清明其心,默存圣贤气象,久久自有见处。"⑥ 即治学重视道德修养,以圣贤之德为核心内容,敬诚笃实。当别人劝他买妾,他以国家危难、母亲不在身边为由而终身不置妾。张浚上有良母,身边有贤妻,其再娶的夫人宇文氏也出身蜀中名门望族,事太夫人至

---

① (明)冯任修,张世雍纂《天启新修成都府志》卷二六,《中国地方志集成·四川府县志辑》第 1 册,第 380 页。

② 《全蜀艺文志》下册卷四七,第 1436 页。

③ 《太史范公文集》第 24 册卷一九,第 262 页。

④ 《宋史》第 32 册卷三六一,第 12306 页。

⑤ 蓝吉富主编《续传灯录》卷三二,《禅宗全书》第 16 册,台北:文殊出版社,1988,第 478 页。

⑥ 《晦庵集》卷九五下,《景印文渊阁四库全书》第 1146 册,第 286 页。

孝，早晚亲侍于旁，连张浚之母都常感叹："吾儿孝，天赐贤妇以成其心。"① 当张浚官居高位之后，宇文氏仍经常告诫后世子孙曰："吾朝夕兢兢，履地如履冰，惟恐一言之失，一事之差。"② 由此可见，宇文氏做事非常恭谨细致。故张浚能够一心务于国事，与其有宇文氏等贤内助是分不开的。

张浚在教育子女方面家教甚严，注重在忠孝仁义方面予以训诫。这主要体现在对张栻兄弟及其从兄弟的教育上。张栻从小就很聪明，深受张浚喜爱，张浚教其熟读含仁义忠孝思想的儒家经典。张栻为官后也常重视道德修身，远离小人，以正礼俗、明人伦纲纪为第一要务。张栻的兄弟同样受到张浚夫妇的悉心教导。张栻的从兄张杭从小跟随张浚左右，张浚也深爱之，时常对其进行教育训导。后来，张杭以孝悌著称，治家有法度。"教子弟谆谆不倦，每曰：'为人当植立，贵势不可恃也。居官当廉谨，己欲不可纵也。治家当勤俭，众财不可私也。'"③ 他将自己人生经验总结为"为人植立""居官廉谨""治家勤俭"传递给后世，并让他们牢记。张杭教子有方，四个儿子都成为进士，成为国家栋梁之材。张栻的从兄、张滉之子张椿实际从小由秦国夫人计氏抚养教育，"忠献公既贵，乡里家事俾君任责，君谨守家训，杜门读书，身率宗族，公租及时先输，无一事至官府"④，其谨守忠孝家训，严守门风。可以看出，张栻及其诸兄弟均受到张浚夫妇的直接影响，严守家训，治家有法，其子侄等晚辈继承了良好的孝悌传统。魏了翁言及张杓之子张晞颜时称赞道：

（君）蚤自爱重，恪守家法，为忠献所知，常诲之曰："孝、弟、忠、信，学之本，不然，虽工于文词，无益也。"又曰："读书当潜心诚意方有得，不可虚过光阴。"又曰："宜亲良师友，求善言敬信力行之。"忠献之子宣公亦勉以读书求友，孝弟忠信，戒浮虚务重实，君再拜而受。⑤

---

① 《晦庵集》卷九五下，《景印文渊阁四库全书》第 1146 册，第 286 页。
② 《晦庵集》卷九五下，《景印文渊阁四库全书》第 1146 册，第 286 页。
③ （宋）张栻撰《南轩集》卷三九，《景印文渊阁四库全书》第 1167 册，第 740 页。
④ 《南轩集》卷四○，《景印文渊阁四库全书》第 1167 册，第 746 页。
⑤ 《鹤山集》卷七九，《景印文渊阁四库全书》第 1173 册，第 223 页。

"忠献公"即张浚，"忠宣公"即张栻。由这段记载可以看出，张浚、张栻在修身、治学方面的家训思想是一脉相承的，在训诫后人时都强调孝悌思想，认为治学当以孝悌、忠信、仁义为本，文词次之。读书、求学、交友贵在抱"诚""实"之心笃行之，力戒虚浮。因此，绵竹张氏家训的核心是建立在忠孝仁义思想基础之上的修身、治家、为官、处世之道。宋代历世绵竹张氏子孙都秉承此家训，名士高才布于四方，张氏一族成为蜀中一显赫家族，直至宋亡。

（二）家学

很显然，张浚依靠他个人杰出才能和巨大声望为家族赢得了显赫的声誉，同时，也奠定了其家学基础。实际上，张浚之家学最重要的内容是忠孝仁义之儒家学说，其家学的形式有一个历代积累、传承的过程。张浚之父张咸于"元祐初……慨然曰：'吾先君尝应是科，可不终成其志耶？'于是晨夕探讨披阅，寒暑饥渴，未尝释卷，故能六艺百家、历代文史，无不该贯"①。因此，张咸之学从涵盖的内容来看，既有儒家"六艺"之学，又有诸子百家之说，还有文史之学。张氏家学在张浚、张栻身上得到集中体现，其基本确立与张浚有重要关联。朱熹记述张浚十六岁入郡学时因刻苦攻读而受到苏元老的赏识和赞美，苏元老认为他为文不虚浮，前途不可限量。张浚二十岁入"上庠"就学时，"太夫人送之，拊其背而泣曰：'门户寒苦，赖而立。当朝夕以尔祖尔父之业为念。'……（浚）无一言一动不遵太夫人之教……蓬州老儒有严庚者……庚尝学《易》有得，遂以《乾》《坤》之说授公"②。由此可以看出，张浚谨遵太夫人（计氏）之命勤于学习，践行孝道，同时也可窥见其学问源流。据《宋史》记载，苏元老长于《春秋》之学，颇有文才，曾任汉州教授。既然苏元老如此赞赏张浚，则张浚入郡学时当受苏元老之教导。而张浚对易学专研尤深，著有《易解》《杂说》，今存《紫岩易传》。张浚之易学根基源自蓬州老儒严庚。据明《（正德）蓬州志》记载，严庚为南宋宣和年间进士③，可知其学问造诣当较高，

① 《全蜀艺文志》下册卷四七，第1436页。
② 《晦庵集》卷九五上，《景印文渊阁四库全书》第1146册，第223~224页。
③ （明）吴德器修，徐泰纂《（正德）蓬州志》卷九，上海书店，1990，第1027页。

故张浚从严庚处学有所得，张浚易学研究应受到严庚的悉心指点。

张浚深受儒家思想影响，于五经六艺之学颇有造诣，他一生以忠孝仁义为本。他曾在奏表中言："人主之俯仰天地间，所以自立其身者，不过'忠孝'二字。此天下之大义，不可须臾少忽也。"① 无论是做学问，还是治家，张浚都是以忠孝仁义为根本，引领家族走向昌盛。张栻"承乃父忠孝之传，领胡宏亲切之教，其承家之孝，许国之忠，备在简册"②，这表明张栻之学承自家学和胡宏之学。张栻对理欲之分、义利之辨都有自己独到的见解，继承了儒家忠孝仁义思想传统，进一步丰富和发展了宋代理学，受到朱熹等人高度评价。张栻就曾谈及自己讲学所得之要道："学莫先于义利之辨。义者，本心之所当为，非有为而为也。有为而为，则皆人欲，非天理。"③ 显然，在其看来，孝悌忠信之道，跟义一样，都是"本心之当为的"，是"天理"所系。

另外张枃、张桄、张椿、张忠恕等人也直接从张浚或张栻那里受学，并晓以忠孝大义。张忠恕在论述学术邪正时就云："《大学》之道……一是皆以修身为本……后世乃有谓人主之学与士大夫不同者，吁，其诸异乎《大学》之道欤！"④ 他认为人主之学和士大夫之学在治学根本目标和具体举措方面都是一致的，即修身和"举而措之"两部分，修身的内容自然就包括忠、孝、仁、义之德，培养的人才即为"晓事之臣"、"犯颜敢谏之臣"和"仗节死义之臣"（张栻上奏孝宗之语）。

（三）家风

张咸常以忠孝闻名，抚养亲族之幼孤。据《奉议郎张君说墓志铭》载，张咸五十二岁就病逝，故其夫人计氏担当了教育子女的重任，对张浚、张栻兄弟等人影响甚大。计氏就是一位节孝守志、固守大义、教子得法的女性，她常教导张浚等人以父祖之训、父祖之业为念，常思道德仁义、忠孝为国，时人尊称为"孟母"。张浚平生以不能恢复故土、一雪国耻为憾，他

---

① 《晦庵集》卷九五下，《景印文渊阁四库全书》第 1146 册，第 262 页。
② 王佐修，黄尚毅纂《（民国）绵竹县志》卷一六，《中国地方志辑成·四川府县志辑》第 22 册，第 715 页。
③ （宋）杨万里撰《诚斋集》卷一一六，《景印文渊阁四库全书》第 1161 册，第 479 页。
④ 《鹤山集》卷七七，《景印文渊阁四库全书》第 1173 册，第 198 页。

在临逝前付手书予张栻道："吾生不能恢复中原以雪祖宗之耻，即死不当归葬先人墓左，葬我衡山足矣。"① 其言不仅充满着项羽"无颜回江东"般的壮烈，还体现了他对家族、祖宗和国家的一种大忠大孝。

朱熹与张栻相交甚厚，对张栻了解甚深。朱熹盛赞张栻"其承家之孝，许国之忠，判决之明，计虑之审，又未有如公者"②，他用孝、忠、明、审四字集中概括了张栻的德识。"承家之孝"可谓张栻第一优良品质。杨万里也道张栻在地方为官时，必以教化为先，在教育民众时，随事教以孝悌忠信，并"使以条教训其子弟"③，这种教化方式也被其用在治家上。张栻"待族党有恩，视其尤困乏者，推居官所得俸以给之。女兄及族弟之女贫不能行，君收抚嫁遣，比君没，哭之如父"④，不仅自己事亲至孝，还在和睦亲族方面做出表率，弘扬了家族门风。张梴亦能做到"轻财好施，勇于为义"⑤，乐于帮助家族中困难成员，家族成员也是谨守家风，无一悖逆。张栻从侄张忠恕向皇帝上奏言"人道莫先乎孝，送死尤为大事"⑥，直言孝在人伦大道中的重要性。魏了翁赞其"植立名节，无陨家声"⑦，承袭了其父祖的品节，践行了张氏家风。

由上可见，绵竹张氏亲族之间相互提携，和睦友爱，张氏家族具有很强的凝聚力和上进心，历代子孙无不弘扬忠孝为国、敬亲睦族的优良家风。可惜，伴随着南宋王朝的衰亡，绵竹张氏家族也逐渐走向没落，其后裔散居于各地。虽如此，他们亦都以张浚为楷模，继续谨守其家训，努力保持着其忠孝的家风。

---

① 《晦庵集》卷九〇下，《景印文渊阁四库全书》第 1146 册，第 283 页。
② 《晦庵集》卷八九，《景印文渊阁四库全书》第 1146 册，第 82 页。
③ 《诚斋集》卷一一六，《景印文渊阁四库全书》第 1161 册，第 479 页。
④ 《南轩集》卷三九，《景印文渊阁四库全书》第 1167 册，第 740 页。
⑤ 《南轩集》卷四〇，《景印文渊阁四库全书》第 1167 册，第 746 页。
⑥ 《宋史》第 35 册卷四〇九，第 12329 页。
⑦ 《宋史》第 35 册卷四〇九，第 12330 页。

一　阆州陈氏家族渊源

（一）陈氏家族起源

宋代巴蜀名望家族中，南充阆中陈氏家族亦颇值得研究。虽然阆中陈氏不如眉山苏氏、华阳范氏、绵竹张氏等家族那样以学问著称，但这个家族也是高官、进士辈出。家族中尤以陈省华家教得法，其三子陈尧叟、陈尧佐、陈尧咨兄弟均官居高位（三人都是进士，陈尧叟、陈尧咨还为状元，陈尧咨为节度使），荣极一时，世所罕见。据《（咸丰）阆中县志》记载，"三陈"之外，宋代阆州陈氏家族中进士者还有陈尧封、陈渐、陈师古、陈宗古、陈尧春等九人①。有言道："陈氏世家，一门将相，伟其声名，天下所向。"② 此言非虚。

关于阆中陈氏的起源，《陈氏宗谱》记载："汉末，太邱长实世居颍川，历二十一世，孔彰公始迁于蜀之阆州，虽省华公尝寓福阆，而文忠公父子兄弟道德文章礼乐勋名炳耀一时，咸居乎阆也。"③ 根据这段记载可知，阆州陈氏祖先是自今河南一带迁徙入蜀。欧阳修在《太子太师致仕赠司空兼侍中文惠陈公神道碑铭〈庆历四年〉》（即《陈公神道碑》）中叙述了阆中陈氏的祖辈渊源："陈氏……自公五世以上，为博州人。皇高祖翔，当五

---

① （清）徐继镛修，李惺纂《（咸丰）阆中县志》卷四，咸丰元年（1851）刻本，第282~284页。
② 《华阳集》卷五六，《景印文渊阁四库全书》第1093册，第416页。
③ 《中华族谱集成》第14册，第37页。

代时，为王建掌书记，建欲帝蜀，以逆顺祸福譬之，不听，弃官，家于阆州之西水，遂为西水人。皇曾祖齐国公讳翊，皇祖楚国公讳昭汶，皇考秦国公讳省华……"① 由此叙述可知，阆州陈氏祖上为博州人。《（康熙）山东通志》《（嘉庆）山东通志》均言宋代的博州在今山东境内。因此，可以推测，阆州陈氏祖上经历了由河南到山东再至四川的迁徙过程。显然，根据《陈氏族谱》和《陈公神道碑》，"西水"与阆中还是有区别的，陈翔并非阆中陈氏始迁祖。《十国春秋》云前蜀时陈翔为"博州人。高祖镇西川，辟翔掌书记……遂弃官隐阆中之西水终焉"②。可见，阆中陈氏高祖陈翔忠于前朝，不肯入仕，其具有忠孝高洁的品格，弃官后迁居于阆州西水（今南部）一带，之后陈翊、陈昭汶等均不显达。关于陈翊、陈昭汶之事迹，今仅见于残缺不全的《秦国陈公（省华）碑铭并序》。"曾王父讳翊，仕蜀为遭运使。严考讳昭汶，抗志遁俗，林卧家食。奕世令德，兹焉发祥，累赠俱跻极品。"③ 陈省华之父陈昭汶志行高洁，隐而不仕，对后世子孙在立身处世方面产生了一定影响。至陈省华时，家族命运才出现转机，主要是因为陈省华依靠自身的努力，步入仕途，在地方任职时重经济、兴水利、抑豪强，政绩突出，不断得到升迁，官至左谏议大夫，使家族得以显达，这为以忠孝之道治家教子创造了良好的条件。

（二）陈氏家族赓续

阆中陈氏家族命运出现转机的标志性事件是陈省华长子陈尧叟于端拱三年（990）高中状元，父凭子贵，太宗当即封陈省华为"太子中允，俄判三司都凭由司，改盐铁判官，迁殿中丞"④，陈省华从楼烦令升至中央官员，后主管财政经济。同时陈尧叟也被委以重任。实际上，在之前的端拱元年，次子陈尧佐就中进士，得"一甲十六名"⑤，咸平三年（1000），三子陈尧咨又高中状元。此外，陈尧咨从兄陈尧封与其子陈渐也于淳化三年中进士。三兄弟中，以陈尧佐学问、政绩、德行最为显著，成就也最大，但是科举

---

① 《欧阳修全集》卷二〇，中华书局，2001，第323页。

② （清）吴任臣撰《十国春秋》，中华书局，1983，第618页。

③ （清）黄本诚纂修《（乾隆）新郑县志》卷二九，清乾隆四十一年刻本，第1624页。

④ 《宋史》第27册卷二八四，第9581页。

⑤ 《（咸丰）阆中县志》卷四，第282页。

名次不及其兄、其弟。此后，宋代陈氏家族中进士者甚多。"三陈"期间，陈氏家族可谓荣贵之极，史载："景德中，尧叟掌枢机，弟尧佐直史馆，尧咨知制诰，与省华同在北省，诸孙任官者十数人，宗亲登科者又数人，荣盛无比。"① 可以说，彼时阆中陈氏处于家族发展的鼎盛时期。

关于阆州陈氏后世子孙之境遇，随着"三陈"相继去世，"阆中陈氏逐渐走向衰落，多数子孙不甘其衰败，欲重振其家业"②，其中较出名者如子辈陈师古（尧叟长子）、陈述古（尧佐长子）、陈博古（尧佐子）、陈求古（尧佐次子），孙辈陈知俭、陈充、陈知默、陈知和，玄孙辈陈恬等。在"三陈"子辈中，尚有支撑家族之人，其中成就最大的陈述古曾任殿直学士、陕西都转运使、太子宾客等职，但也是凭父恩得官，其政绩、才略不能与其父相提并论。陈师古曾任"尚书都官郎中，知七郡，有政绩。生子知章，大理评事，幼有大才，日诵万余言，落笔数千字，在须臾间"③，父子均有才华政绩，不辱先辈。

而至"三陈"孙辈，阆中陈氏家族衰败之状开始显现。一方面，因为有的颇有才学的孙辈成员不愿为官。如陈师古之子陈子思（即陈知默），家人再三劝其为官，他坚持不就，并言"斋郎监簿，只辱吾志"④。陈子思很有才华，尤擅长写诗，颇有唐风，毕仲游赞其诗才不在杜甫之下，可惜三十八岁便逝，其书稿随葬于棺椁之中。生前，他考进士考了十余年不中，于是干脆携妻子隐居于山林之间吟诗作赋，远近之人"皆知子思善为诗。慕其名，日有以诗交子思者，子思皆报之子。思为人高远，有志尚气，非其人不与游，与游者虽甚贵，不少下之"⑤。可见其人志行高雅，甘于恬淡。再如陈述古之子陈知雄"一废四十年……而遂不仕，其居闾里，日饮酒为诗篇，治宅种田，油然自得，出入游从，诙谐笑谑，虽老不衰"⑥。即使有恩补的机会，他也不愿赴任，宁愿归隐田园。另一方面，因为"三陈"孙辈中为官者多依靠祖辈荫庇，或官阶不高，或仕途不顺。如陈尧佐之孙、

① 《宋史》第 27 册卷二八四，第 9587 页。
② 曦洲：《宋代阆州陈氏研究》，《四川师范学院学报》（哲学社会科学版）1997 年第 4 期。
③ 《嵩山文集》卷二〇，《四部丛刊续编》第 389 册，第 718 页。
④ 《西台集》卷六，《丛书集成初编》第 1943 册，中华书局，1985，第 88 页。
⑤ 《西台集》卷六，《丛书集成初编》第 1943 册，第 88 页。
⑥ 《西台集》卷一三，《丛书集成初编》第 1944 册，第 216 页。

陈博古之子陈知俭曾任大理寺丞、太子右赞善大夫等职，但后来又遇官场沉浮"坐言潆河非是，夺金部，授知睦州，未行，已而复其官。又坐举官不当罢睦州，复为虞部，改朝奉郎"①，仕途坎坷。而至第四代孙辈，纵使很有才华者，也鲜显达于仕途。如陈尧叟的玄孙陈恬为北宋末的著名学者，学识渊博，与当时的名士鲜于绰、崔鷃齐名，三人号称"阳城三士"。但即便如此，陈恬"相少力学，屏居阳翟，躬耕养母，往来嵩、少间。上皇闻其名，诏为秘书省正字。奉祠去，避地还蜀。大臣荐其贤，至是复召。恬以老疾求去"②。其虽曾为官，但也是小官，甘愿过着耕读生活，其身上既有宋代文人的高雅志趣，又有不入官场同流合污的节操。后世子孙的主观原因，再加上时局政治变化，导致陈氏一族中"三陈"时的盛况仅持续了几十年，之后历四五代，阆中陈氏家族成员散居各地，其家族也走向没落。据《（咸丰）阆中县志》所载，南宋宁宗庆元年间之后，阆州陈氏家族中再无科举中进士者。

　　阆州陈氏家族兴盛时间虽不如华阳范氏那么久长，但"宋兴以来言兄弟之贵者以陈氏为盛"③，其家族绵延百年，与其严格的家教和孝悌家风密切相关。

二　阆州陈氏家族孝道主要载体

（一）家训

　　基于同治十年（1871）版《陈氏族谱》而编撰的《义门陈氏宣汉支谱》转引了《陈氏族谱》"字教六训"和"家教十六条"，其中"字教六训"和"家教十六条"强调了孝悌之道④，将孝悌之道置于家训、族规之首，并督促家族成员恪守。阆州陈氏作为义门陈氏的余脉和支系，很好地遵循了陈氏先祖之孝悌遗训，良好的家教，筑就了"蜀之人物宋惟阆为盛，阆惟陈氏兄弟为盛"⑤的家族盛况。

---

① 《太史范公文集》第24册卷三八，第387页。
② 《建炎以来系年要录》卷二五，第515页。
③ 《太史范公文集》第24册卷三八，第387页。
④ 陈小林等编《义门陈氏宣汉支谱》，《义门陈氏宣汉支谱》编委会，2011，第9页。
⑤ 《（道光）保宁府志》卷五十六，《中国地方志集成·四川府县志辑》第56册，第419页。

陈尧佐三兄弟都依靠科举考试而出将入相，其成才一方面缘于他们自身努力，另一方面缘于陈省华夫妇等人教子得法，他们在家教方面留有很多佳话。关于陈省华夫妇教子之事，传为佳话的有"诸子侍立""山妻下厨""金鱼坠地"等几则故事。史载"三子已贵时，秦公尚无恙，每宾客至其家，皆列侍左右，客不安，求去，公曰：'此儿子辈耳'"①。陈氏兄弟即使已经出将入相，身份尊贵，但在家中仍遵循孝友之道，不僭越。这种对长幼尊卑礼仪的谨守也是践行孝道的体现。

《宋稗类钞》载："谏议（陈省华）家法甚严。尧叟娶马尚书女，日执馈。马于朝路遇谏议，以女素不习，乞免其责，谏议答云："未尝使之执庖，自是随山妻下厨耳。"②此时陈氏父子已官居高位，但陈省华仍坚持让夫人亲自下厨操持家务，为晚辈做出表率。陈氏家族正是依靠这种严格的家教才促成了朴素勤俭的家风。同时，陈省华还将治家的孝悌忠信之道扩展到为官理政上。例如，他在长沙为官时，"启迪孝悌之训，尊隆清浮之化"③，为教化百姓，引导社会风气起到了积极作用。

值得称道的是，陈母冯氏也以忠孝之道教子闻名。"性严……冯氏不许诸子事华侈"④，因此冯氏亦为一代贤母。在陈氏兄弟中，陈尧咨虽贵为状元、节度使，但其才能、品行、政绩均不能与两位兄长相比，其"豪侈不循法度""用刑惨急""性刚戾""多暴怒""于兄弟中最为少文，然以气节自任"⑤，正是因为这样的品性，他犯了不少错误，宋真宗曾表示，虽念在其父兄之功饶恕其错，但仍诫其应深体国恩、勿致怨言，如有再犯，便前后罪责一并论处法办，警告不可谓不严厉。所以，有文献记载的冯氏教子的事例多与陈尧咨有关。宋人张守约在《积庆院记》中忆道："余自比岁闻故父老言曰：阆中陈氏外家（即冯家）之言，人曰慈母教子，金鱼坠地。"⑥此处的"金鱼坠地"源于冯氏教育陈尧咨要施仁政于民的一个典故："陈尧咨善射，百发百中，世以为神，常自号曰'小由基'……母曰：'汝父教汝

---

① 《全宋文》第 225 册卷五〇一一，第 415 页。

② 《宋稗类钞》上册，刘卓英点校，书目文献出版社，1985，第 274 页。

③ 《全宋文》第 19 册卷四〇〇，第 277 页。

④ 《宋史》第 27 册卷二八四，第 9587 页。

⑤ 《宋史》第 27 册卷二八四，第 9588 页。

⑥ 《全宋文》第 186 册卷四〇九一，第 177 页。

以忠孝辅国家，今汝不务行仁化而专一夫之伎，岂汝先人志邪！'杖之，碎其金鱼。"① 在宋代，只有级别较高的官员才能佩戴"金鱼袋"，"金鱼袋"是君王的赏赐。陈尧咨在守荆南时以宴集饮射为乐，并以擅射自诩，以之为治邑之法，陈母对儿子陈尧咨耽于宴乐，以致玩物丧志的做法深感痛心，杖其金鱼，训诫他应以父亲教导为念，以忠孝仁义治国理政，多做利民利国之事。陈母教子的故事，传为佳话，"关汉卿就根据广泛流传的冯氏教子的故事，编写成剧本《状元堂陈氏教子》，把冯氏教子的动人故事搬上了舞台"②。陈省华夫妇教子方法不仅对后世子孙产生了重要影响，还为其他很多官宦士绅齐家教子树立了典范。

陈氏子孙谨守陈省华夫妇立下的家训，传承了很多教子的良好方法，在言行上将忠孝仁义思想予以发扬。陈尧佐为官政绩显著，其治家也颇为得法。"公居家，以俭约为法，虽已贵，常使其子弟亲执贱事。曰'孔子固多能鄙事'，作为善箴，以戒子孙。"③ 陈尧佐即使身份显赫，但仍教导子孙要多加强品性历练。陈尧佐"为人刚毅笃实，好古博学"④，期望自己的子孙能以古训为念，效仿先圣。他将自己的十个儿子取名为述古、求古、学古、道古、博古、修古、履古、游古、袭古、象古，并希望都能成才为官，不辱父祖。在为官方面，陈尧佐勤政为民，堪为后世子孙的榜样。他在担任知州时说道，天子让自己来担任州官，是让自己为州谋利，而不是让州为自己谋利，坚持与民同忧乐。他说："有所为乐，乐而非民之所同乐，弗乐也；有所为忧，忧而非民之所同忧，弗忧也。"⑤ 他这种治国理政观念，成为阆州陈氏后世子孙为官自觉遵守的家训。陈尧叟在文才、政绩、品行等方面也有美誉，宋真宗曾作诗盛赞他"文苑垂清誉，胡端仰盛才。嘉猷毗万路，奇遇列三台"⑥。即使在"三陈"中声名相对不佳的陈尧咨，也在家事母以孝，对母亲言听计从，为政时兴修水利，整饬军队，做出了一定成绩。得益于严格的家训，"三陈"后世子孙中成器成才者不乏其人。陈尧

---

① 《渑水燕谈录》卷九，第 113 页。
② 蔡东洲：《川北宋代陈氏遗迹考察》，《四川师范学院学报》（哲学社会科学版）2001 年第 1 期。
③ 《全宋文》第 35 册卷七四六，第 218 页。
④ 《欧阳修全集》卷二〇，第 324 页。
⑤ 《西塘集》卷三，《景印文渊阁四库全书》第 1117 册，第 393 页。
⑥ 傅璇琮等主编《全宋诗》第 2 册卷一〇四，北京大学出版社，1991，第 1181 页。

叟之孙陈知和早期曾随叔祖陈尧咨左右，而得任右班殿直，"及长知书，叹曰：'吾家世如是，吾父教我以学何如，而吾可用此进耶？'乃上书，愿易所得官，从左选"①。他希望像父祖辈一样凭真才实学入仕，而不愿靠祖荫窃得高位，其"为人清慎退约，不干权贵。善与人交，自以无怨恶于人。明白立断，所至民爱之"②，立身处世始终保持着良好的操守。

陈氏家族不仅男子教子有方，女眷也多有冯氏之遗风。如陈尧咨的曾孙女陈氏寡居十七年，尽心抚养幼子成才，当家中困苦之时她仍能"安于穷约，处之不忧……教子有素"③。其中特别值得称道的有陈师古之女、寿昌太君陈氏和陈博古之女、太令人陈氏。如寿昌太君陈氏"逮事其舅卫尉卿，能尽孝敬，人有称之……躬亲纺绩以自给。又教其子以经史文章法书，及近代名臣善言懿行，以资其学，久益不倦"④。寿昌太君陈氏是当时著名文人、名士毕仲游的继母。在她的严格教导下，三个儿子都中进士，并且毕仲衍在神宗时任要职。在她看来，对子孙的训导主要在于五个方面。一是要事亲至诚，以敬为先。她在侍奉公婆时，能以祖姑楚国夫人事其姑祝夫人之孝行为榜样，时刻察父母之颜色，侍立左右，随时听从父母的召唤。二是要治家严格，并对家人有恩德，勉励丈夫、子辈要安贫乐道，尽心扶助家人，养育晚辈。三是要自强自立，当家里最困难之时，也不向自己的族人伸手，分毫不取，训诫家人不能寄希望于他人。四是要勤学不倦，颐养德行。五是要先人后己，不能贪图富贵。为此，诸子显达后，想上奏对陈氏进行加封，陈氏婉拒，并言道："汝必欲以此为孝，当先嫡夫人。"⑤ 故她将"永嘉郡太君"的封号让与诸子前母梅氏。寿昌太君陈氏德行素著，教子有方，赢得章献太后赏赐，就连宋神宗都有所耳闻，在朝上问陈氏之子毕仲衍："闻卿母能治家训子，今年几何？"⑥ 对其称叹不已。

陈尧佐之曾孙、陈博古之女、太令人陈氏为北宋名相庄敏公韩缜的长子韩宗恕的夫人，其在训诫教导子女方面也颇为有方。"陈韩匹也，陈氏之

① 《鸡肋集》卷六四，《景印文渊阁四库全书》第1118册，第943页。
② 《鸡肋集》卷六四，《景印文渊阁四库全书》第1118册，第945页。
③ 《太史范公文集》第24册卷四七，第446页。
④ 四川大学古籍整理研究所编《苏魏公文集》第12册卷六二，北京线装书局，2004，第712~713页。
⑤ 四川大学古籍整理研究所编《苏魏公文集》第12册卷六二，第713页。
⑥ 四川大学古籍整理研究所编《苏魏公文集》第12册卷六二，第713页。

女教，则韩氏之妇仪……夫人生而淑静，未尝一语出财贿间，殆终身不见喜怒之色。所不自足者，西方圣人之书，目之而未极其微也。"① 太令陈氏在治家方面继承了阆州陈氏家训，可谓相夫教子的典范。首先，她尽心尽孝，坚持每天昏定晨省，恪守妇道、礼仪。其次，她敦睦宗族，率先垂范，将恩录的机会让与族人子弟。再次，她勉励丈夫勤于治学，当丈夫处于人生低谷时，她采用恰当的方式予以开导，做好贤内助。最后，她注重个人修养，好读书，表现出名门风范。阆州陈氏后世子孙秉承了家训，将家族忠孝仁德之思想广泛传播，绵延于后世。

（二）家学

关于阆州陈氏之家学渊源，所记不详，今仅见残缺的《秦国陈公省华碑铭》中载"公十三而孤，端诚力学，奋节不倚"②，可知陈省华自小孤苦自立，学习勤奋。至于学习的具体内容，《宋史》曰："尧佐少好学，父授诸子经。"③ 根据其治家、为政情况和子孙辈均以儒学传家来看，学习内容亦不外乎宣扬忠孝仁义大道的儒家经典。陈省华之父陈昭汶能够做到在后蜀时"抗志遁俗，林卧家食"，其高雅志趣无疑对陈省华是有影响的，"三陈"后世子孙中有不少甘于归隐田林，不愿为官者，颇有其祖上之风。

阆州陈氏家学在内容上仍注重宣扬儒家忠孝仁义之道，以文学见长，尤擅长诗学，后世子孙中多人以诗学闻名于世。"三陈"中陈尧佐最有文才，其"属辞尚古，不牵世用，喜为二韵诗，辞调清警可隽味"④，而且非常博学，擅长书法、诗学。按照《宋史·陈尧佐传》之记载，其著有《愚丘集》《潮阳编》等多种文集。关于孝道思想的论述，他在《原孝》一文中做了专门阐述。陈尧佐在《原孝》中开篇即道："立身之谓道，本道之谓孝，上自天子，下至于庶人，未有不由而立也。"⑤ 随之，他集中论述了对孝道的认识，他亦认为孝为上至天子、下至庶人立身的至德要道，更重要的是它是王化之基、人伦之本，所以倡导孝道非常重要。为孝之道是因心

---

① 《嵩山文集》卷二〇，《四部丛刊续编》第 389 册，第 734~736 页。
② 《全宋文》第 19 册卷四〇〇，第 278 页。
③ 《宋史》第 27 册卷二八四，第 9583 页。
④ 孙猛校证：《郡斋读书志校证》卷一九，上海古籍出版社，1990，第 969 页。
⑤ 《全宋文》第 10 册卷一九六，第 8~9 页。

而发，虽然孝有大小之分，有始终之别，但关键的是要心存"居必诚其心，游必择其方"等爱敬之道。而爱敬之道属于人之天性，如果凭借人的善良天性，再以礼节之，则可以达到"风俗之移人"的目的。所以他认为，践行孝道之根本在于"诚其心"，合乎礼。他特别地指出了那种所谓"孝之感"的做法不可取。为治疗亲人的疾病而自残身体致亲人倍加忧虑的做法，不仅有悖于孔子等圣人关于孝的宗旨，而且不利于良好民风的养成。所以，要奠定"王化之基"，引导淳正民风，培养"孝民"，就要宣扬圣人关于孝悌思想的人伦大道的实质。可见，陈尧佐亦是站在为君王"立法"的立场上阐述孝道思想的，他对愚昧的"孝感"行孝方式提出批评是具有积极意义的。陈尧叟还善草、隶，有文才，所以一些诏书、表、碑、铭等出自其之手。其"预修国史"，"著有《请盟录》"①。陈尧咨也是工于隶书，其子陈博古笃学能文。可见，陈氏兄弟的文学、艺术功底是非常深厚的，其后世子孙继承了这一特点，并人才辈出。

在陈氏子孙中，有文才者甚多，并都以儒学传家。陈尧佐的从子（陈尧封子）陈渐年轻时就以富有文学才华而闻名于蜀，他精通扬雄《太玄经》，与蜀中学者多有交游。陈师黯"喜为歌诗，至于射艺、书法、医药，皆精妙，尤好古书、奇画，每倾资购之，尝自为录，藏于家。其材能好尚，皆可嘉也"②。陈知俭"性颖悟，于书无所不读，至阴阳卜筮、道术方外之言，皆探其奥"③，在学问方面也追求广、博、杂。陈知和"善楷、隶，喜为诗。既谢事，作'燕誉堂'于第之西北隅，盖以训辞名之"④。陈知默（子思）更是当世名士，诗学高才。陈兖"能以儒学世其家，群书皆成颂，尤通吏道，精练法律，顷由台郎娄将使指，揭来广右，益有能名"⑤。从阆州陈氏后辈为学特征来看，陈氏家学都以儒学为根本，旁及杂家，陈氏一族在书法艺术、诗歌方面颇有造诣。

（三）家风

阆州陈氏家族长期形成的优良家风中包含了丰富的内容，如朴素勤俭、

---

① 《宋史》第 27 册卷二八四，第 9586 页。
② 《欧阳修全集》卷三〇，第 454 页。
③ 《太史范公文集》第 24 册卷三八，第 387 页。
④ 《鸡肋集》卷六四，《景印文渊阁四库全书》第 1118 册，第 945 页。
⑤ 《鸿庆居士集》卷二一，《景印文渊阁四库全书》第 1135 册，第 199 页。

忠孝为国、敦睦宗族、自强自立、崇学尚进等，其中以孝悌、好学、勤俭等特征最为显著。陈省华为诸子立下忠孝报国的家训，继而逐渐形成忠孝传家的家风。陈尧佐一生功勋卓著，在临逝前自作墓志铭曰："寿八十二不为夭，官一品不为贱，卿相纳禄不为辱。三者粗可，归息于父母栖神之域矣。"① 生，事亲以礼，为家尽孝，为国尽忠，不辱亲族，并对孝道思想予以阐发；死后，与父母葬于一处，长相陪伴。陈尧佐之举是对其所继承之家风最好的诠释。陈尧叟"事亲孝谨，怡声侍侧，不敢以贵自处"②。按照当时朝制，他作为朝廷高官，其母、其妻都应封郡夫人，但因为陈省华尚在朝廷为官，冯氏应与陈省华的封号相应，不应加封，于是陈尧叟将对妻子的封表让与母亲。虽然朝廷按照礼制不许，但陈省华逝后，冯氏得以按陈尧叟所请被朝廷加封为上党郡太夫人。陈尧叟的做法，实实在在地体现了为人子之孝。

其后，陈氏家族崇尚忠孝的家风历代相传。孙辈中陈知雄"年六十有九，正议公尚无恙，往来蔡、郑之间，白首问安，人皆叹息焉"③。即使自己年近古稀，但父母尚在，陈知雄仍严格遵循冬温夏清、昏定晨省之礼，令人敬叹。陈师古之孙、陈恬之父陈造在母亲去世后叹道："吾少举进士，而卒不得一第，每更一官归，当改秩，而举将之格必亏。其尚龟俛于斯世者，吾母待养也。今既不得终养，则吾何用禄为？"④ 直言其考取功名的主要目的是奉养父母，而父母已不在人世，自己也就失去了为官求禄的意义了。故之后，他便"屏居阳翟涧上，菜饭不肉者十年，日诵佛经宴坐，间则往来嵩少，穷山水之娱"⑤。虽然其做法并不可取，但其孝心和高洁之志令人感喟。陈充"持已廉平，经宗祀恩，不任其孙而任其从兄之子"，⑥ 在利益名誉面前，先疏后亲，和睦宗族，也体现了孝悌之义。

由以上分析可以看出，阆州陈氏家族彼时造就了"衣冠之盛"的局面。"衣冠之盛"是与其家训、家学等影响下的严格家教和忠孝家风分不开的。

---

① 《全宋文》第 10 册卷一九六，第 17 页。
② 《宋史》第 27 册卷二八四，第 9587 页。
③ 《西台集》卷一三，《丛书集成初编》第 1944 册，第 216 页。
④ 《嵩山文集》卷二〇，《四部丛刊续编》第 389 册，第 724 页。
⑤ 《嵩山文集》卷二〇，《四部丛刊续编》第 389 册，第 724 页。
⑥ 《浮溪集》卷二五，《丛书集成初编》第 1960 册，第 294 页。

后世子孙中颇有祖辈遗风的陈知俭不由得感叹："吾家所以显大于世，自非曾祖父勤施仁政于民，三祖父力学以取富贵，何从而致之乎？至于今，子孙蒙福禄不绝，岂可不知其所自邪?"① 可谓一言道出了阆州陈氏光大门闾之真谛。

---

① 《司马光集》第 3 册卷六六，第 1375 页。

第十二章
巴蜀其他名家族孝道思想

一　新津张氏

(一) 忠勇之脉

　　说到宋代新津张氏家族，张唐英、张商英兄弟之名气甚高，再加上张唐英之子张庭坚，一门三进士，新津张氏亦是荣极一时①。张唐英长于文学，有史才，著有《蜀梼杌》等史籍。张商英为北宋名相，死后封赠少保。张庭坚官至著作佐郎、右正言。张氏一门均以忠孝报国、敢于直谏闻名。

　　关于新津张氏始迁祖，范镇在《张寺丞文蔚墓志铭》中有叙述："其先长安人，七世祖琰为右拾遗，从僖宗入蜀，留其子道安于蜀，遂家焉。"②唐末动乱，很多朝廷显贵、北方大族迁于蜀中之地，形成了一次移民高潮。新津张氏就是其中一支。新津张氏的始迁祖是唐末的张琰，张琰之子张道安居蜀，生子张令问，张令问生子张立。张商英之父是张文蔚，文蔚的曾祖父张立为五代后蜀诗人，在孟蜀时不愿出仕，善作讽诗以谏而闻名。后世子孙继承了他直言敢谏的为官之风。张文蔚是一个乐善好施、慷慨大方之人，能急人之所急，从不求索取。其最为成功之处是"有田一廛，渎一廛，以市书，以求师，使教诸子"③。他对子女的教育极为重视，卖掉祖田

---

　　① 据《(嘉靖) 四川总志》《(万历) 四川总志》《(道光) 新津县志》载，张唐英之弟张虞英为"新津人，政和间进士"。另，新津张氏中的张庭坚与绵竹张氏中的张庭坚乃同名同姓。

　　② 《全宋文》第 40 册卷八七三，第 309 页。

　　③ 《全宋文》第 40 册卷八七三，第 309 页。

为诸子买书求师，其子孙中屡有成大器者。张商英之母江原（今四川崇州）人冯氏也是以"贤淑"著称，"枢密直学士钱公醇老"① 作铭诗以赞之。"钱公醇老"即钱藻，虽然其铭诗不可考，但从张文蔚及其妻冯氏所抚养之子女皆能成材来看，则不难推知冯氏必是教子有方。张文蔚夫妇践履孝悌之道，具备远见卓识，培养了满门忠烈。

（二）"二张"论孝

在新津张氏家族众多子弟中，最杰出者为张商英及其兄张唐英。二人一生以忠孝立身，在为官、治学方面取得了突出成就。张商英"长身伟然，姿采如岷玉"②，其人不仅容貌出众，而且才德俱佳，位极人臣，一生在治家、理政之中躬行孝道。张商英是佛法的坚定拥护者和佛教信仰者，他多从儒家思想的角度来维护佛法的正当性和合理性，以体现儒、佛思想在许多方面具有一致性。他在所作的《护法论》及相关题辞中从儒、佛结合的角度集中阐述了其孝道观，认为儒、佛孝道思想在本质上具有共通性，佛家的孝道与儒家孝道一样，重在心之"诚"，并充分肯定《孝经》的重要地位。同时，张商英还非常重视在家教、治国理政中践行孝道。

张商英之兄张唐英从小就读书刻苦，后举进士，为太学《春秋》博士。其人撰写了大量人物评论，对隋唐时期的一些将相、名流、官宦、学人逐一进行述评，观点颇有新颖之处，对历史人物功过是非的评价反映了其忠孝思想。如他认为唐朝开国功臣李勣在太子先授以官职，然后才做顾命大臣的行为是"小人"行为。为此，他说："夫忠臣义士，虽在裘褐之中，岩野之下，亦有忧劳天下之心，不必位之尊、禄之厚，然后致死力于国家……（李勣）自当致力以答累朝之恩，何必须太子自授以官，然后可任使哉?"③他严厉批评李勣忘却先朝之恩、不能为嗣君尽忠的不忠行为。他认为平"安史之乱"的一代名将李光弼"母在河中，诏屡存问，又令郭子仪举其母以归京师，以弟光进为渭北节度代光弼，终以鱼、程之故不入朝，而死于徐州，大不孝也"④，批评李光弼实则心有"二志"，既没有尽"以养老母"

① 《全宋文》第 102 册卷二二三四，第 239 页。
② 《宋史》第 32 册卷三五一，第 11095 页。
③ 《全宋文》第 70 册卷一五三〇，第 240 页。
④ 《全宋文》第 70 册卷一五三一，第 266 页。

之责，又有"不以忠节自全，坐视国难"之举，与同时代的郭子仪品行相去甚远。张唐英在评点历史人物时，不仅充分展现出他的史学功底，表现出了对史实的谙熟，还体现了他的满腔忠孝之心。另外，他一生重视德行、躬行孝道、忠君爱国，在谏君时敢言人所不敢言。他任用官员时慧眼识珠，向皇帝力荐王安石，认为其有"经术道德"，宜予以重用。一次上朝时，张唐英着旧衣，"帝问何尚衣绿，对曰：'前者固得之，回授臣父。'帝嘉其孝，赐五品服"①。张唐英将品级高、质量好的朝服给父亲穿，而自己仍着旧衣上朝，一衣一缕时刻心系父母，事亲至孝。张商英追念其兄道："次功自为小官，迎侍二十年，孝养备至，偶朝议公怀乡西归，卒于里舍，恨不及见，哀慕成疾。"②父在时张唐英极尽孝养之心，在父死后，他哀伤过度，思念成疾。

张庭坚在为人、为官等方面都受到其父张唐英和伯父张商英的影响。在家中以孝悌立身，自己甘于恬淡。史载"张才叔庭坚贬象州，所居屋才一架上漏下湿，屋中间以箔隔之，家人处箔内，才叔蹑屦端坐于箔外，日看佛书，了无厌色"③。即使贫困艰难之时，他仍以孝悌之道规范己身，以坚忍之心态面对困苦。张庭坚在为官时以忠孝辅国，像其父一样为一代诤臣。他曾向皇帝建言："世之论孝，必曰绍复神考，然后谓孝。夫前后异宜，法亦随变，而欲纤悉必复，然则将敝于一偏，久必有不便于民而招怨者，如此而谓之孝，可乎？"④他认为"孝"并不是固守上辈之法，而应适势而变。他对司马光因时变革的做法予以肯定，对一些营私之人予以鞭挞，言辞恳切，充分表现了新津张氏为国敢于直谏的为官之风。

（三）后继乏人

关于新津张氏后人的情况，张商英有"子茂"⑤。陆游在《入蜀记》中云："天觉之子直龙图阁茂已卒；二孙，一有官，病狂易；一白丁也。"⑥

---

① 《宋史》第 32 册卷三五一，第 11098 页。
② 《全宋文》第 102 册卷二二二四，第 239 页。
③ （宋）刘清之撰《戒子通录》卷六，《四库全书珍本初集》第 798 册，沈阳出版社，1998，第 90 页。
④ 《宋史》第 31 册卷三四六，第 10981 页。
⑤ （宋）杜大珪编《名臣碑传琬琰之集》卷一六，《景印文渊阁四库全书》第 450 册，第 789 页。
⑥ 蒋方校注《〈入蜀记〉校注》卷五，湖北人民出版社，2004，第 194 页。

《无尽居士张商英研究》一书中对张商英后人有较详细考证，言"张商英后嗣可考有一子四女，其子名张茂"①。张唐英长子张庭玉举家迁居蜀广安军，张庭坚也随行，故《宋史》记张庭坚为广安军人。在《（光绪）广安县志》《（光绪）广安州志》的"选举志""人物志"中也没有关于张庭坚兄弟二人后代之明确记载。可见至南宋中晚期，新津张氏已渐没落。《元史》载张商英之裔孙张惠"先徙居青河，后徙蜀。岁丙申，惠年十四，兵入蜀，被俘至杭海"②。张惠后官至元朝平章政事行省杭州，算是有记载的新津张氏后裔中最有才能者。如此算来，新津张氏家族之盛况也绵延了两百年。

二　丹棱李氏

（一）光显未艾如李氏

在宋代，眉州出了不少以文学、史学传家的名儒，如龙昌期、陈希亮、韩驹、田锡、史绳祖、虞允文、眉山苏氏、丹棱李氏（李焘父子）、丹棱唐氏（唐庚父子）等。

宋代的眉州丹棱李氏家族出现了以著名史学家、文学家、官员李焘，以及李谦（早逝）、李垕、李塈（有的作"垚"）、李塾、李岱（早逝）、李壁（《宋史》中记为"璧"）、李埴等诸子。其中名气最大者是李焘及其子李壁、李埴，三人俱为进士，"璧父子与弟埴皆以文学知名，蜀人比之三苏云"③。《宋元学案》亦云"文简以史学传家，七子俱有文名，而雁湖（李壁）与先生（埴）最达"④。李焘著有很多史学著作，如《续资治通鉴长编》，为一部宋代史学名著。同时，他还在经学、文学等多方面有较深造诣，著有《易学》《春秋学》《五学传授》《尚书百篇图》《大传杂说》《七十二子名籍》《文集》等作品。《宋史》还为李壁作传，李壁一生著作丰硕，著有《雁湖集》《涓尘录》《中兴战功录》《中兴奏议》《内外制》《援毫录》《临汝闲书》。李埴为李焘幼子，《宋元学案·岳麓诸儒学案》中有其

---

① 罗凌：《无尽居士张商英研究》，华中师范大学出版社，2007，第309页。
② 《元史》第13册卷一六七，第3923页。
③ 《宋史》第35册卷三九八，第12109页。
④ 《宋元学案》第3册卷七一，第2391页。

传，其著有《皇宋十朝纲要》等作品，与魏了翁屡有唱和。李垕曾任著作郎兼国史实录院编修检讨官，"父子同主史事，搢绅荣之"①，后人对其评价甚高，其人擅长制策之文，明代杨升庵评价道："宋之制策，虚第一等以待伊、吕之流。其入等者，惟苏氏轼、辙兄弟，吴育，范百禄，李垕，终宋世仅五人，而蜀居其四，盖二苏、范、李皆蜀人也。"②

关于丹棱李氏的家族渊源，宋代周必大在《敷文阁学士李文简公焘神道碑》中道："（李氏）系出唐曹恭王季子右武卫大将军偲，武后斥为民，徙眉州之丹棱县，遂家焉……公生政和乙未，天资颖异，博览群传……"③李偲为唐太宗第十四子曹王明的儿子。因武则天专政，逐杀李唐宗亲子孙，后经"安史之乱"，李偲的六世孙李瑜始定居眉州丹棱。李焘为李瑜的第十一世孙。李焘的曾祖为李夔，祖父为李凤。李焘之父李中"以进士知仙井监，累迁朝奉大夫"④。所以，确切地说，丹棱李氏在李焘所处时代算是"一门四进士"。丹棱李氏具有良好的家族教养，因此，能形成"诸子继践世科，历两千石，光显未艾如李氏者乎"⑤的盛况也不是偶然的。除此之外，丹棱李氏以忠孝为本的家教、以文史为主的家学、孝悌和睦的家风也是促成李氏家族盛况的重要原因。

（二）一门父子论忠孝

李焘作为史学名家，通过记叙一些史事和人物，将自身的孝道观融于其《续资治通鉴长编》等史学著作之中。他在书中记叙田锡上疏之言，云："今国家官僚远宦不得般家，父母云亡，不得离任。墨缞视事，宁安孝子之心。明诏未行，深损圣人之教。"⑥此处所记的田锡是北宋时蜀中眉州洪雅（今属眉山）人，为北宋政治家和文人，也是李焘的同乡。李焘在字里行间透露出对田锡的称赏。田锡认为即使是山野村夫，如果有贞廉之节和孝行，国家也要旌表门闾、赐以粟帛，其目的是弘扬风教、彰明义节。即使官吏

---

① 《宋史》第 34 册卷三八八，第 11917 页。

② （明）杨慎撰《升庵全集》卷六八，商务印书馆，1937，第 891 页。

③ 《文忠集》卷六六，《景印文渊阁四库全书》第 1147 册，第 701 页。

④ 故宫博物院编《（乾隆）丹棱县志》卷九，《（乾隆）丹棱县志·（乾隆）青神县志·（康熙）眉州属志》，海南出版社，2001，第 56 页。

⑤ 《文忠集》卷六六，《景印文渊阁四库全书》第 1147 册，第 701 页。

⑥ 《续资治通鉴长编》卷二四，《景印文渊阁四库全书》第 314 册，第 363 页。

居外为官，也不能剥夺其尽孝之权利。李焘在编撰《续资治通鉴长编》时在史料的选择上无疑受到自身思想观点和价值取向的影响。他自己就是一个志行高洁的史学家和官员。张栻就对李焘的品节给予了高度评价，"张宣公尝曰：'李仁甫如霜松雪柏。'无嗜好，无姬侍，不殖产，平生生死文字间"①。在李焘看来，为政者当对贞廉、孝行等予以充分肯定、表彰，因为这对"行风教之规"大有益处。而在仕时不得举家随迁、亲亡不得离任等规定，致使官员尽不到养老事亲义务，这些规定是有违孝道的，因而是不适宜的。在交通、通信极不发达的古代，李焘的这种观点是合理的。他还在著作中对至孝的人和事给予充分肯定，如他记叙左谏议大夫、参知政事李穆事亲至孝，服侍卧病在床的老母多年，后李穆坐事贬官回家，不敢将实情告诉母亲，以免徒增母亲之忧，其母至死不知。在为母亲服丧期间，李穆"不食荤茹，哀戚过甚，因致毁瘠……（穆死）上临哭出涕，谓宰相曰：'穆洁己守道，操履纯正，真不易得……（穆死）乃朕之不幸也'"②。可以看出，李焘在对孝道的认识上主要有三点，一是亲在时要尽心奉养，不能懈怠；二是不能增加父母的忧虑；三是亲殁要极尽哀痛之情，如此，才能保持孝子的操守。

正是基于对史实的谙熟，对孝道的深刻体悟，李焘在明鉴古今得失时将孝道思想用在自己治家、教子、为官上。在治学方面，李焘认为治学在于明孝悌忠信等人伦大道。他说："孟氏虽列三代学名，而其义则专在养、教及射，修吾孝弟忠信而已。故曰学则三代共之，皆所以明人伦也。"③ 他认为三代之学就是明以孝悌忠信为核心的人伦大道。他在华阳任职时于丹棱创建了巽崖书院，并作《巽崖书院记》。"夫人各有所履，善恶分焉。惟能谦，可与共学；惟能复，可与适道……此圣贤事业也。"④ 在此他提出了为学应持的态度是谦逊，应反复研习，其目的应是成就"圣贤事业"，这些都与德行的养成直接相关，可以视为李焘在教子方面的家训。

在为政一方时，李焘能以孝悌治邑，劝诫和惩处不孝的行为，对教化民众、引导民风发挥了积极作用。他知双流县时，"仕族张氏子居丧而争

① 《宋元学案》第 1 册卷八，第 360 页。
② 《续资治通鉴长编》卷二五，《景印文渊阁四库全书》第 314 册，第 366 页。
③ 《全蜀艺文志》中册卷三六，第 1008 页。
④ 《文忠集》卷六六，《景印文渊阁四库全书》第 1147 册，第 701 页。

产，焘曰：'若忍坠先训乎？盍归思之。'三日复来，迄悔艾无讼。又有不白其母而鬻产者，焘置之理，豪强敛迹"①。所以，他认为子女在父母亡后争分家产，背着父母买卖家产，这些都是不孝行为，都有违于孝道。李焘一生以艺祖治身、治家、治官、治吏典故为鉴，即使病卒前夕，仍怀报国之志，"臣年七十死不为夭，所恨报国缺然。愿陛下经远以艺祖为师，用人以昭陵为则"②，这体现了他移孝为忠的士大夫精神。

李焘的思想观点无疑会对其子孙有重要影响。事实上，在治家、治学方面，李焘夫妇家教都甚严，以诗书礼义教育诸子。宋人晁公遡记述李焘教子的情形道："每闻教其子日有程，堂上视膳犹执其业在旁，有问则对，须撤膳已乃退，则又挟其书册过庭下，且读且问。学士大夫皆啧啧称其善教子。"③ 此书信是晁公遡写给年少时的李垕的，真实反映了李焘善于教子的情况。于日常生活起居中，他也要求诸子不能忘却学习，学与问须相结合，在家庭中要遵循相应的礼仪。李焘教子甚严，诸子学业精进，皆成良材。根据《敷文阁学士李文简公焘神道碑》所记，李焘之妻为当时名士、李焘同乡、朝散大夫杨素之孙女。黄庭坚曾为杨素修建的大雅堂作《大雅堂记》，在文中曰："丹棱杨素翁，英伟人也。其在州闾乡党有侠气，不少假借人，然以礼义，不以财力称长雄也。"④ 杨素有此德行，志趣高雅，其孙女也是知书达礼、贤淑之人。在如此严格的家教下，李氏诸子都非常重视学问的进修，重视进德修身，将孝道、学问视为立身之本。

李焘次子李垕除了深受家学影响外，亦受南宋名儒张栻指点。张栻在《答李贤良》书信中对李垕治学予以勉励，言"问学之方无穷，责人者易为言，而克己者难其功，任重道远"⑤。李焘第四子李熟亦师从张栻。张、李二人亦师亦友，张栻言及李塾道："吾友眉山李塾季修，自幼居其亲旁，凡所见闻，无非诗书礼乐之事，上下数千载间，其考之详讲之熟矣。"⑥ 张栻言明李塾受家学的影响，学习的主要内容是儒家诗书礼乐，研习的重点仍

---

① 《宋史》第 34 册卷三八八，第 11914 页。
② 《宋元学案》第 1 册卷八，第 360 页。
③ 《嵩山集》卷四六，《景印文渊阁四库全书》第 1139 册，第 253 页。
④ 《黄庭坚全集》第 2 册，第 437 页。
⑤ 《南轩集》卷二七，《景印文渊阁四库全书》第 1167 册，第 642 页。
⑥ 《全宋文》第 255 册卷五七四一，第 402 页。

是史学、典章制度类。李塾时常受南轩之教导，在《答李季修》一文中，张栻曰："两兄既皆归，子职良勤。孟子论事亲为仁之实，盖人心之至亲至切，孰尚乎此！此实问学之根柢也。"① 张栻认为孝老事亲之孝道为仁思想之"实"，是问学的根柢，并建议李塾要善养浩然之气。

李焘第六子李壁在诸子中最为显达，其才学、品行俱佳。真德秀在《故资政殿学士李公（壁）神道碑》中对其予以高度评价，曰"虏（金国）君臣称南人之忠信者，必曰李公云"②，并对其一生品行、治学渊源进行全面介绍。真德秀曰：

> 惟眉山自苏氏父子以文章冠县内……甫若干年而文简公出，以海含山负之学，松劲玉刚之节，标式当代。公之兄弟皆世其学，文采议论，震耀一时，公亦与闻国政，人谓有光苏氏。③

《宋史》和《宋元学案》均为李壁立传，南宋大儒真德秀也为其作长篇碑记，可见其在当时的影响力。由记述文字可知，李壁和其他兄弟一道继承了李焘之家学，重在史学，遍涉群经，尤其长于对宋代史实掌故的把握，同时对文学、诗学、政论等也有较深造诣，一生著作近千卷。其为文"本于至理而达之实用"，崇尚笃实，不尚虚浮，其品行也受到其父的巨大影响，有"松劲玉刚之节"和忧时悯世之心，具有高洁的情操和忧国忧民的情怀。据真德秀在碑铭中的叙述，在外，李壁奉旨出使金国，不卑不亢，大义凛然，不辱使命，具有苏武般的气节，获得敌国君臣的尊敬。在内，其弹劾奸臣秦桧等，敢于直面权佞，表现出了高尚气节，当时著名政治家、文学家周必大赞其为"谪仙才"④。不仅如此，李壁也是个深谙孝悌之道的人，他言兄李塾时云"惟兄笃于孝友……"⑤，对李塾的道德文章给予高度评价，并道："兄随以亡，某何用生？然所以犹强颜苟存，未及越殒者，实以父母既老而两兄之所以望我者，犹欲竭力奉承，不敢失坠耳！嗟乎，季

---

① 《南轩集》卷二七，《景印文渊阁四库全书》第 1167 册，第 644 页。
② 《西山文集》卷四一，《景印文渊阁四库全书》第 1174 册，第 649 页。
③ 《西山文集》卷四一，《景印文渊阁四库全书》第 1174 册，第 655~656 页。
④ 《宋史》第 35 册卷三九八，第 12106 页。
⑤ 《宋代蜀文辑存》第 6 册，第 248 页。

修今其死矣，某其不复进为于世矣！"① 言语之间体现了兄弟情深，其哀恸之情令人动容。他在文中表示，两位兄长已逝，自己之所以存活于世，以图仕进，是因为自己还需要奉养双亲。

李焘第七子李埴以践履仁逊孝悌为己任，在道德文章等方面也堪称楷模。李埴，字季允，据《宋元学案》中《文肃李悦斋先生传》，其学上承张栻，后启魏了翁，其学术思想受到张南轩的影响。魏了翁在《北园记》中对李埴所绘进行了描述：

> 眉之先达李公季允甫也……呜呼，俗沦士散，家自为学，而李公（埴）以耆德宿齿，不自有余，慨然自任以仁逊孝悌之责，使国人弟子咸有所矜式焉。②

李埴以"求仁""立义""复礼""崇仁""请益""由颐""履信""穷理""近思""笃志"等命名北园中的屋舍，这说明了他重视道德修养，践行孝悌之德，将德行操履的修炼寓于日常起居之中。魏了翁对他肩挑"仁逊孝悌之责"而为世人表率表达出由衷的敬意。《宋元学案》评李埴："立朝始终一节，不肯诡随，所以终不登二府者，有得于伊洛之正传，而其所至，皆有吏声，要属有用之才，固不徒以文章，亦非迂谈道学者比也。"③由此可以看出，《宋元学案》高度评价李埴是一个很有节操、不尚空谈道学之人。他还致力于经世致用，将所学运用到为官为政之中，堪称丹棱李氏家族之楷模。

（三）未获大用遭乱世

李焘父子虽有身居高位者，如李焘、李壁都曾任要职，但大多未获大用，多任职编修一类的史官。其子弟频与张栻、魏了翁、真德秀等当时名儒交游，所以丹棱李氏至多算一个学术家族，而算不上真正的政治大家族，是名副其实的史学世家。李氏父子史学成就突出，这与华阳范氏家族有相

---

① 《宋代蜀文辑存》第 6 册，第 251 页。
② 《鹤山集》卷四八，《景印文渊阁四库全书》第 1172 册，第 548 页。《（嘉庆）四川通志》卷五六记为"北园在（丹棱）县北十里雁湖，宋李壁置"。
③ 《宋元学案》第 3 册卷七一，第 2392 页。

似之处。依靠李焘的悉心教导，诸子均成大器，在道德、文章、吏治等方面都有不俗的成就，也称得上世所罕见。但可惜的是，当时南宋已是内忧外患，奸臣当道，政权已摇摇欲坠。随着元兵入侵，眉州破坏严重，史载"迨至去冬（嘉熙三年）其祸惨甚……毁潼、遂，残果、合。来道怀安，归击广安，而东川震矣。屠成都，焚眉州，蹂践邛、蜀、彭、汉、简、池、永康，而西州之人，十丧七八矣……"①遭此国难，蜀中破坏严重，文人、士大夫或被俘，或失散，或迁徙，丹棱李氏家族自然难以逃脱此厄运，其后人已多不见于文献记载。真德秀在碑文中记叙李壁三个儿子李铨、李铸、李鏻均以"某官"带过，可见其身份不显。而《（乾隆）丹棱县志》仅载李焘之孙"李钖宣议郎；李铠修职郎，判彭州九陇县事"②。

三　井研李氏

（一）德艺萃于一门

南宋隆州井研（今四川乐山井研县）在宋代也出了一个李氏家族，该家族以李舜臣（曾任宗正寺主簿，赠太师，追封崇国公）及其子李心传（曾任工部侍郎）、李道传（郎中，谥文节）、李性传（同知枢密院事兼参知政事，赠少保）等"李氏四杰"为代表。父子四人道德文章名播西蜀，与丹棱李氏齐名。明代眉山青神人余承勋在《四李祠记》中认为，宋代井研李氏是自眉山苏氏、丹棱李氏以来"蜀学渊源之盛"的杰出代表。根据《（光绪）井研县志·选举制》记载，井研李氏家族中李舜臣、李心传、李道传、李性传及李道传之子李达可俱为进士，井研李氏家族"一门五进士"，也是辉煌一时。

与丹棱李氏一样，井研李氏在学术方向上也重史学。据《宋史》记载，李舜臣著有《群经义》《江东胜后之鉴》《本传》《书小传》《文集》《家塾编次论语》《镂玉余功录》，尤其擅长易学③。可见，教子有方的李舜臣对经

---

① 黄淮、杨士奇编《历代名臣奏议》卷一〇〇，上海古籍出版社，1989，第1363页。
② 《（乾隆）丹棱县志》卷九，《（乾隆）丹棱县志·（乾隆）青神县志·（康熙）眉州属志》，第65页。
③ 《宋史》第35册卷四〇四，第12224页。

学颇有研究。诸子中名气最大的李心传著有"《高宗系年录》、《建炎以来系年要录》二百卷、《学易编》五卷、《诵诗训》五卷、《春秋考》十三卷、《礼辨》二十三卷、《读史考》十二卷、《旧闻证误》十五卷、《朝野杂记》四十卷、《道命录》五卷、《西陲泰定录》九十卷、《辨南迁录》一卷、诗文一百卷"①。李心传继承了其父的学术研究方向，不仅史学功底深厚，而且在经学、文学研究方面也颇有造诣。让李心传名留青史的史学巨著则为《建炎以来系年要录》。李性传为最高统治者"进读仁皇训典，乞读帝学"②。李性传对史实应是谙熟于胸，独有心得。李道传除了受家学影响外，还受二程、朱熹之学影响，他虽然博览群书，对理学钻研颇深，但《宋史》中未有其著作的记载。"于经史未有论著，曰：'学未至，不敢。'于诗文未尝苟作，曰：'学未至，不暇。'"③ 可见他对治学持非常谦虚谨慎的态度，不轻易撰写著述。《全宋文》和《宋代蜀文辑存》中收录有其文。

关于井研李氏家族的起源，《宋史》中李心传父兄四人列传和《知果州李兵部（道传）墓志铭》等均未记载，只知道自李心传曾祖李公锡时李氏家族就在井研居住，李心传之祖名发，曾任宣议郎。"宣议郎"在宋代为从七品的小官，故井研李氏自李舜臣以上均不显。宋代蜀人员兴宗曰："有李舜臣字子思者，与之州里，本寒家子，少不弄，长不流，颇通文谊，非专学于恶习者。"④ 这道出了李舜臣小时候家庭并不富足的现实，也言明了他自强、勤奋等品格的养成背景。宋代井研李氏能形成"父子兄弟相师友，德行道艺萃于一门"⑤ 的盛况，并非靠祖宗的荫庇，而是李舜臣通过自身的努力并严格教导诸子实现的。目前，学术界对其家族的研究非常有限，且多集中于对李心传的考察研究，包括来可泓先生所著《李心传事迹著作编年》中也没有对其家族源流的相关论述，故难以知其家族起源详情，但据《中华族谱集成·李氏族谱卷》之《编选说明》，宋代李氏多系唐皇室后裔，唐末避乱，以迁居于江西者居多⑥，并且唐代李氏原为陇西豪右。所以，可

---

① 《宋史》第 37 册卷四三八，第 12986 页。
② 《宋史》第 36 册卷四一九，第 12560 页。
③ 《宋史》第 37 册卷四三六，第 12947 页。
④ 《九华集》卷一五，《四库全书珍本初集》第 1487 册，商务印书馆，1935，第 27 页。
⑤ 《（光绪）井研县志》卷一〇，《中国地方志集成·四川府县志辑》第 40 册，第 319 页。
⑥ 详见《中华族谱集成》第一卷《李氏谱卷》相关说明。

以推测的是，宋代井研李氏始祖迁徙入蜀与唐末五代动乱直接或间接相关（或许与武则天主政时期李唐皇室避祸有关）。

作为使家族兴盛的关键人物，李舜臣自身就是一个成长于具有良好家教氛围、深受儒家思想熏陶的家庭。他从小就勤奋好学、善思，"少长通古今，推迹兴废，洞见根本，慨然有志于天下"①。此处的"根本"当为儒家忠孝仁义大道、古今兴衰得失经验、治国安邦之道等。李舜臣的祖、父辈德望名重一方，具有良好的操行。其祖父李公锡"望重乡评，才遗时用"②，在乡里有威望，并颇有"潜德"，即不为人知的美德。其祖母"早奉姆仪，能执妇道。相而君子，言无越于诗书，宜其家人，动不逾于矩范"③，能谨守妇道，严格遵循礼义行事，好诗书，有君子风范。李舜臣之父李发是忠信之士，德行堪称当世之典范。李舜臣之母端庄淑娴，谨守妇道，治家有方，教子以忠孝仁义之道。

（二）"李氏四杰"论孝

可以看出，李舜臣之所以能开创家族的盛世，是与其祖、父辈良好的家教、家风分不开的，这也直接影响李舜臣治学、为官、教子之道。他在任上勤政爱民，颇有政绩，非常重视教化的作用。他在知饶州德兴县时，"专尚风化。民有母子昆弟之讼连年不决，为陈慈孝友恭之道，遂为母子兄弟如初"④。他教导百姓遵循孝悌人伦之道，使民风向善。据传蜀人刘光祖为李舜臣撰写有墓志铭，但惜之不存，故难以勾画其人生轨迹，只能通过一些点滴记载考其治学、教子方面的大概。"李性传父某（李舜臣），夙蕴儒珍，蔚为世瑞。考学殖政经之懿，验民庸朝绩之间。权尊信史之家传，功在南邦之庙食。"⑤ 这表明，他深受儒家思想影响，具有美好的德行，在事功和弘扬家传史学方面成就突出。李舜臣的夫人，也即"三李"之母，"柔嘉维则，淑谨其身。时作合于名门，天祐生于英嗣。敬隆宾礼，有陶亲

---

① 《宋史》第 35 册卷四○四，第 12223 页。
② 《梅野集》卷七，《景印文渊阁四库全书》第 1181 册，第 697 页。
③ 《梅野集》卷七，《景印文渊阁四库全书》第 1181 册，第 697 页。
④ 《宋史》第 35 册卷四○四，第 12224 页。
⑤ 《梅野集》卷七，《景印文渊阁四库全书》第 1181 册，第 698 页。

剪髦之风；教尚义方，得孟母断机之旨"①。虽难以知李心传之母的详情，但由此可知，其母不仅系出名门，端庄贤淑，还教子有方，有孟母之风。

在这样的家庭背景下，李氏三兄弟取得了不菲的成就。关于对孝道思想的论述，李心传之《建炎以来系年要录》等史学著作中多处论及。李心传借对历史人物和史实的记载和评价，反映其孝道观。例如，该书中记载宋高宗任命李纲之时，李纲向高宗陈十事方愿受领职务，其第十条便是议修德。"初膺天命，宜益修孝悌恭俭之德，以副天下之望"②，李纲将孝悌等德行作为重振人心、治理内乱、恢复山河的一项重要举措。李心传对孝道思想的大量论述出现在大臣对天子的谏议中，这体现出他希望最高统治者以孝悌恭俭治理天下的愿望。同时，在著作中，李心传通过史实记述也鞭挞了一些有违孝道的人和事。例如，他在评论秦桧和议一事之时道："秦桧倡和议而借口于孝悌，是以蔡京欲行绍述，而借继志述事之说无异也。秦桧欲议之不摇，而要君以三日思虑，是与安石欲行新法，而要君以讲学术之说无异也。"③李心传认为，秦桧实际上是打着行孝悌的幌子，而背地里干着不忠不孝的事。同时他借此也表达出对蔡京、王安石不同的政治主张。李心传在编撰《建炎以来系年要录》时，对历史事件和人物是有所选择和取舍的，并掺杂了自己的价值观。他通过大量的人物、史实评述阐发其孝道思想，表达出他的孝道价值观。李心传在《道命录序》中也直言其编撰《道命录》的目的是参取"以为天下安危、国家隆替之所关系者"④，这里"之所关系者"就包括为修身守道者之所持的所谓"道""学"，自然就含有孝悌忠义之道了。

宋人徐元杰对李性传的评价颇多，称他风范高雅，器资宏裕，家传史学，有良史之称，还赞他具有才、学、识三长，"为今儒雅之宗，有古典刑之懿"⑤。可以看出，李性传亦深得家学之传，并以儒学为宗。同时，他也非常重视孝道，在对皇帝的疏表中言道："东周以后，诸侯卿大夫皆以既葬而除服……惟孝宗通丧三年，近古所独……乞以此疏付之史官，庶几四海

---

① 《梅野集》卷七，《景印文渊阁四库全书》第 1181 册，第 698 页。
② 《建炎以来系年要录》卷六，第 145 页。
③ 《建炎以来系年要录》卷一二四，第 2028 页。
④ 《宋元学案》第 2 册卷三〇，第 1089 页。
⑤ 《梅野集》卷六，《景印文渊阁四库全书》第 1181 册，第 683 页。

闻风，民德归厚。"① 他赞成恢复三年丧服之制，认为这利于弘扬孝道而使民风归正、民德归厚。

而李道传在治学方向上除了继承其家学外，还崇尚理学，故与当时许多理学名家互有往来。宋人黄干就曾言："使贯之及登先生（朱熹）之门，当不在诸子之下。"② 李道传对程氏兄弟、朱熹之书反复玩味，平生以没能投入朱熹门下为恨。他在任职于东南时，"虽不及登朱熹之门，而访求所尝从学者与讲习，尽得遗书读之。笃于践履，气节卓然"③。虽与朱熹没有师徒之名，但有师徒之实。他在为官时向统治者建议当前治理国家之要在于人才和学术，应"崇尚正学，取朱熹《论语》、《孟子》集注、《中庸》、《大学》章句'或问四书'，颁之太学，仍请以周惇颐、邵雍、程颢、程颐、张载五人从祀孔子庙"④。他殷切希望统治者能进一步为理学正名，对理学在南宋地位的巩固做出了积极贡献。李道传在《乞下除学禁之诏颁朱子四书定周邵程张五先生从祀》中，言辞恳切地陈述道："今有人焉，入则顺于亲，出则信于友，上则不欺其君，下则不欺其民。义不可进不肯苟进，以易其终身之操；义不可生不忍苟生，以害其本心之德。"⑤ 他认为，当下士气衰落，士风败坏，虽然对理学的禁锢已经消除，但还没有为理学的地位正名，这不利于社会治理，这是实现长治久安的第一要务。朝廷对朱子"四书"和给朱、周、邵、程、张五人的正名并以之从祀孔子庙的态度、举措，有利于改善士气、士论、士风，能够培养孝悌忠信的君子，能够树立"本心之德"。这也反映出他对孝悌人伦之"天理"的热情拥护，为恢复理学的正统地位积极奔走。

李舜臣去世后，李氏兄弟在其父墓前建"思终亭"以表达对父亲的孝思。在与学者的论学中，李道传也提及此事。宋人楼钥在《李氏思终亭记》中道："考功（李道传）涕泣而谓钥曰：'先君子葬……墓前有亭，取终身慕父母之义，以致深长之思，非敢自言能尽此也。'"⑥ 将墓前之亭取名为

---

① 《宋史》第 36 册卷四一九，第 12559 页。
② 《黄勉斋先生文集》卷二〇，《景印文渊阁四库全书》第 1168 册，第 223 页。
③ 《宋史》第 37 册卷四三六，第 12947 页。
④ 《宋史》第 37 册卷四三六，第 12946 页。
⑤ 曾枣庄、刘琳主编《全宋文》第 304 册卷六九三七，第 34 页。
⑥ 《全宋文》第 265 册卷五九七一，第 60 页。

"思终亭"，含孝无终始、终身思慕父母之义，这体现出李道传忠实践行孝道的孝子心迹。同时，黄干在与李道传的书信往来中，也有关于孝道思想的讨论。黄干在《复李贯之兵部》中提出了祖先精神、魂魄不散的观点，曰："古人奉先追远之谊，至重生而尽孝，则此身此心无一念不在其亲；及亲之殁也，升屋而号，设重以祭，则祖考之精神魂魄亦不至于遽散。"① 黄干为朱熹的弟子，李道传屡向其请教，可见他对朱子之学的推崇，黄干对祖考之"精神""气"的论述，实际上揭示了奉先追远、祭奠祭祀的缘由。这里的"气"当为构成祖先肉体之物质。黄干认为，祭奠祖先一方面是表达哀慕之情，更重要的一方面是延续祖先之精神，承继祖先之志，实际上就是孝道的传承。这些思想无疑会对李道传施加影响。李道传死后，黄干在祭文中痛惜道："贯之性资粹美，襟怀坦夷，凝静有常，坚刚自持，则其质固已近于道矣。"② "已近于道"是黄干对李道传的最高评价，这里的"道"自然便是朱熹等理学家倡导的与儒家思想有关的通行哲理、伦理与道德原则等，其中就包括孝悌忠信之道。

（三）后世凋零

虽然井研李氏"其一家之学、言论操履一归于正"③，"李氏四杰"更是才德俱全，但可惜未获大用，故余承勋在《四李祠记》中叹道："使理宗朝用贤图治如四李氏与魏了翁、真德秀诸贤……知其贤而弗亲，用之而弗专且久，竟使诸贤落落焉。"④ 余氏认为，南宋理宗朝实际上积聚了许多治国安邦之才，如井研李氏、蒲江魏了翁、浦城真德秀等，如果诸贤能获权柄，则可恢复疆域并有所建树，但可惜都未得到重用。同时，余氏深切地表达了对李氏父子生不逢时的叹息。正是因为未获政治上的重用，他们才将满腹的抱负和才华倾注于史学、经学等著述之中。至于李心传兄弟三人之后人，黄干在《知果州李兵部墓志铭》中记李道传有"三子：达可，国学进士；当可，少颖悟，庄重如成人，后君八阅月而夭；献可，尚幼，以君命为伯父后。三女，长适迪功郎、新资州盘石县主簿杜晔；次尚幼，其

---

① 《黄勉斋先生文集》卷一六，《景印文渊阁四库全书》第 1168 册，第 174 页。
② 《黄勉斋先生文集》卷三九，《景印文渊阁四库全书》第 1168 册，第 481 页。
③ 《宋元学案》第 2 册卷三〇，第 1090 页。
④ 《（光绪）井研县志》卷一〇，《中国地方志集成·四川府县志辑》第 40 册，第 319 页。

季后君九月而夭"①。其中李献可较为有名，据刘克庄《后村集》记载，李献可曾任司农寺丞兼国史、史馆校勘等职，与赵以夫、高斯得、牟子材等同朝修史。皇帝曾对李献可言："惟尔先人史学名世……皆言尔有父风，兹以卮农起家，寔将属史籍焉，尔其疾驱，以叶成一代之大典。"② 可见其继承了家学、家风，颇有史才，算是"四李"之后李氏家族最具才学者，统治者对其编史给予了厚望。至于李心传、李性传之子孙的具体情况，缺乏更多文献记载。李心传兄弟三人之后面临同样的政治环境正如丹棱李氏，终宋一代再无特别显达之人，井研李氏家族走向衰落。

四　铜山苏氏

（一）学宦世家

宋代四川铜山（今德阳中江县）苏氏家族也是一个颇负盛名的学术、政治家族。特别是著名文学家苏舜钦，在当时文学、艺术领域产生了重要影响，与宋诗"开山祖师"梅尧臣合称"苏梅"。苏州园林中有名的沧浪亭就是他寓居苏州时所建的私家园林。苏舜钦和其祖父苏易简、其兄苏舜元合称"铜山三苏"。据《（光绪）新修潼川府志》记载，苏易简之父苏协孟蜀时名列进士甲科，苏易简、苏舜钦皆中进士。不仅如此，苏舜钦在《父祖家传》中叙述道："（祖苏易简）策名居第一。"③ 这说明苏易简还高中状元。苏舜钦称其父苏耆被"州奏文召试，赐进士及第"④。他又在《先公墓志铭并序》中言"舜元……舜钦……舜宾……俱登进士第，得以艺升"⑤。即苏舜钦三兄弟均为进士。苏舜元的七个儿子中"洪、泊、汶皆举进士"⑥。如此看来，铜山苏氏也是满门进士。张邦炜先生著有《宋代婚姻家族史论》，书中《宋代盐泉苏氏剖析》一文对铜山苏氏家族的"籍贯与先世""苏氏入蜀""迁居开封""两支后代""婚姻与人口""妇女与教育""寿

---

① 《黄勉斋先生文集》卷三八，《景印文渊阁四库全书》第 1168 册，第 462 页。
② 《全宋文》第 327 册卷七五一一，第 18 页。
③ 傅平骧、胡嗣坤校注《苏舜钦集编年校注》，巴蜀书社，1991，692 页。
④ 《苏舜钦集编年校注》，第 694 页。
⑤ 《苏舜钦集编年校注》，第 470 页。
⑥ 《苏轼全集校注》第 12 册卷一五，第 1620 页。

命与仕途""家产与迁徙"等内容进行了较详细的论述①。本处专门从苏氏家族家教、忠孝家风等方面予以考察。

关于铜山苏氏的起源，苏舜钦在《先公墓志铭并序》中曰："文宪公之曾孙传素，广明乱，以其孥逊蜀，生三子：捡、拯、振……季留为铜山令，即我先公之高祖也。"② 唐末广明之乱后，苏传素的第三子苏振任铜山令，后来其某子定居于此。而对于其籍贯为何地，张邦炜《宋代盐泉苏氏剖析》一文和朱杰人之《苏舜钦籍贯及世系考》提供了武功说、开封说、梓州铜山说、绵州盐泉说等几种，其中以梓州铜山和绵州盐泉二说最为可信，争议也最大。但不管如何，都属巴蜀，故在此不辨。

根据苏舜钦《父祖家传》的叙述，铜山苏氏自唐末时祖上苏振任铜山令之后，其子苏寓任孟蜀政权的剑州司马，后遭忌恨打压，于是辞官。苏寓子苏协先后任孟蜀的州幕职、州判官和北宋初的光禄寺丞、开封兵曹等职。苏氏祖上虽然世代为官，但官阶不太高。苏易简于"太平兴国五年举进士，太宗便临试，移时成文，上览称善"③，并将其判定为状元。之后其不断得到升迁，官至翰林学士承旨给事中，并参知政事，家族命运在此时迎来明显转机。因此，从太平兴国五年（980）计起，至苏舜元次子苏澥于"元丰八年（1085）十二月二十四日，葬夫人于润州丹徒县五老山下"④ 时止，前后相距约百年。之后苏舜元的孙辈和曾孙辈，要么早逝，要么不仕，要么只任郎官、判官、县尉之类的小官。

（二）孝道代代传

苏氏家族很多成员操行高洁。苏易简的父亲苏协就因"操行明洁，所学博大，貌相丰下"⑤ 受到当时成都侍御薛器的赏识，薛器还将女儿嫁给他。"操行明洁"即操行品德纯正清白之意。苏协性格诙谐，与其子苏易简关系和谐。《新雕皇朝类苑》载："（苏协）性滑稽……其好谈谐如此。"⑥

---

① 张邦炜：《宋代婚姻家族史论》，人民出版社，2003，第274~302页。
② 《苏舜钦集编年校注》，第466页。
③ 《苏舜钦集编年校注》，第694页。
④ 《苏轼全集校注》第12册卷一五，第1620页。
⑤ 《苏舜钦集编年校注》，第693页。
⑥ （宋）江少虞撰《新雕皇朝类苑》卷六四，日本元和七年活字印本影印，第1511~1512页。

苏易简的母亲薛氏也知书达理，明晓大义。苏易简对其母也非常孝顺，可谓言听计从。苏易简嗜酒，皇帝写了《劝酒》二章赐给苏易简，并"令对其母读之。（易简）自是每入直，不敢饮"①，一直到死不违母命，可见其对母亲恪守孝道。苏易简参知政事后，皇帝召见其母薛夫人问曰："'何以教子成此令器？'对曰：'幼则束以礼让，长则教以诗书。'上顾左右曰：'真孟母也。'"② 可以看出，在父母以诗书礼乐为表、忠孝仁义为实的儒家思想教导下，苏易简才能够在宋太宗重视以儒术取士的社会背景中脱颖而出，并被"擢冠甲科"。《宋诗纪事》中转引《历代吟谱》中一则逸事云："苏易简举进士，不起草，凡三题，千余言数刻而就。太宗曰：'君臣千载遇。'对曰：'忠孝一生心。'"③ 由此可见，苏易简受到宋太宗赏识，与其倡言忠孝之道是分不开的。

在对孝道的认识上，苏易简认为孝是人性使然，正所谓"孝发于性，性通于神"④。他将孝悌思想运用到治家、为官、为学之中。苏舜钦回忆自己幼时听祖母讲述苏易简教育父亲苏耆的故事，苏耆刚能说话时，苏易简就教他诵诗，并常题诗于果上。苏耆"八岁侍官穰下，据鞍吟咏不废，编而置于褚中，太令（苏易简）密取视之，骇其辞，致前抚首而命以名，又用是以字之"⑤。苏易简对子女的教育非常严格，时常督促其勤于学习。苏耆幼时好学，题诗于果，八岁便能赋诗，表现出非凡的诗文天资。

苏耆夫妇在践行孝悌之道方面也堪为后世楷模。文载苏耆"性钟孝友，丧太夫人，体形瘠枯，杖而后能兴，每临必绝……夫人雅尚惇素……盖积是训厉，使（诸子）去怠傲而自进立"⑥。这表明，苏耆事亲至孝，亲丧极尽哀思。苏耆曾言辞恳切上奏请求愿以己"改秩"换取弟苏曳铨调的机会。苏耆之妻崔氏上能够尽孝于公婆，下来够相夫教子，不但自己崇尚简朴，不喜欢与游侈之人交往，还常勉励子女去掉怠傲之习，自立奋进不辍，训诫他们要勤俭、谦逊，承续了一贯家风。而苏耆另外一位夫人王氏，同样

---

① 《宋史》第 26 册卷二六六，第 9173 页。
② 《宋史》第 26 册卷二六六，第 9173 页。
③ 《宋诗纪事》卷三，上海古籍出版社，1981，第 73 页。
④ 《全宋文》第 8 册卷一六八，第 317 页。
⑤ 《苏舜钦集编年校注》卷七，第 469 页。
⑥ 《苏舜钦集编年校注》卷七，第 469~470 页。

具有孝德和妇德。王氏、崔氏、韩氏，都是当时名门，王夫人为当时太尉、北宋名相王旦之女。韩维在《太原县君墓铭》中记述王夫人道："每内外亲问疾，薛夫人必极言称道夫人之孝且勤曰：'吾老而病，得此孙妇，死有所慰。'……教子妇诸女语，皆有法度可纪述。"① 韩维是苏耆的女婿，善诗文，是北宋名臣韩亿之子。王氏能够事亲至孝，尽心服侍八十多岁、久病的公婆。公婆死后，自己极尽哀悼之情，治家肃严有法度，众人皆服。后来的苏舜钦娶宰相杜衍之女为妻。从苏、韩、王、杜、崔氏家族的紧密关系来看，在宋代，巴蜀各名家望族通过联姻的方式保持家族声望和社会地位。苏易简夫妇和苏耆夫妇践履孝德，勤学求进对家庭教育无疑起到关键作用。

（三）苏氏兄弟与孝道

苏舜钦虽官职并不高，但才学在其家族中无出其右，蔡襄就赞他"文词涵浩，海涌天旋兮莫见涯垠。动作流行，麒麟凤凰兮指目于人"②，意指其才貌和品行道德皆不凡。曾巩、王称皆曾作《苏舜钦小传》，欧阳修为其作墓志铭。同时，舜钦在治家、交友和为官时也时常强调孝悌为先。他毫不掩饰对孝行的热情歌颂。苏舜钦在《杜谊孝子传》中详细描述了杜谊近乎极致的孝行和最后被朝廷表彰的事实。对此，他评论道：

> 父严子孝，人之常理，又乌足道之哉！后世寖薄，乃有孝悌之举，又废礼义之教，不施于下，为下者不相师友，而道义榛焉……不若古之士大夫……③

苏舜钦本就是古文运动的倡导者，主张文学要反映现实。根据宋人陈耆卿编的《嘉定赤城志》，苏舜钦的岳父杜衍的从叔父、黄岩人杜垂象的儿子叫杜建中，杜建中的长子即杜谊④，如此，杜谊与苏舜钦尚有亲属关系。在《杜谊孝子传》中，他认为孝悌本是人之天性和常情，本没有什么可以

---

① 韩维撰《南阳集》卷三〇，《景印文渊阁四库全书》第 1101 册，第 758 页。
② 《宋端明殿学士蔡忠惠公文集》第 8 册卷三二，第 218 页，
③ （宋）苏舜钦：《苏舜钦集》，沈文倬校点，中华书局，1961，第 199 页。
④ 《嘉定赤城志》卷三三，清嘉庆二十三年刊，第 261 页。

大书特书之处。而之所以杜谊的孝行被大力赞扬和表彰，是因为世风颓丧，孝悌之举和礼义之教被忽视，纵然有一些孝悌之人和孝悌之举，但朝廷不重视、地方官府不显扬，更有甚者还讥笑孝悌之举，以致冷落孝悌之人，而使之对孝行产生怀疑并心生怠惰。所以，在此社会现实下，杜谊的孝行才被凸显。特别是杜谊表现出的孝行属于内在"信义"品德的外在表现，并不是追名逐利的结果，因此尤显可贵。为此，基于社会现实，苏舜钦表达出所有崇孝行孝的人都应向杜谊学习的观点。此外，苏舜钦记叙其好友穆修遇"母丧，徒跣自负榇成葬，日诵《孝经》《丧记》，未尝观佛书，饭浮屠氏也"[1]，极力称赞其孝行和节行。

不仅如此，苏舜钦妻子郑氏也是个至孝之人，她对公婆极尽孝道，其堪称苏氏家族女眷中的典范。因其德行，苏舜钦等人对她十分敬重。

苏舜钦不仅事亲至孝，为官亦以忠孝报国。他一生为官，直言敢谏，表现出诤臣的胆略和忠勇。他在京城为官时，"位虽卑，数上疏论朝廷大事，敢道人之所难言"[2]。他二十一岁时就上疏道："烈士不避铁钺而进谏，明君不讳过失而纳忠，是以怀策者必吐上前，蓄冤者无至腹诽。"[3] 其表现出了非凡的胆识。他目睹纲纪隳败，政化缺失的现状，向皇帝进陈"正心""择贤"二策。他特别强调正心的作用，曰："治国如治家，治家者先修己，修己者先正心，心正则神明集而万务理。"[4] 他努力劝谏帝王约束自己的行为，管理好亲近之人，进而达到勤俭、勤政、天下得治的目的。显然，在这里，孝悌之道是"正心"的重要内容。后来苏舜钦深陷"进奏院案"而被贬谪，寓居江苏过着隐居般的生活时，其好友韩维责备他"隔绝亲交"的做法，他以人生之乐和"兄弟以恩""友朋尚义"之语相回复，表现了其高雅的情操和文人志趣，同时也体现了他对所面临境遇的无奈。

至于苏舜元，也颇有文才，素有孝行，在草书方面造诣胜过苏舜钦。蔡襄称其"七岁能为歌诗，文正公爱且奇之"[5]。苏舜元在浙江为官时，闻忠孝卓著的颜真卿、颜杲卿的后裔流落温州，生活困顿，他便考察证实，

---

① 《苏舜钦集》，第 234 页。
② 《欧阳修全集》卷三〇，第 455 页。
③ 《宋史》第 37 册卷四四二，第 13073 页。
④ 《宋史》第 37 册卷四四二，第 13077 页。
⑤ 《宋端明殿学士蔡忠惠公文集》第 8 册卷三五，第 242 页。

向上建议"录其（二颜）嗣，显白二颜事，以动天下，可不刑而化"①。意即通过宣扬"二颜"之忠孝大节的品德，推动天下风气改善。苏舜元的夫人刘氏"孝友慈俭，薄于奉身，而厚于施人，严于教子，而宽于御下"②。可以看出，刘氏和睦宗族，严于教子，其品德、操行亦堪作典范。

而关于苏舜宾的记载相对较少，《宋会要辑稿》记载："九月四日，翰林学士晁宗悫等言，大理评事苏舜宾敏学有文，集历代谏诤奏议之事，成《献纳大典》一百卷上之。诏学士院召试，未有召试而卒。"③ 由此可知，苏舜宾非常有才学。范纯仁也言："舜元、舜钦及光禄（舜宾），俱以能文章、善草隶得名当世。"④ 在记叙其子苏澄的孝行时称"君（澄）事韩夫人（养母）笃于孝谨，非公事宾客，未尝去左右。承颜养志，曲尽其方，庭闱之间，怡怡如也。或太夫人辞气小异，则不敢寝食，至复常，乃安"⑤，表现了其对养母无微不至的敬养之孝，这在古代强调的孝行中是最难能可贵的。事养母尚如此，奉养至亲那更自不待言。其继承了其父祖传下的孝悌家风。

（四）家族的衰败

虽然苏舜钦、苏舜元等人之子辈多以才显，有居较高官位者，但至孙辈后，苏氏家族衰落趋势较明显，鲜有显达者。根据欧阳修《湖州长史苏君墓志铭》记载，苏舜钦的长子苏泌任将作监主薄，另外两子苏液、苏激时年幼，后来也只任品阶较低的虚职。苏舜元之长子苏涓官至大理寺丞，其余几子苏澥、苏注、苏洞都官至太庙斋郎，其孙辈多是县尉、判官，或不仕、早卒。至南宋时苏氏后裔、苏易简九世孙、遂宁人苏伯起虽然仍很有才学，并与魏了翁相交，但已过起了隐居于林下著书立说的生活⑥。

至于铜山苏氏走向衰落的原因，《宋代盐泉苏氏剖析》一文予以了较详细的分析⑦。归结起来有以下几点。一是生命较短促。如苏易简寿命三十八岁，苏耆、苏叟、苏舜元、苏舜钦等都殒于四十来岁，最出名的苏舜钦四

① 《宋端明殿学士蔡忠惠公文集》第 8 册卷三五，第 243 页。
② 《苏轼全集校注》第 12 册卷一五，第 1619 页。
③ 《宋会要辑稿》第 5 册，第 4730 页。
④ 《范忠宣公集》，《景印文渊阁四库全书》第 1104 册，第 701 页。
⑤ 《范忠宣公集》，《景印文渊阁四库全书》第 1104 册，第 702 页。
⑥ 《鹤山集》卷八〇，《景印文渊阁四库全书》第 1173 册，第 290 页。
⑦ 张邦炜：《宋代婚姻家族史论》，人民出版社，2003，第 295~300 页。

十岁就逝去。三四十岁本应处于学问、仕途上升期，但短寿让文学、政治"新星"很快陨落，给家族也造成致命冲击。苏舜钦的岳父、宰相杜衍"好荐引贤士，而沮止侥幸，小人多不悦。其婿苏舜钦，少年能文章，论议稍侵权贵"①，与范仲淹、富弼持同一政治立场，与御史中丞王拱辰等不和，再加之苏舜钦耿介刚直，便成了权力斗争的牺牲品。因宋仁宗庆历年间"进奏院案"被贬官时苏舜钦才三十余岁，风华正茂，被贬后几年便逝。二是家族迁徙频繁，这在农业社会，难以形成长期稳定的经济、社会基础。三是苏氏家族成员清廉自守、乐善好施、不善积家财，一旦家庭失去支柱，则会陷入经济困顿境地。

　　终宋一朝，巴蜀名儒会集的大家族数量之多世所罕见，除以上所举，尚有其他可称道之名家望族，如邛州的魏氏、高氏，华阳的宇文氏、勾氏、王氏，眉州的唐氏、杨氏等，不一而足，每家在治家、处世、治国等方面均值得探究。

---

① 《全宋文》第 29 册卷三一〇，第 10191 页。

本篇小结

本章通过对眉山苏氏、华阳范氏、绵竹张氏、阆州陈氏，以及新津张氏、丹棱李氏、井研李氏、铜山苏氏进行考察研究，可以看出，宋代巴蜀名儒云集的家族数量众多，在政治、学术界名家辈出，在宋代政治、文化生活中气势宏大。这些名家望族既各自具有个性特征，又同时也反映了宋代巴蜀大家族的共同特点，尤其是在修身、治家、治学、为政思想方面的丰富的孝道特征。

一是大多由外地迁徙入蜀，体现移民特征。移民的特性使一个家族更需要依靠忠孝家训、孝悌家风维系家族关系，以达到在一个新的生存环境站稳脚跟，谋求发展的目的。大多数名家望族系从外地迁徙入蜀，其入蜀多因避唐末五代乱，在入蜀之前要么已是官宦之家，要么系出豪门，要么是学术世家，具有良好的经济基础、政治地位和教育背景、学术背景。徙蜀的家族成员继续传承着其孝悌家风，普遍具有很强的进取性。这些家族更重视以家族孝悌伦理维系家族成员之间的关系，加强凝聚力。故一旦社会政治条件成熟，他们能够利用自己的优势，适时把握住机会，继续在蜀地保持自身的生命力。如眉山苏氏就是这方面代表。

二是大多兼具政治性和学术性特征，且以学术性家族居多，各家家学无不以忠孝仁义思想为核心。忠孝仁义思想借家学得以传承，这也是这些家族繁衍兴盛的根本因素，这在重文崇德的宋代尤显重要。宋代巴蜀众多名家望族中的许多家族成员都出入政、学两界，有的甚至出将入相，在宋王朝的政治舞台上扮演着重要角色。同时，这些家族都具有良好的家学渊源，在家族荣誉感和承继先人之志的孝道思想的驱使下，许多家族成员在经、史、文学、艺术等方面成就突出，名家辈出。他们自身特殊的政治地位，也有利于保障其取得更大学术成就，维护其家族声誉。总体来看，宋代名儒会集的巴蜀名家望族，学术性的特征更明显，而纯粹的政治性名家望族较少。这与巴蜀长期以来具有深厚的人文底蕴和入蜀以后的士大夫较好地保留了其原有的教育、学术传统是有密切关系的。虽然个别名家望族中有在政治舞台上扮演重要角色的风云人物，但大多数家族成员担任的是翰林学士、端明殿学士、博士、著作郎、秘书郎、编修之类的文史官职，在学问学术方面取得的成就更为耀眼，并享誉后世。

三是都以参加科举考试起家，并屡有中进士者（个别家族不乏状元）。宋代的科举考试重视忠孝品行的考察。这些家族成员积极参加科举考试，也就意味着他们必须使自己符合德才兼备的标准。大多名家望族入蜀前后遭遇乱世，历经蜀地割据政权统治，家族成员在仕途上缺乏出路，有的家族成员志怀高洁，不愿为割据政权服务。宋朝建立后，统治者以文治国，崇尚儒学，对科举制度进行改革，这对较长时间处于地方割据政权统治下、出路狭小的巴蜀文人是难得的机遇，他们对科举考试的热情空前高涨。同时，这些家族的开创者普遍具有强烈的家族荣誉感，渴望通过科举入仕恢复家族荣誉，这为他们家族复兴创造了前提。再加之众多名家望族先天具有的良好文化基础和家庭教育背景，家族中的儒生们具备在科举场上立身扬名的实力。这些家族核心成员在为官后，凭借自己的才华和政治地位，以忠孝之心事亲、事君，探索治家、治国理念，鞠躬尽瘁，忠君爱国，成为国之道德、吏治楷模，终成一代名儒。这些名儒依靠其影响力，又进一步促进了家族的繁荣昌盛。阆州陈氏就是这方面的代表。

四是家族命运与王朝兴衰和政治气候紧密相关。宋代巴蜀名家望族的兴衰与宋王朝的命运紧紧捆绑在一起。当王朝政治较稳定，内忧外患较少时，这些名家望族在政治、社会生活中的地位更显赫，家族核心成员有更大的施展才能的舞台，家族延续的时间更长，反之则较易迅速衰落。如北宋的华阳范氏家族、眉山苏氏家族的鼎盛时期是北宋中期，而此阶段正是宋王朝相对强盛的真宗、仁宗、英宗、神宗、哲宗等时期，当朝统治者还具有一定的进取心，政治环境相对稳定，所以范镇、苏洵等更能通过展示自己的才华而获重用，家族命运也易获改变。至南宋，虽然丹棱李氏、井研李氏、蒲江魏氏等家族不乏李焘、李心传、魏了翁等名流，最高统治者也知道他们的才华和德行，但他们最终没能获得重用。至各种危机不断的南宋中后期，南宋王朝摇摇欲坠，家族命运也受到极大影响，所以更容易走向没落。

五是都重视以忠孝传家，在家训、家诫、家学、家风上强调儒家伦理道德。这些家族中的名家都以儒学为宗，起于儒学，兴于儒学，都非常重视儒家思想中纲常伦理的教化作用。尽管一些重要家族成员也崇尚佛、道，但并不影响其家族以儒为"根"，积极主张儒、释、道思想融合。在交通条件落后的古代，巴蜀特殊的地理造就了较封闭的盆地意识、山区意识，纵然有很多名儒或因为官或因求学走出巴蜀，游历四方，思想开放，但总体来看，在农耕社会经济条件下，与中原等地相比，巴蜀之人固守乡邦的本土意识、宗族观念、家族观念相对较重，名家望族依靠孝悌之道维系家族繁衍、发展更具有必要性。

六是都有家族发展的核心人物（父教中心人物和母教中心人物）。父教和母教在家族中发挥着不同的作用。在各名家望族中，几乎都有一个改变家族命运的中心人物，他们在各自家族中的家学传承、家教形成、政治地位巩固等方面发挥着核心作用。这个中心人物往往也是该家族中的政治、学术代表人物，也是一代名儒。如华阳范氏的范镇、眉山苏氏的苏洵、绵竹张氏的张浚。同时，各家族非常重视母教的作用，都有深明大义、谨守孝道、家教严格的优秀女性在家庭生活、教育中扮演着重要角色，如苏轼之母程氏、张浚之母计氏、魏了翁的祖母高氏。可以说，家族成员的成功很大程度上得益于母教的成功。无论是父教，还是母教，各家族在教育子女上无一例外都以忠孝仁义思想为核心。同时，父祖辈也率先垂范予以引导。

现将宋代具有代表性的、名儒会集的巴蜀名家望族一些特点列表如下。

宋代部分巴蜀名家望族一览

序号	名称	入蜀原因	父教主角	母教主角	学术取向	代表人物	兴家主要途径	家族主要属性
1	眉山苏氏	唐武则天时被贬于眉州为官	苏序、苏洵	苏洵妻程氏	以儒为主，融佛、道；文学、经学、诗学	苏洵、苏轼、苏辙；苏过、苏元老	科举考试（进士）	学术为主
2	华阳范氏	唐末避乱迁徙入蜀	范镇	范镇妻郭氏	儒学、史学、经学	范镇、范百禄、范祖禹、范冲、范仲黼	科举考试（进士）	学术、政治
3	绵竹张氏	唐末随僖宗入蜀	张咸、张浚	张浚之母计氏	儒学（经学、理学）	张浚、张栻、张忠恕	科举考试（进士）	政治、学术
4	阆州陈氏	前蜀时在蜀中为官	陈省华	陈省华妻冯氏	儒学	陈省华、陈尧叟、陈尧佐、陈尧咨、陈栻	科举考试（进士、状元），荫补	政治为主
5	新津张氏	唐末随僖宗入蜀	张文蔚	张商英母冯氏	儒学、佛学、史学	张商英、张庭坚	科举考试（进士）	政治、学术
6	丹棱李氏	武则天时候李氏皇族被贬于眉州	李焘	李焘妻杨氏	儒学、史学、经学	李焘、李壁、李𡒾	科举考试（进士）	学术为主
7	井研李氏	不详。或与唐末五代之乱有关。	李舜臣	李舜臣妻茱氏	儒学、史学、经学	李舜臣、李心传、李道传、李性传	科举考试（进士）	学术为主
8	铜山苏氏	唐僖宗时避祸入蜀	苏易简	苏易简之母薛氏	儒学、文学（诗学）	苏易简、苏舜钦、苏舜元	科举考试（状元、进士）	学术为主
9	眉州唐氏	不详	唐淹	唐庚之母史氏	儒学（经学）、文学	唐淹、唐庚、唐文若	举荐、科举考试	学术为主
10	华阳王氏	唐末五代入蜀	王罕	王珪伯父王之妻吕氏等	儒学、文学	王珪、王圭、王甫等	科举考试（进士、状元）	学术、政治
11	蒲江魏氏、高氏	随唐僖宗入蜀	魏革、魏纯甫	魏丁翁祖母高氏	儒学（理学、经学）、文学	魏丁翁、魏文翁、定子、高斯得	科举考试（进士）	学术、政治

结　语

　　宋代文化兴盛早已成为学界共识。自宋初结束了长期的唐末五代藩镇割据之乱后，大兴文教，以文治国。奠宋王朝之基业的宋太祖赵匡胤为巩固统治，重用儒术，务农兴学，为最终形成"考论声明文物之治，道德仁义之风，宋于汉、唐，盖无让焉"① 的局面创造了基本条件。同时，宋代特殊的开国背景促使统治者尤为重视儒家孝道思想的宣扬，倡导以孝治国。正是在这种历史背景下，士大夫迎来了久违的曙光，他们发挥各自治学之所长，在思想文化领域百花齐放。

　　在唐末五代长期的动乱中，由于地理因素，巴蜀的割据政权得以偏安一隅，这里同时也成为身处乱世旋涡的中原和北方的王公贵族、名家望族、文化名流避乱的"天堂"。在相对发达的中原文化的迁徙中，巴蜀大地成为文化的"集散地"。这也正是宋代巴蜀大多数名家望族之始迁祖大多由中原或北方迁徙而来的原因。大量精英阶层移民带来了各地不同的文化，各地文化与巴蜀本土文化相碰撞、融合，造就了宋代巴蜀文化的繁荣。

　　巴蜀自古以来就具有较好的人文根脉。自汉代文翁化蜀之后，巴蜀文化之盛更是堪比齐鲁，晋代的蜀人常璩就云："其忠臣孝子，烈士贞女，不胜咏述，虽鲁之咏洙泗、齐之礼稷下，未足尚也。"② 而唐末五代、宋初，相对富饶、安定的巴蜀大地更是人才荟萃，巴蜀文化再一次增添新的"血液"。宋人黄庭坚感叹："巴蜀自古多奇士，学问文章，德慧权略，落落可称道者，两汉以来盖多。"③ 终宋一代，无论是在众多巴蜀思想家、文学家、史学家的个人成就上，还是在家族的家教、家学、家风等方面的集体展示

---

① 《宋史》第 1 册卷三，第 51 页。
② 《华阳国志校注》卷三，第 223 页。
③ 《黄庭坚全集》第 2 册正集卷二五，第 651 页。

上，巴蜀名儒都足以傲视士林。巴蜀名儒都从不同的角度阐释了对孝道思想的深刻理解，为丰富和发展巴蜀的思想文化做出了重要贡献。

一是对《孝经》文本展开研究，多以古文《孝经》为本，从训诂转向义理阐释，倡导经世致用，将孝道思想契入修身治国平天下之中，以迎合统治者和社会的需要。总体上看，虽经学研究不为蜀中学者之长，该方面成就亦不如文学、艺术成就那般耀眼，但句中正、李建中、龙昌期、史绳祖、任奉古、张垔等均在孝经学研究上有所建树，而其中尤具学术价值的著作当为范祖禹《古文孝经说》。宋代巴蜀学者对孝经学的研究迎合了当时统治者的需要，获得了支持，成为当时经学研究的重要组成部分。

二是繁如星辰的宋代巴蜀名儒上承汉唐考据训诂学之长，注重阐发包括《孝经》在内的儒家经典中蕴含的丰富义理。这些思想家不仅自身是践行孝道的典范，他们还结合现实需要，从哲学、思想的高度挖掘儒家思想内涵，孝道思想便成为他们重点关注的领域。苏轼、范祖禹、张栻、魏了翁、文同、王珪、度正、吕陶、家铉翁等人是杰出代表。他们多站在理学家的立场上，从"天理""人欲""心性"等视角审视和阐释包括孝道思想在内的儒家伦理思想，并将其作为涵养诚敬之心、修养心性和治家经世的重要"良方"。他们或者在践行孝道方面垂范于后世，或者在经学研究、诗文造诣、史学著述上取得不菲的成就，其著述中丰富的孝道思想对当时教化世俗人心，引导社会风气，乃至反映他们的学术思想特点等都发挥了积极作用，今天亦具有重要的研究价值。

三是名家辈出的宋代巴蜀名家望族在政治、经济、文化社会中扮演着重要角色。这些家族的先祖多因唐末动乱从北方或中原迁徙入蜀，具有良好的教育、文化背景和经济政治基础。经过唐末五代时期的沉寂后，至宋代依靠科举制度得以步入仕途，家族之中不乏出将入相者和大家名流，家族兴盛期短则五六代，持续数十年，长则十数代，延续一两百年。一代名臣曾国藩曾言："凡天下官宦之家，多只一代享用便尽。其子孙始而骄逸，继而浪荡，终而沟壑，能庆延一二代者鲜矣。商贾之家，勤俭者能延三四代。耕读之家，谨朴者能延五六代。孝友之家，则可以绵延十代八代。"[1]以孝友立家，正是宋代巴蜀名家望族最根本的特征。得益于世代传承孝悌

---

[1]　陈霞村等译注《曾国藩家书》，山西古籍出版社，2004，第73页。

仁义家风，宋代巴蜀名家望族家族成员中鲜有辱没祖宗者。可以确定的是，宋代巴蜀众多名家望族之所以繁衍兴盛数十年乃至上百年，建立在孝道思想基础之上的家族伦理起着重要的维系作用。这些家族中名儒会集，他们进一步将孝友家风移作忠君爱国之思，进一步保证了家族的地位。眉山苏氏、华阳范氏、绵竹张氏、华阳王氏、阆州陈氏、丹棱李氏等是其中杰出代表。可以说，文史之学和孝悌之道互为表里，成为宋代巴蜀名家望族治家、传家的"法宝"。因此，考察宋代巴蜀名儒对孝经学的研究、对孝道思想的阐释，以及践行和名儒会集的大家族忠孝传家情况，可以进一步认识宋代巴蜀孝道思想的共性和个性特征，更全面把握古代巴蜀文化所具有的德孝特征，对于促进今天家庭教育的发展和社会优良风气的形成也具有启发意义。

附录一

宋代巴蜀部分孝文化遗迹遗存一览

序号	名称	作用	位置	所涉人物	时间	文献记载	备注
1	孝女碑	表彰孝女孝行	犍为	叔先雄	东汉始建，宋哲宗时期重立	《舆地纪胜》《蜀中广记》等	不存
2	报恩孝光寺	"（宋）高宗皇帝中兴以来令诸州军各建置报恩光孝寺观一所，追崇佑陵香火"	简州	宋徽宗、宋钦宗、宋高宗	宋孝宗隆兴二年建	《蜀中广记》《（民国）简阳县志》《朝野类要》等	不存
3	《古文孝经》石刻	"以资孝养，补政治""明先王之道"	大足	范祖禹	约宋孝宗时期	《舆地纪胜》《蜀中广记》《（嘉庆）四川通志》等	今存
4	山观洞天石室题刻	追思	铜梁	宋庠、赵彦博	宋理宗时期	《蜀中广记》	不存
5	孝感桥	表彰孝妇救母孝行	綦江	孝妇某	宋高宗时期故事发生，清道光年间建桥	《方舆胜览》《蜀中广记》	今存
6	石刻诗	抒发胸臆，歌颂果州（今南充）男儿孝性之纯、仁德之美	南充	宋永兴节度使王彦超（重建行成思堂）	宋太祖、宋太宗时期	《舆地碑记目》《六艺之一录》《全蜀艺文志》《蜀中广记》	不存
7	杜氏忠孝石刻	以忠孝训诫子孙	安岳	杜孝严之祖，"节范处士"杜孟	北宋中晚期	《蜀中广记》《（道光）安岳县志》等	不存

续表

序号	名称	作用	位置	所涉人物	时间	文献记载	备注
8	蜀石经《孝经》石刻；大、小篆，八分三体书《孝经》摹石	满足统治者需要，确立儒学文献的体系、规范和模式	成都汴京	毋昭裔、句中正	孟蜀、北宋初期	《宋史》《石经考异序》《全蜀艺文志》《蜀中广记》《石经考》《历代石经略》等	存少许拓片、残石
9	御制碑	劝谕民众勤于孝悌之行、行农桑之务等	荣县	知荣州宋昌宗（刻石）、宋真宗撰	宋真宗时期	《（道光）荣县志》、《（民国）荣县志》	不存
10	孝泉井（孝感井）	表彰孝子孝行、孝感	铜梁	宋进士何光觉	宋理宗时期（有的作孝宗）	《（雍正）四川通志》《（嘉庆）四川通志》《（道光）重庆府志》《大清一统志》等	不存
11	孝感泉	表彰孝子王文义孝行、孝感	大宁（今巫溪县）	王文义	宋真宗时期	《（正德）夔州府志》《（乾隆）夔州县志》《（光绪）大宁县志》等	今存
12	冲相寺秦义报孝碑	表彰佛家弟子孝行	广安	秦义	宋元时期（不详）	《（光绪）广安县志》	不存
13	忠孝石刻	表达忠孝为国理想	广安	文天祥（书）	南宋末	《（光绪）广安县志》	不存
14	《孝经》碑	劝谕孝行	遂宁	宋徽宗（书）	宋徽宗时期	《（乾隆）遂宁县志》《（光绪）遂宁县志》	不存
15	三女池	表彰三女事母孝行	新津	三孝女	宋代（具体不详）	《（嘉靖）四川总志》《（雍正）四川通志》《（嘉庆）四川通志》等	不存
16	十贤堂（忠孝堂）	祭祀十位忠孝先贤、名人	奉节	屈原、诸葛亮、杜甫等	宋仁宗时期	《（道光）夔州府志》《（光绪）奉节县志》	不存
17	孝义台	纪念孝子孝行	盐亭	冯伯瑜	宋代（具体不详）	《（光绪）新修潼川府志》	不存

序号	名称	作用	位置	所涉人物	时间	文献记载	备注
18	孝感庙、孝感泉、孝感镇	纪念汉代孝子姜诗（宋代易名并建庙）	德阳	姜诗、宋郑少微（作《孝感庙记》）	宋英宗时期	《（嘉靖）四川总志》《（雍正）四川通志》《（同治）直隶绵州志》《（民国）绵竹县志》等	今存，庙系后重建

附录二

宋代巴蜀部分名儒名贤孝德孝行一览

序号	姓名	籍贯（或徙居地）	孝德孝行举要	文献出处
1	张栻	汉州绵竹	从小接受儒家忠孝仁义思想教育；朱熹赞"其承家之孝、许国之忠、判决之明、计虑之审，又未有如公者"；为官从政时对"孝弟忠信、睦姻任恤之意"孜孜以求。	《宋史》《右文殿修撰张公神道碑》
2	张浚	汉州绵竹	用儒家忠孝仁义思想教子；朱熹赞他"忠贯日月，孝通神明……名垂永世"。	《宋史》《少师保信军节度使魏国公张公行状》
3	张商英	成都新津	张商英上疏言孝；作《戒子》诗："父孝子必孝，不教亦须孝……"	《宋史》《戒子通录》
4	张午	崇宁（今郫县一带）	"事亲不忍一日去左右。父没，事伯兄申尤谨。"	《朝请大夫太府少卿直宝谟阁致仕张君（午）墓志铭》
5	张方	资州	以母老辞官奉养。其人"廉明刚介，见义必为，酷恶佛老"。	嘉靖《四川总志》
6	许奕	简州	其人"天性孝友，送死恤孤，恩意备至"。"起居舍人真德秀侍帝前，论人才，上以'骨鲠'称之。"	《宋史》《显谟阁直学士提举西京嵩山崇福宫许公（奕）神道碑》
7	赵全叔	简州	"性孝友……治行皆可纪，所著述甚富。"	《（雍正）四川通志》
8	赵卯发	昌州	元兵至，忠勇殉国。其作有《集孟四箴赞》，高斯得赞之："赵子作箴其目有四：孝敬、善利、贵贱、誉毁，浩乎博哉！"	《赵卯发集孟四箴赞》
9	虞刚简	隆州仁寿	"公资孝友，居光禄丧，庐墓三年，尽力茔垄。""公拊育诸孤、丧纪昏嫁，一以身任。所得先畴，推以遗季弟迪简，遇恩任以补族子……"	《朝请大夫利州路提防刑狱主管冲佑观虞公墓志铭》

序号	姓名	籍贯 （或徙居地）	孝德孝行举要	文献出处
10	张忠恕	汉州绵竹	"理宗即位，忠恕移书史弥远请取法孝宗，行三年丧。"对皇帝陈八事，其二为"人道莫先乎孝，送死尤为大事"。	《宋史》
11	姚希得	潼川府	"蜀之亲族姻旧相依者数十家，希得廪之终身，昏丧悉损己力，晚年计口授田，各有差。"	《宋史》
12	杨子谟	潼川府	"自幼孝友端悫，能诵书属文。""公之宽和质实发于精神，动于气貌，能使人鄙吝销释，至于阅事久而烛理明，视精粗表里真知其为一，公私义利见其为异。"	《中大夫秘阁修撰致仕杨公墓志铭》
13	吴之巽	潼川中江	"笃信而质行，故事亲以孝著，处兄弟友，居家内外无间言。"	《中江吴先之（之巽）墓铭》
14	吴昌裔	潼川中江	向皇帝连续四五次请辞，言："吾以疾不能归救父母，上负圣恩，下负此心，若舍远就近，舍危就安，人其谓我何？"	《宋史》
15	魏文翁	邛州蒲江	"孝友温任，俨有父风。自以禄不逮亲，每拜一官，辄感怆终日，春秋尝祀，如或见之。尝读《礼》至'将为善思，贻父母令名，必果'，讽味不能释，名先墓之庐曰'果善堂'。"	《朝议大夫知叙州魏公墓志铭》
16	魏了翁	邛州蒲江	"丁生父忧，解官心丧，筑室白鹤山下，以所闻于辅广、李燔者开门授徒，士争负笈从之。由是蜀人尽知义理之学。"知汉州等州时"尊礼耆耇，简拔俊秀，朔望诣学宫，亲为讲说，诱掖指授，行乡饮酒礼以示教化，增贡士员以振文风"。	《宋史》等
17	苏峤	眉州	"议论坚明、操履纯正，名臣之裔，绰有典刑。"	《南涧甲乙稿》《举苏峤自代状》
18	宋若水	双流	"资禀醇厚，隆于孝友，处内外族姻、长少存没之间，不见其少有遗恨。"	《运判宋公墓志铭》
19	史尧辅	眉州	"从父兄之子女孤贫亡依，所至挈与俱从。女将行而充甫疾，犹命其家人经理娉事，曰毋使我愧吾兄也。遗令以从父弟尧烈之子显僧焉后。充甫平生澹于货利，奉赐听其家人自为……"	《宣教郎致仕史君（尧辅）墓志铭》

序号	姓名	籍贯 （或徙居地）	孝德孝行举要	文献出处
20	史绳祖	眉州	"史庆长又以告予曰：'昔者绳祖尝集先正名贤《孝经》注解，今愿得《刊误》为之章指。'"	《宋史》《鹤山集》
21	史少弼	眉州	"如少弼者，图所以报其亲而移恩以归荣，思有以行已善俗也。"	《史少弼云庄集序》
22	杜孝严	普州	题"忠孝吾家之宝，经史吾家之田"，秉承家学家训，谨持节操。	《（嘉庆）四川通志》
23	程公许	叙州宣化	"少知孝敬，大母侯疾，公许不交睫者数月，病革，尝其痰沫，既卒，哀毁逾制。""家无羡储，敬爱亲戚备至。"	《宋史》
24	谯仲午	邛州蒲江	"调双流县尉。未一年，以父卒去官，执防尽礼，里中俊秀从之游，率勉以笃学实践。"	《隆州教授通直郎致仕谯君墓志铭》
25	牟子才	隆州井研	"至郡，首教民孝弟，以前人《慈竹》《义木》二诗刻而颁之，间诣学为诸生讲说经义。""子才事亲甚孝。弟子方客死公安，挟其柩葬安吉。女弟在眉山，拔其家于兵火，致之安吉。在吉州，文天祥以童子见，即期以远大。所荐士若李芾、赵卯发、刘黻、家铉翁，后皆为忠义士。"	《宋史》
26	刘甲	成都	"甲幼孤多难，母病，刲股以进。生平常谓：'吾无他长，惟足履实地。'昼所为，夜必书之，名曰'自监。'"	《宋史》
27	刘光祖	简州	有"全德"之称。宋宁宗时献《谨始》五箴。上"人主'六易''六难'"。又言："陛下以隆慈之命，践祚于素帷，盖有甚不得已者，宜躬自贬损，尽礼于上皇，使圣意欢然知释位之乐，然后足以昭陛下之大孝。"	《宋史》《刘阁学墓志铭》
28	李埴	眉州丹棱	"然先生立朝，始终一节，不肯诡随，所以终不登二府者，有得于伊洛之正传，而其所至，皆有吏声，要属有用之才，固不徒以文章，亦非迂谈道学者比也。"	《宋元学案》

序号	姓名	籍贯（或徙居地）	孝德孝行举要	文献出处
29	李性传	隆州井研	上疏言："东周以后，诸侯卿大夫皆以既葬而除服。秦、汉之际，尤为浅促，孝文定为三十六日之制，则视孝惠以前已有加矣。东汉以后又损之为二十七日，谓之以日易月，则薄之至也。千数百年，惟晋武帝、魏孝文为能复古之制，而群臣沮格，未克尽行。惟孝宗通丧三年，近古所独。陛下继之，至性克尽，前烈有光。乞以此疏付之史官，庶几四海闻风，民德归厚。"	《宋史》等
30	李惟正	邛州蒲江	"临终无他语，独以九十之亲为念……"	《金书剑南西川判官李君（惟正）墓志铭》
31	李舜臣	隆州井研	"民有母子昆弟之讼连年不决，为陈慈孝友恭之道，遂为母子兄弟如初。间诣学讲说，邑士皆称'蜀先生'。"	《宋史》
32	李坤臣	邛州临邛	"十九与乡举，未及仕于春官而大父母卒，哭泣以丧明。绍熙四年，考君策进士甲科，注普州州学教授，遽以丧返。中父号于殡庙曰：'某自今无望于斯世矣！卜宅兆以葬重亲，求菽水以养膳母，教养弟妹以冀其成立，如是而已矣。'"	《李中父墓志铭》
33	李道传	隆州井研	"君气禀清明，容貌端直，望之若不能胜衣，而其中屹然不可犯。群居终日，寡言笑，而温润之色即之晬然。孝友出于天性……"	《知果州李兵部墓志铭》
34	焦巽之	嘉州	"伯氏卒，从政悲不自聊，君左右以怡颜，为治丧恤孤，以承考志。里有矜寡艰阨死丧之事，率尽分为之。吉月会同宗同族，旌子弟之尤以劝能者。"	《学究焦君（巽之）墓志铭》
35	家铉翁	眉州	"闻宋亡，旦夕哭泣不食饮者数月。大元以其节高欲尊官之，以示南服。铉翁义不二君，辞无诡对。宋三宫北还，铉翁再率故臣迎谒，伏地流涕，顿首谢奉使无状，不能感动上衷，无以保存其国。见者莫不叹息。"	《宋史》等

序号	姓名	籍贯（或徙居地）	孝德孝行举要	文献出处
36	黄裳	隆庆府	黄裳奏："汝愚事父孝，事君忠，居官廉。忧国爱民，出于天性，如青天白日，奴隶知其清明。义端所见，曾奴隶之不如，不可以居朝列。"又奏："将使供侍讲之职乎？则当引经援古，劝君以孝，今不问安，不视疾，大义已丧，复讲何书乎？是侍讲之职可废也。将使供翊善之职乎？当究义理，教皇子以孝，陛下不能以孝事寿皇，臣将何说以劝皇子乎？"	《宋史》
37	郭叔谊	华阳	"幼失庶母，至丧冲寂，执丧哀甚。已而所后父母即世，公茕然自立，与群从刻苦自励，有声在庠序间。""事亲居丧，乡党有闻。推田庐以畀同产弟，所至与俱，易职田以周外党之乏。"	《知巴州郭君（叔谊）墓志铭》
38	高载	邛州蒲江	"丁父忧丧葬尽礼。""闻母病于宁川，忧厉熏心，遂感松征淫热之疾，乃即白府乞身，以便省侍。诸弟寻以母丧赴，君执书恸泣，曰：'吾何以生为也！'于是柴瘠加等，疾不可为矣，遂以七月之九日属纩。"	《知灵泉县奉议郎致仕高君载行状》
39	高斯得	邛州蒲江	"端平二年九月，（父）稼死事于沔，时大元兵屯沔，斯得日夜西向号泣。会其僮至自沔，知稼战没处，与斯得潜行至其地，遂得稼遗体，奉以归，见者感泣。服除而哀伤不已，无意仕进。"	《宋史》
40	高定子	邛州蒲江	"吴曦畔，乞解官养母……父就养得疾，定子衣不解带者六旬。居丧，哀毁骨立。"	《宋史》
41	高崇	邛州蒲江	"公勤礼笃学……大夫即世，公哀不自胜，尽瘁丧葬，母心以宁。"	《知黎州兼管内安抚高公崇行状》
42	高稼	邛州蒲江	"真德秀一见以国士期之。""稼为人慷慨有大志，闻人有善，称之不容口；不善，面折无所避。推毂人士，常恐不及，视财如粪土。死之日，闻者莫不于邑流涕。"	《宋史》、光绪《新修潼川府志》等

序号	姓名	籍贯 (或徙居地)	孝德孝行举要	文献出处
43	冯诚之	绵州江油	"君性端愿,事大父母、父母以孝著。方父母俱存,兄弟无故,诸子环侍,东西两庑篝镫相望,书声率至夜分。朝议即世,君之兄弟发星星矣,哀毁过制。终丧,兄弟相持泣,义不析爨,三世聚指千,无一间言。"	《江油县尉冯君墓志铭》
44	杜田	普州	"以文章孝行举临江府教授,终大邑县丞,有贤声。"	《(嘉庆)四川通志》等
45	邓廷正	内江	"邑有不孝子,人莫敢发,廷正讼言殛之。"曾"上治平十策:一顺民情,二亲民望,三急民事,四教民战,五慎民牧,六重民命,七去民害,八清民税,九服民情,十正民俗"。	《(嘉庆)四川通志》等
46	邓若水	隆州井研	"博通经史,为文章有气骨。""若水为学务躬行,耻为空言。削木为主,大书曰:'自古以来忠臣孝子义夫节妇之位',岁时祀之。"	《宋史》
47	程掌	眉州丹棱	"家贫,千里负米赡养孀母。""既为叔父之子,父母性严惮,不假人以辞色,君朝朝暮夕,顺适无违。父以宾朋咏觞为乐,家有亡不恤,君必竭力承意,至货贷赀以为养。父母爱诸女,君视父母意,礼聘惟欲,无所于吝。父殁,姊妹以治命捐田佛宫,君又敬听之。"	《迪功郎致仕程君墓志铭》
48	程公说	眉州丹棱	"伯刚白有司,乞休官侍亲,入深山,若将避世者,对客辄流涕……贼平,而伯刚以积忧伤,且方奔避时失食饮节,忽忽病。医误投之药,汗不止,遂死。"	《程伯刚墓志铭》
49	陈用庚	合州	"孚由事后母有至孝之行,事有人之所甚难者,而孚由所以处之,如古卓行孝子之为。"	《涪州教授陈孚由墓志铭》
50	句中正	华阳	"尝以大、小篆,八分三体书《孝经》摹石,咸平三年表上之。"	《宋史》

序号	姓名	籍贯 （或徙居地）	孝德孝行举要	文献出处
51	张唐英	新津	"神宗即位，知其人，擢殿中侍御史。入对，帝问何尚衣绿，对曰：'前者固得之，回授臣父。'帝嘉其孝，赐五品服。""次功自为小官，迎侍二十年，孝养备至，偶朝议公怀乡西归，卒于里舍，恨不及见，哀慕成疾。"	《宋史》《张御史唐英墓志铭》
52	张述	遂州	述上书曰："生民之命，系于宗庙社稷，而继嗣为之本。匹夫有百金之产，犹能定谋托后，事出于素，况有天下者哉。陛下承三圣之业，传之千万年，斯为孝矣。"	《宋史》
53	张公裕	蜀州江原	"父丧去职，公时年将耳顺，因哀毁致疾。服除，请闲官就医……公天资孝友，外和内刚，识量宏远，喜愠不形于色，多为名公大臣所知。"	《承议郎充秘阁校理张君墓志铭》
54	宇文之邵	汉州绵竹	宇文之邵向神宗上疏曰："……愿以节义廉耻风导之，使人知自重……考《棠棣》《角弓》之义以亲睦九族，兴坠典，拔滞淹，远夸毗，来忠谠……"司马光、范镇分别赞他"视富贵如土芥。今于之邵见之矣"，"之邵位下而言高，学富而行笃，少我二十一岁而先我挂冠，使吾慊然"。	《宋史》
55	虞允文	隆州仁寿	"允文六岁诵《九经》，七岁能属文。以父任入官。丁母忧，哀毁骨立。既葬，朝夕哭墓侧，墓有枯桑，两乌来巢。念父之鳏且疾，七年不调，跬步不忍离左右。"	《宋史》
56	文同	梓州	"事亲孝，未尝违去晨暮，恬于远官，以便甘旨者十有余年。"	《知湖州文公墓志铭》
57	王仲符	华阳	"仲符性笃，孝事亲，能养志，读书务穷大指。"	《承事王府君墓志铭》
58	王庠	荣州	"年十三，居父丧，哀愤深切，谓弟序曰：'父以直道见挤，母抚柩誓言，期我兄弟成立赠复父官，乃许归葬，相与勉之。且制科先君之遗意也，吾有志焉。'""州复以庠应诏。庠曰：'昔以母年五十二求侍养，不复愿仕，今母年六十，乃奉诏，岂本心乎？'""太后念其姑，尝欲官，庠以逊其弟、侄及甥，且以田均给庶兄及前母之姊。"	《宋史》

序号	姓名	籍贯（或徙居地）	孝德孝行举要	文献出处
59	田锡	嘉州洪雅	"（父）尝命公（田锡）曰：'汝读圣人之书而学其道，慎无速，为期二十年可以从政矣。'公服其训拳拳然。""公动必以礼，言必有法，贤、不肖皆惮伏之。"	《赠兵部尚书田公墓志铭》
60	唐重	眉州彭山	"徽宗亲策士，问以制礼作乐，重对曰：'事亲从兄，为仁义礼乐之实……'""（金兵侵）重度势不可支，以书别其父克臣曰：'忠孝不两立，义不苟生以辱吾父。'克臣报之曰：'汝能以身徇国，吾含笑入地矣。'"	《宋史》
61	孙观国	绵州罗江	"公为人有常德……尤笃于孝爱，大夫公举晚息尝恐不以子数，公识其意，亲抚抱，且名之系谱牒，大夫公见而悦甚。"	《孙公墓志铭》
62	苏辙	眉州眉山	"辙性沉静、简洁、孝友，'辙与兄进退出处，无不相同，患难之中，友爱弥笃，无少怨尤，近古罕见'。"	《宋史》
63	苏元老	眉州眉山	"作诗书字，真东坡先生家子弟，人物亦高秀，闻其平居甚孝谨，不易得也。"	《与杨素翁书》
64	苏易简	梓州铜山	"苏易简举进士，不起草，凡三题，千余言数刻而就。太宗曰：'君臣千载遇。'对曰：'忠孝一生心。'"	《宋诗纪事》
65	苏洵	眉州眉山	著《苏氏族谱》，云"观吾之《谱》者，孝弟之心可以油然而生矣"。	《嘉祐集》
66	苏岘	眉州眉山	"岘才识操履，绰有典型，愿加甄录，庶可敦风俗，激士气。"	《宋史翼》
67	苏舜钦	梓州铜山	著《杜谊孝子传》，曰："父严子孝，人之常理，又乌足道之哉！后世寖薄，乃有孝悌之举，又废礼义之教，不施于下，为下者不相师友，而道义榛焉……不若古之士大夫……"	《苏学士集》
68	苏轼	眉州眉山	"生十年，父洵游学四方，母程氏亲授以书，闻古今成败，辄能语其要。程氏读东汉《范滂传》，慨然太息，轼请曰：'轼若为滂，母许之否乎？'程氏曰：'汝能为滂，吾顾不能为滂母邪？'"	《宋史》

序号	姓名	籍贯（或徙居地）	孝德孝行举要	文献出处
69	苏耆	梓州铜山	"性钟孝友，丧太夫人，体形瘠枯，杖而后能兴，每临必绝。"	《先公墓志铭并序》
70	苏过	眉州	"轼帅定武，谪知英州，贬惠州，迁儋耳，渐徙廉、永，独过侍之。凡生理昼夜寒暑所须者，一身百为，不知其难。""其叔辙每称过孝，以训宗族。且言：'吾兄远居海上，惟成就此儿能文也。'"	《宋史》
71	任渊	新津	"为县先教化，旌礼孝悌，吏奉法无所私。退而家居，宗族邻里感慕兴爱敬。"	《任全一墓志铭》
72	任谅	眉州眉山	"九岁而孤，舅欲夺母志，谅挽衣泣曰：'岂有为人子不能养其亲者乎！'母为感动而止。"	《宋史》
73	钱衮	金堂	"事世父，孝谨尤笃。尝以其所当迁官，具情以闻上，且曰：'臣伯良有大恩于臣，愿求授之'。天子嘉焉，命遂下。廪给之赢，尽分致其族，以至及其故旧所不能自济者。其于自奉，裁足而已。"	《都官员外郎钱君墓志铭》
74	彭乘	华阳	"少以好学称州里，进士及第。尝与同年生登相国寺阁，皆瞻顾乡关，有从宦之乐，乘独西望，怅然曰：'亲长矣，安敢舍晨昏之奉，而图一身之荣乎！'翌日，奏乞侍养。""乘父卒，既葬，有甘露降于墓柏，人以为孝感。""乘质重寡言，性纯孝，不喜事生业。"	《宋史》
75	张咸	汉州绵竹	"臣宁言而死于斧钺，不忍不言而负陛下。""……诸兄相继以亡，君说年未冠，家徒四壁。伯兄之子溰、淮与其女弟茕茕无依，君说力学，一举登元丰二年进士第，遂携诸孤之官，抚养教育，讫于婚嫁，视之犹君说子也。"	《宋史》《奉议郎张君说墓志铭》
76	章詧	双流	"生三年考殁，七岁母氏亡。既孤，鞠于兄嫂，以所以事父母之道，悌而报焉。"	《冲退处士章察行状》

附录三

宋代巴蜀部分士民忠孝节烈事迹一览

序号	姓名	籍贯 （或居住地）	忠孝事迹	文献出处
1	刘汲	眉州丹棱	"二帝已北行，汲素服恸哭。""汲集将吏谓曰：'吾受国恩，恨未得死所，金人来必死，汝有能与吾俱死者乎？'"	《宋史》《（嘉庆）眉州属志》
2	杨震仲	成都府	遇叛乱，留遗书给家人道："武兴之事，从之则失节，何面目在世间？不从祸立见。我死，祸止一身，不及妻子矣。人孰无死，死而有子能自立，即不死。"后慷慨饮毒赴死。	《宋史》《（嘉庆）成都县志》《（同治）重修成都县志》等
3	史次秦	眉山	"吴曦叛，招次秦甚遽，次秦迁延固避，伪知大安军郭鹏飞迫之行，乃以石灰桐油涂两目，末生附子傅之，比至目益肿。次秦母年高而贤，闻次秦为曦所招，即命家人以疾笃驰报，且曰：'恐病不足取信，以讣闻可也。'"	《宋史》《（民国）眉山县志》等
4	贾子坤	潼川	"关外被兵，子坤与郡守陈寅誓死城守。城陷，子坤朝服与其家十二口死之。"	《宋史》《（乾隆）遂宁县志》等
5	贾纯孝	潼川	为贾子坤之孙。"丁母忧，起复为右司，转朝散郎。崖山师败，纯孝抱二女偕妻牟同蹈海死。"	《宋史》《（光绪）遂宁县志》等
6	蹇彝	潼川	"端平三年，北兵攻蜀，彝坚守，战不能敌，被擒，不屈而死。其子永叔复力战，城破，举家死焉。弟维之，绍定五年进士。利州都统王宣辟行参军事，亦迎敌力战而死。"	《宋史》《（光绪）新修潼川府志》等
7	何充	汉州德阳	敌军劝降，许以不杀，充说："吾三世食赵氏禄，为赵氏死不憾。"……敌知其不会降，将剐之，何充大叫道："此南家好汉也，使之即死。"	《宋史》《（嘉庆）汉州志》等

序号	姓名	籍贯 （或居住地）	忠孝事迹	文献出处
8	何充妻 陈氏	汉州德阳	何充被擒，"充妻陈骂不绝口……及充死，东望再拜曰：'臣夫妇虽死，可以对赵氏无愧矣。'众以石击杀之。"	《宋史》《（嘉庆）汉州志》等
9	许彪孙	潼川	"景定二年，刘整叛，召彪孙草降文，以潼川一道为献。彪孙辞使者曰：'此腕可断，此笔不可书也。'即闭门与家人俱仰药死。"	《宋史》《（嘉庆）四川通志》等
10	陈隆之	成都	"淳祐元年十一月，成都被围，守弥旬，弗下。部将田世显乘夜开门，北兵突入，隆之举家数百口皆死。槛送隆之至汉州，命谕汉州守臣王夔降，隆之呼夔语之曰：'大丈夫死尔，毋降也。'遂见杀。"	《宋史》《（嘉庆）四川通志》等
11	史季俭	威州	"成都之陷，子良震与婿杨城夫争相为死，各特赠两官，与一子下州文学。"	《宋史》《（嘉庆）四川通志》等
12	王翊	郫县	"吴曦尝招之入幕，及曦以蜀叛，抗节不拜，为陈大义。曦怒，囚翊，欲烹之，曦诛而免。" "兵入公署，见翊朝服危坐，问为何人，曰：'小官食天子之禄，临难不能救，死有余罪，可速杀我。'又问何以不走，曰：'愿与此城俱亡。'北兵相谓曰：'忠臣也。'戒勿杀。敌纵火大掠，翊以朝服赴井死。兵后，其家出其尸井中，衣冠俨如也。"	《宋史》《（嘉庆）四川通志》等
13	胡天启	重庆	"至重庆，进士胡天启负母而逃，兵欲杀其母，天启妻张哀号愿以身代，不听，卒杀之。天启与其妻呼天大骂，大将奇天启貌，欲活之，谓之曰：'汝从我，当共富贵。'天启愈奋骂，于是夫妇同死。"	《宋史》《（嘉庆）四川通志》等
14	邓得遇	邛州	"静江破，得遇朝服南望拜辞，书幅纸云：'宋室忠臣，邓氏孝子。不忍偷生，宁甘溺死。彭咸故居，乃吾潭府。屈公子平，乃吾伴侣。优哉悠哉，吾得其所！'遂投南流江而死。"	《宋史》《（嘉庆）四川通志》等
15	景思忠	普州安岳	"夷乘险薄官军，官军战不利，死者十之六。左右劝思忠引避，不听，奋剑疾战而死。走马使张宗望为言，诏察访熊本考实，得其事，神宗悯之，官思忠及同死者之子七人，余皆赐其家钱帛。"	《宋史》《（嘉庆）四川通志》等

序号	姓名	籍贯（或居住地）	忠孝事迹	文献出处
16	司马梦求	叙州	"德祐元年，湖水忽涸，北兵横遏中道，乘南风纵火，都统程文亮逆战于马头岸，制置使高达束手不援，文亮降。梦求朝服望阙再拜，自经死。"	《宋史》《（嘉庆）四川通志》等
17	王仙	涪州	"宋亡之二年，城始破，仙自刎，断其亢不殊，以两手自摘其首坠死。"	《宋史》《（同治）重修涪州志》等
18	曹琦	蜀（未详）	"知南平军，亦被执，脱身南归，制置辟主管机宜文字。闻都统赵安以城降，就守御地自经死。"	《宋史》《（民国）巴县志》
19	孙昭远	眉山	"金兵益炽，昭远战不利，其下欲拥昭远南还，昭远曰：'若等平日衣食县官，不以此时报国，南去何为！'叛兵怒，反击昭远，遂遇害。"	《宋史》《（嘉庆）四川通志》等
20	孙逢	眉山	"张邦昌僭立，有司趣百僚入贺，逢独坚卧不起。夜既半，同僚强起之，不从，至垂泣与之诀。时祠部员外郎喻汝砺闻变，扪其膝曰：'不能为贼臣屈。'遂挂冠去。事毕，有司举不至者，欲以逢与汝砺复于金人，邦昌以毕至告，乃免。逢闻之曰：'是必将肆赦迁官以重污我，我其可俟！'遂发疾而卒。"	《宋史》《（嘉庆）四川通志》等
21	丁黼	成都	北兵至，黼"领兵夜出城南迎战，至石笋街，兵散，黼力战死之。方大兵未至，黼先遣妻子南归，自誓死守。至是，从黼者惟幕客杨大异及所信任数人，大异死而复苏。黼帅蜀，为政宽大，蜀人思之"。	《宋史》《（嘉庆）四川通志》等
22	张山翁	普州	"鄂守张晏然议纳款，山翁以书谯让之。晏然既降，山翁被执军前，谕曰：'若降，不失作显官。'山翁酬对不屈。行省官贾思贞义之，贷不杀。后居黄鹄山，聚徒教授而终。"	《宋史》《（嘉庆）四川通志》等
23	黄申	井研	"申为政廉谨，有治声……申有惠爱在民……遂去，隐巴山中以终。"	《宋史》《（嘉庆）四川通志》等
24	赵孟坚	合州	"临安降，与从子由鉴怀太皇太后帛书诣益王，擢宗正寺簿、监军。复明州，战败见获，不屈磔死。"	《宋史》《（嘉庆）四川通志》等

序号	姓名	籍贯 （或居住地）	忠孝事迹	文献出处
25	罗居通	益州成都	"母死，庐墓三年……开宝四年，长吏以闻，诏以居通为延长主簿。"	《宋史》《（嘉庆）四川总志》等
26	黄德舆	资州	"葬父母……降诏旌表。"	《宋史》《（嘉庆）四川通志》等
27	易延庆	筠州	"延庆居丧摧毁，庐于墓侧……本州将表其事，延庆恳辞……服阕，延庆以母老称疾不就官。母卒后，藁殡数年……"	《宋史》《（乾隆）高安县志》等。
28	成象	渠州	"以诗书训授里中，事父母以孝闻。""服终犹未还家，知礼者为书以谕之，遂归教授，远近目为成孝子。"	《宋史》《（嘉庆）四川通志》等
29	何保之	梓州	"业进士，有至行。母卒，负土成坟，庐于其侧……"	《宋史》《（嘉庆）四川通志》等
30	毛安舆	嘉州洪雅	"年九岁父死，负土为坟，庐于其侧三年。知益州张方平闻之，遗以酒饩，状其事以闻。"	《宋史》《（嘉庆）洪雅县志》
31	申积中	成都人	"事所养父母，尽孝终身。有二弟一妹，为毕婚娶，始归本族，复为申氏，蜀人以纯孝归之。"	《宋史》《（嘉庆）四川通志》等
32	支渐	资州资阳	"年七十，持母丧，既葬，庐墓侧，负土成坟……乡间观感而化者甚众。"	《宋史》《（嘉庆）四川通志》等
33	邓崇古	简州	"父死，自培土为坟，庐其侧……里中号为邓孝子。"	《宋史》《（嘉庆）四川通志》等
34	周善敏	益州双流	"丧父，庐于墓侧……大中祥符九年，特诏旌表祚，赐善敏粟帛存慰之。"	《宋史》《（嘉庆）四川通志》等
35	谢荣	温江	"性纯朴，读书躬耕以养母，必躬自捧进，冬寒温衾候寝。"	《（雍正）四川通志》《（嘉庆）四川通志》等
36	王景	郫县	"景以积行纯孝称于乡里，号王孝子……及父母殁，负土成坟，结庐其侧……"	《（雍正）四川通志》《（嘉庆）四川通志》等
37	刘才	郫县	"七代以孝闻，才父子兼以儒行著。后父卒，才庐于墓……大中祥符中旌表。"	《（雍正）四川通志》《（嘉庆）四川通志》等

序号	姓名	籍贯 （或居住地）	忠孝事迹	文献出处
38	李定	郫县	"好古力学，志不愿仕，养二亲以孝闻，累举孝廉不就。"	雍正《四川通志》《（嘉庆）四川通志》等
39	王禹夫	新都	"持身整峻，乡族称其孝友。有兄弟争赀者质于其兄舜夫，禹夫曰：'此非义事，切勿问吾家和气兄弟，闻此急当洗耳矣！'兄以语，争者亦感悟退让，闻者悉化为友爱。"	《（雍正）四川通志》《（嘉庆）四川通志》等
40	陈敏政	汉州什邡	因谨遵高祖母王氏遗训、孝友信义著，"五世同居，乾道间诏旌表门闾。"	《（嘉庆）四川通志》《续资治通鉴》等

参考文献

一、古籍、专著

（汉）班固撰，颜师古注《汉书》，中华书局，1962。

（汉）范晔撰，（唐）李贤等注《后汉书》，中华书局，1965。

（汉）刘向辑录《战国策》，上海古籍出版社，1985。

（汉）许慎撰《说文解字》，中华书局，1985。

（汉）扬雄著，张震泽校注《蜀王本纪》，上海古籍出版社，1993。

（汉）郑玄注《孝经注》，中华书局，1998。

（晋）常璩撰，刘琳校注《华阳国志校注》，成都时代出版社，2007。

（晋）常璩撰《华阳国志》，严茜子点校，齐鲁书社，1998。

（晋）陈寿撰《三国志》第 4 册，中华书局，1959。

（晋）袁宏撰《后汉纪校注》，周天游校注，天津古籍出版社，1987。

（唐）白居易撰《白氏长庆集》，上海商务印书馆，1935。

（唐）房玄龄等撰《晋书》第 3 册，中华书局，1974，第 599 页。

（唐）李隆基著，邢昺疏《孝经注疏》，北京大学出版社，2000。

（唐）魏徵、令狐德棻撰《隋书》，中华书局，1973。

（唐）魏徵等合编，《群书治要》学习小组译注《群书治要译注》第七册，
　　中国书店，2012。

（唐）姚思廉撰《梁书》第 3 册，中华书局，1973，第 680 页。

（唐）张鷟撰《朝野佥载》，中华书局，1979。

（唐）长孙无忌等撰《唐律疏议》，中华书局，1983。

（唐）赵蕤撰《长短经全注全译》，李孝国等注译，中国书店，2013。

（后晋）刘昫等撰《旧唐书》，中华书局，1975。

（宋）毕仲游撰《西台集》，中华书局，1985。

（宋）晁补之撰，晁谦之编《鸡肋集》，《景印文渊阁四库全书》，台湾商务印书馆，1986。

（宋）晁公遡撰《嵩山集》，《景印文渊阁四库全书》，台湾商务印书馆，1986。

（宋）晁公武撰《郡斋读书志校证》，孙猛校证，上海古籍出版社，1990。

（宋）晁说之撰《嵩山文集》，《四部丛刊续编》第389册，上海书店，1985。

（宋）陈耆卿撰《（嘉定）赤城志》，台北成文出版社有限公司，清嘉庆二十三年刊。

（宋）陈思编《两宋名贤小集》，《景印文渊阁四库全书》，台湾商务印书馆，1986。

（宋）陈振孙撰《直斋书录解题》，商务印书馆，1937。

（宋）程遇孙、扈仲荣等辑《成都文类》，《景印文渊阁四库全书》，台湾商务印书馆，1986。

（宋）杜大珪编《名臣碑传琬琰之集》，《景印文渊阁四库全书》，台湾商务印书馆，1986。

（宋）度正撰《性善堂文稿》，《景印文渊阁四库全书》，台湾商务印书馆，1986。

（宋）范纯仁撰《范忠宣公集》，《景印文渊阁四库全书》，台湾商务印书馆，1986。

（宋）范仲淹撰《范文正公集》，商务印书馆，1937。

（宋）冯时行撰《缙云文集》，《景印文渊阁四库全书》，台湾商务印书馆，1986。

（宋）冯椅撰《厚斋易学》，《景印文渊阁四库全书》，台湾商务印书馆，1986。

（宋）韩维撰《南阳集》，《景印文渊阁四库全书》，台湾商务印书馆，1986。

（宋）胡瑗撰《洪范口义》，中华书局，1985。

（宋）黄干撰《黄勉斋先生文集》，《景印文渊阁四库全书》，台湾商务印书馆，1986。

（宋）黄庭坚撰《黄庭坚全集》，刘琳等校点，四川大学出版社，2001。

（宋）黄庭坚撰《山谷别集》，《景印文渊阁四库全书》，台湾商务印书馆，1986。

（宋）黄休复撰《茅亭客话》，上海古籍出版社，2001。

（宋）家铉翁撰《则堂集》，《景印文渊阁四库全书》，台湾商务印书馆，1986。

（宋）江少虞编《新雕皇朝类苑》，日本元和七年活字印本（影印版）。

（宋）李焘撰《续资治通鉴长编》，《景印文渊阁四库全书》，台湾商务印书馆，1986。

（宋）李石撰《方舟集》，《景印文渊阁四库全书》，台湾商务印书馆，1986。

（宋）李心传撰《建炎以来朝野杂记》，徐规点校，中华书局，2000。

（宋）李心传撰《建炎以来系年要录》，徐规点校，中华书局，1956。

（宋）李攸撰《宋朝事实》，中华书局，1985。

（宋）刘清之编《戒子通录》，沈阳出版社，1998。

（宋）陆游撰，蒋方校注《〈入蜀记〉校注》，湖北人民出版社，2004。

（宋）吕陶撰《净德集》，《景印文渊阁四库全书》，台湾商务印书馆，1986。

（宋）吕祖谦编《宋文鉴》，齐治平点校，中华书局，1992。

（宋）马端临撰《文献通考》，中华书局，1986。

（宋）欧阳修、宋祁撰《新唐书》，中华书局，1975。

（宋）欧阳修撰《欧阳修全集》，李逸安点校，中华书局，2001。

（宋）史绳祖撰《学斋占毕》，《景印文渊阁四库全书》，台湾商务印书馆，1986。

（宋）司马光指解，范祖禹说《古文孝经指解》，《景印文渊阁四库全书》，台湾商务印书馆，1986。

（宋）司马光撰，《司马文正文集》，上海中华书局，1936。

（宋）司马光撰《司马光集》，李文泽等点校，四川大学出版社，2010。

（宋）苏轼：《苏轼诗集》，王文诰辑注，孔凡礼点校，中华书局，1982。

（宋）苏轼著，傅成等标点《苏轼全集》，上海古籍出版社，2000。

（宋）苏轼撰，施元之注，（清）宋荦、张榕端阅定，顾嗣立删补《施注苏诗》，清康熙三十八年刻本。

（宋）苏轼撰《仇池笔记》，《景印文渊阁四库全书》，台湾商务印书馆，1986。

（宋）苏轼撰《东坡志林》，王松龄点校，中华书局，1981。

（宋）苏轼撰《苏东坡全集》，储菊人校，中国书店，1936。

（宋）苏轼撰《苏轼文集》，孔凡礼点校，中华书局，1986。

（宋）苏舜钦著《苏舜钦集》，沈文倬校点，中华书局，1961。

（宋）苏舜钦撰《苏舜钦集》，中华书局，1961。

（宋）苏颂著《苏魏公集》，王同策等点校，中华书局，1988。

（宋）苏洵撰《嘉祐集》，林纾选评《林氏选评名家文集》，上海商务印书馆，1924。

（宋）苏洵撰《嘉祐集》，商务印书馆，1924。

（宋）苏洵撰《谥法》，《景印文渊阁四库全书》，台湾商务印书馆，1986。

（宋）苏洵撰《苏洵集》，邱少华校，中国书店，2000。

（宋）苏辙撰《栾城集》，曾枣庄、马德富点校，上海古籍出版社，1987。

（宋）苏辙撰《苏辙集》，陈宏天、高秀芳校点，中华书局，1990。

（宋）孙觌撰《鸿庆居士集》，《景印文渊阁四库全书》，台湾商务印书馆，1986。

（宋）汪藻撰《浮溪集》，中华书局，1985。

（宋）王辟之撰《渑水燕谈录》，中华书局，1981。

（宋）王珪撰《华阳集》，《景印文渊阁四库全书》，台湾商务印书馆，1986。

（宋）王应麟撰《玉海》，江苏古籍出版社，1987。

（宋）王铚撰《默记》，朱杰人点校，中华书局，1981。

（宋）魏了翁撰《鹤山集》，《景印文渊阁四库全书》，台湾商务印书馆，1986。

（宋）魏了翁撰《古今考》，《景印文渊阁四库全书》，台湾商务印书馆，1986。

（宋）文同撰《丹渊集》，《景印文渊阁四库全书》，台湾商务印书馆，1986。

（宋）徐元杰撰《梅野集》，《景印文渊阁四库全书》，台湾商务印书馆，1986。

（宋）杨万里撰《诚斋集》，《景印文渊阁四库全书》，台湾商务印书馆，1986。

（宋）叶梦得撰《石林燕语》，宇文绍奕考异，侯忠义点校，中华书局，1984。

（宋）佚名撰，（宋）李昌龄注《太上感应篇》，山东画报出版社，2004。

（宋）员兴宗撰《九华集》，《四库全书珍本初集》，沈阳出版社，1998。

（宋）曾巩撰《曾巩集》，陈杏珍、晁继周点校，中华书局，1984。

（宋）张浚撰《张魏公集》，1921 年 11 月绵竹图书馆刊本（影印）。

（宋）张栻撰《癸巳论语解》，中华书局，1985。

（宋）张栻撰《癸巳孟子说》，《景印文渊阁四库全书》，台湾商务印书馆，1986。

（宋）张栻撰《南轩集》，《景印文渊阁四库全书》，台湾商务印书馆，1986。

（宋）张栻撰《南轩易说》，《景印文渊阁四库全书》，台湾商务印书馆，1986。

（宋）张栻撰《张南轩先生文集》，中华书局，1985。

（宋）张唐英撰《蜀梼杌》，杭州出版社，2004。

（宋）赵汝愚编《宋大诏令集》，中华书局，1962。

（宋）真德秀撰《西山文集》，《景印文渊阁四库全书》，台湾商务印书馆，1986。

（宋）真德秀撰《西山先生真文忠公文集》，商务印书馆，1937。

（宋）郑侠撰《西塘集》，《景印文渊阁四库全书》，台湾商务印书馆，1986。

（宋）周必大撰《文忠集》，《景印文渊阁四库全书》，台湾商务印书馆，1986。

（宋）朱熹撰《晦庵集》，《景印文渊阁四库全书》，台湾商务印书馆，1986。

（宋）祝穆撰《新编古今事文类聚》，中文出版社（株式会社），1989。

（宋）庄绰撰《鸡肋编》，萧鲁阳点校，中华书局，1983。

（元）费著撰，成都市地方志编撰委员会、四川大学历史地理研究所整理《成都氏族谱》，成都时代出版社，2007。

（元）脱脱等撰《宋史》，中华书局，1977。

（元）吴澄撰《吴文正集》，《景印文渊阁四库全书》，台湾商务印书馆，1986。

（元）虞集撰《虞集全集》，天津古籍出版社，2007。

（明）曹学佺撰《蜀中广记》，沈阳出版社，1998。

（明）曹学佺撰《蜀中名胜记》，刘知渐点校，重庆出版社，1984。

（明）冯任修，张世雍纂《（天启）新修成都府志》，巴蜀书社，1992。

（明）黄淮、杨士奇编《历代名臣奏议》，上海古籍出版社，1989。

（明）黄仲昭撰弘治《八闽通志》，台湾学生书局，1987。

（明）刘大谟、杨慎纂修《（嘉靖）四川总志》，书目文献出版社，1987。

（明）宋濂等撰《元史》，中华书局，1976。

（明）吴德器修，徐泰纂《（正德）蓬州志》，上海书店，1990。

（明）萧良干修，张元忭纂《（万历）绍兴府志》，明万历十五年刊本（影印）。

（明）杨慎编《全蜀艺文志》，刘琳、王晓波点校，线装书局，2003。

（明）杨慎撰《升庵全集》，商务印书馆，1937。

（清）阿麟等修《（光绪）新修潼川府志》，《中国地方志集成·四川府县志辑》第15册，巴蜀书社，1992。

（清）毕沅撰《续资治通鉴》，中华书局，1957。

（清）蔡毓荣修《（康熙）四川总志》，康熙十二年刻本（近卫本）影印。

（清）常明、杨芳灿修《（嘉庆）四川通志》，巴蜀书社，1984。

（清）陈霁学修，叶方模、童宗沛纂《（道光）新津县志》，巴蜀书社，1992。

（清）高承瀛修，吴嘉谟纂《（光绪）井研县志》，巴蜀书社，1992。

（清）郝懿行撰《尔雅义疏》，吴庆峰等点校，上海古籍出版社，1983。

（清）黄本诚纂修《（乾隆）新郑县志》，清乾隆四十一年（1776）刻本影印本。

（清）黄廷桂等修纂《（雍正）四川通志》，《景印文渊阁四库全书》，台湾商务印书馆，1986。

（清）黄宗羲：《宋元学案》，全祖望补修，陈金生、梁运华点校，中华书局，1986。

（清）雷学海修，陈昌齐纂《（嘉庆）雷州府志》，上海书店出版社，2003。

（清）黎学锦、徐双桂编《（道光）保宁府志》，巴蜀书社，1992。

（清）李光泗修，彭遵泗纂，故宫博物院编《（乾隆）丹棱县志·（乾隆）青神县志·（康熙）眉州属志》，海南出版社，2001。

（清）李亨特修，平恕纂《（乾隆）绍兴府志》，《中国方志丛书》本，乾隆五十七年刊本影印本（1975）。

（清）李玉宣等修《（同治）重修成都县志》，巴蜀书社，1992。

（清）厉鹗撰《宋诗纪事》，上海古籍出版社，1981。

（清）陆心源辑撰《宋史翼》，中华书局，1991。

（清）吕调阳述，李勇先编《五藏山经传》，上海交通大学出版社，2009。

（清）潘永因编《宋稗类钞》，刘卓英点校，书目文献出版社，1985。

（清）阮元校刻《十三经注疏（附校勘记）》，中华书局，1980。

（清）孙海等修，李星根纂《（光绪）遂宁县志》，清光绪五年（1879）刻本影印本。

（清）孙星衍辑《孔子集语》，上海古籍出版社，1989。

（清）田秀栗等修《（光绪）泸州直隶州志》，《中国地方志集成·四川府县志辑》第32册，巴蜀书社，1992。

（清）涂长发修，王昌年纂《眉州属志》，巴蜀书社，1992。

（清）吴巩、董淳修《（嘉庆）华阳县志》，东门文昌宫藏板（影印）本，嘉庆丙子年镌版。

（清）吴任臣撰《十国春秋》，中华书局，1983。

（清）徐继镛修，李惺纂《（咸丰）阆中县志》，咸丰元年（1851）影印版。

（清）徐松辑《宋会要辑稿》，中华书局，1957。

（清）曾国藩撰《曾国藩家书》，陈霞村等译注，山西古籍出版社，2004。

（清）张邦伸撰《锦里新编》，巴蜀书社，1984。

（清）张澍撰《养素堂文集》，《清代诗文集汇编》第536册，上海古籍出版社，2010。

（清）周中孚撰《郑堂读书记》，商务印书馆，1940。

（清）朱彝尊撰《经义考》，《景印文渊阁四库全书》，台湾商务印书馆，1986。

（清）庄思恒修，郑瑞山纂《（光绪）增修灌县志》，光绪十二年（1886）刻本。

巴蜀历代文化名人辞典编委会编《巴蜀历代文化名人辞典》，四川人民出版社，2018。

包东坡选注《中国历代名人家训精粹》，安徽文艺出版社，2000。

蔡方鹿：《范镇、范百禄以儒为本的思想》，《蜀学》第7辑，巴蜀书社，2012。

曹方林、郑家治：《四川孝道文化》，巴蜀书社，2010。

陈壁生：《孝经学史》，华东师范大学出版社，2015。

陈法驾、叶大锵等修《（民国）华阳县志》，巴蜀书社，1992。

陈谷嘉：《宋代理学伦理思想研究》，湖南大学出版社，2006。

陈小林等编《义门陈氏宣汉支谱》，《义门陈氏宣汉支谱》编委会，2011。

段渝主编《巴蜀文化研究》第三辑，巴蜀书社，2006。

范红刚主编《范氏宗谱》，《范氏宗谱》编撰委员会，2007。

傅平骧、胡嗣坤校注《苏舜钦集编年校注》，巴蜀书社，1991。

傅璇琮等主编《全宋诗》，北京大学出版社，1992。

傅增湘编《宋代蜀文辑存》，北京图书馆出版社，2005。

高望之：《儒家孝道》，江苏人民出版社，2010。

谷向阳、何慧琴编著《中国姓氏对联史话》，北方妇女儿童出版社，1990。

胡昭曦：《宋代成都范氏墓志新见》，《西华大学学报》（哲学社会科学版）
　　2010年第5期。

胡昭曦：《宋代世显以儒的成都范氏家族》，西南师范大学出版社，1998。

胡昭曦：《宋代蜀学论集》，四川人民出版社，2004。

胡昭曦、刘复生、粟品孝：《宋代蜀学研究》，巴蜀书社，1997。

蓝吉富主编《禅宗全书》，台湾文殊出版社，1988。

黎翔凤撰《管子校注》，中华书局，2004。

李诚主编《巴蜀文化研究》第一辑，巴蜀书社，2004。

李绍明、林向、徐南洲主编《巴蜀历史·民族·考古·文化》，巴蜀书
　　社，1991。

李修生主编《全元文》，江苏古籍出版社，1999。

罗凌：《无尽居士张商英研究》，华中师范大学出版社，2007。

马斗成：《宋代眉山苏氏家族研究》，中国社会科学出版社，2005。

马如森：《殷墟甲骨文实用字典》，上海大学出版社，2008。

蒙文通：《巴蜀古史论述》，四川人民出版社，1981。

商务印书馆修订组编《辞源》，商务印书馆，1918。

舒大刚：《巴蜀〈古文孝经〉之学论稿》，《巴蜀文化研究》第2辑，巴蜀书
　　社，2004。

舒大刚：《逆取顺守：两宋时期的孝悌文化》，《国际儒学研究》第19辑，
　　九州出版社，2012。

舒大刚：《三苏后代研究》，巴蜀书社，1995。

舒大刚：《中国孝经学史》，福建人民出版社，2013。

舒大刚编《儒学文献通论》，福建人民出版社，2012。

四川大学古籍整理研究所编《宋端明殿学士蔡忠惠公文集》，线装书局，2004。

四川大学古籍整理研究所编《苏魏公文集》，线装书局，2004。

四川大学古籍整理研究所编《太史范公文集》，线装书局，2004。

四川大学古籍整理研究所编《文潞公文集》，线装书局，2004。

四川大学古籍整理研究所编《西塘先生文集》，线装书局，2004。

宋希仁：《中外治家名言点评系列——家风·家教》，中国方正出版社，2002。

《宋刑统》，薛梅卿点校，法律出版社，1999。

宋治民：《蜀文化与巴文化》，四川大学出版社，1998。

谭继和：《巴蜀文化辨思集》，四川人民出版社，2004。

汪荣宝撰《法言义疏》，陈仲夫点校，中华书局，1987。

汪受宽撰《孝经译注集》，上海古籍出版社，2004。

王三毛：《古代文学竹意象研究》，北京燕山出版社，2019。

王玉德：《孝经与孝文化研究》，崇文书局，2009。

王佐修、黄尚毅纂《（民国）绵竹县志》，巴蜀书社，1992。

徐中舒编《巴蜀考古论文集》，文物出版社，1987。

颜中其、苏汝谦、苏克福主编《新编苏氏大族谱》，东北师范大学出版社，1994。

杨世明：《巴蜀文学史》，巴蜀书社，2003。

袁柯校注《山海经校注》，上海古籍出版社，1980。

袁廷栋：《巴蜀文化》，辽宁教育出版社，1991。

袁庭栋：《巴蜀文化志》，巴蜀书社，2009。

曾枣庄、刘琳主编《全宋文》，上海辞书出版社、安徽教育出版社，2006。

张邦炜：《宋代婚姻家族史论》，人民出版社，2003。

张海瀛等主编《中华族谱集成》，巴蜀书社，1995。

张绍俊：《史绳祖生平考述》，《黑龙江史志》2014年第13期。

张志烈等主编《苏轼全集校注》，河北人民出版社，2010。

赵萍编《朱子家训·增广贤文》，吉林大学出版社，2010。

郑德坤：《四川古代文化史》，巴蜀书社，2004。

邹重华、粟品孝主编《宋代四川家族与学术论集》，四川大学出版社，2005。

二 期刊论文、学位论文

蔡东洲：《川北宋代陈氏遗迹考察》，《四川师范学院学报》（哲学社会科学版）2001 年第 1 期。

蔡方鹿：《魏了翁集宋代蜀学之大成》，《文史杂志》1993 年第 2 期。

蔡方鹿：《张栻经学探析》，《四川大学学报》（哲学社会科学版）2007 年第 5 期。

邓经武：《巴蜀文化的肇始：神话和上古传说》，《西华大学学报》（哲学社会科学版）2004 年第 5 期。

董其祥：《四川大石文化研究》，《重庆师院学报》（哲学社会科学版）1986 年第 2 期。

董其祥：《四川悬棺葬的研究》，《西南师范大学学报》（人文社会科学版）1981 年第 1 期。

冯汉骥：《四川古代的船棺葬》，《考古学报》1958 年第 2 期。

贾喜鹏：《苏轼的孝道观念及表现》，《语文学刊》2007 年第 4 期。

来可泓：《南宋史家李心传行述考略》，《文献》1991 年第 3 期。

李成晴：《唐五经博士考》，《清华大学学报》（哲学社会科学版）2013 年第 1 期。

梁银林：《苏轼与佛学》，博士学位论文，四川大学，2005。

林向：《巴蜀文化辨证》，《华中师范大学学报》（人文社会科学版）2006 年第 4 期。

刘世旭：《川西南大石墓与巴蜀文化之比较》，《四川文化》1990 年第 2 期。

刘世旭：《试论川西大石墓的起源与分期》，《考古》1985 年第 6 期。

刘祎：《苏轼伦理思想研究》，博士学位论文，湖南师范大学，2010。

龙腾：《魏了翁家世考》，《蜀学》第 6 辑，巴蜀书社，2011。

马斗成：《眉山苏氏家族教育探析——以三苏时代为中心》，《史学集刊》1998 年第 3 期。

蒙文通：《巴蜀史的问题》，《四川大学学报》1959 年第 5 期。

舒大刚：《汉代巴蜀经学述论》，《四川师范大学学报》（社会科学版）2013 年第 6 期。

舒大刚：《论宋代的〈古文孝经〉学》，《四川大学学报》（哲学社会科学版）2004 年第 3 期。

舒大刚：《试论大足石刻范祖禹书〈古文孝经〉的重要价值》，《四川大学学报》（哲学社会科学版）2003 年第 1 期。

舒大刚：《司马光指解本〈古文孝经〉的源流与演变》，《烟台师范学院学报》（哲学社会科学版）2003 年第 1 期。

舒大刚：《宋代巴蜀学术文化述略》，《湖南大学学报》（社会科学版）2013 年第 1 期。

舒大刚：《虞、夏、商、周的孝悌文化初探》，《西华大学学报》（哲学社会科学版）2010 年第 4 期。

谭继和：《巴蜀文化研究的现状与未来》，《四川文物》2002 年第 2 期。

汤宽新：《张栻伦理思想研究》，硕士学位论文，湖南师范大学，2009。

《武都居士墓志铭》，《四川文物》1993 年第 6 期。

王美凤：《先秦儒家伦理思想研究》，博士学位论文，西北大学，2001。

文玉：《巴蜀文化研究概述》，《中华文化研究论坛》1994 年第 1 期。

吴德翔：《宋代成都范氏源流》，《寻根》2011 年第 6 期。

曦洲：《宋代阆州陈氏研究》，《四川师范学院学报》（哲学社会科学版）1997 年第 4 期。

徐中舒：《巴蜀文化初论》，《四川大学学报》（社会科学版）1959 年第 2 期。

朱杰人：《苏舜钦籍贯及世系考》，《上海师范大学学报》1981 年第 2 期。

邹礼洪：《古蜀先民大石崇拜现象的再认识》，《西华大学学报》（哲学社会科学版）2004 年第 2 期。

后　记

近些年来，我对巴蜀文化中的巴蜀历史文化名人、巴蜀家族等方面关注较多，尤其对宋代巴蜀一些名儒的学术思想、孝道思想有一些理解和感悟，从而产生了撰写此书的想法。本书是我在博士学位论文的基础上，结合自己近些年的研究成果，经过多次修改、完善而完成的一部专门研究宋代巴蜀名儒孝道思想的著作。愚希借本书的出版，为进一步挖掘巴蜀文化的丰富内涵，弘扬巴蜀文化的精神尽一份力。

本书在写作的过程中，得到了四川大学舒大刚教授的悉心指导；能在社会科学文献出版社出版，得到了群学出版分社社长谢蕊芬女士的大力支持；同时，还得到了西南财经大学潘斌教授的真诚帮助。在此一并向他们表示深切的谢意。本书的出版，得到了乐山师范学院学术著作出版基金的资助，亦深表感谢。

2023 年 3 月于成都

图书在版编目（CIP）数据

宋代巴蜀名儒孝道思想研究 / 刘延超著. -- 北京：
社会科学文献出版社，2024.1（2025.2 重印）
ISBN 978-7-5228-2344-7

Ⅰ.①宋…　Ⅱ.①刘…　Ⅲ.①孝-文化研究-四川-
宋代　Ⅳ.①B823.1

中国国家版本馆 CIP 数据核字（2023）第 153490 号

宋代巴蜀名儒孝道思想研究

著　　者 / 刘延超

出 版 人 / 冀祥德
责任编辑 / 胡庆英
文稿编辑 / 田正帅
责任印制 / 王京美

出　　版 / 社会科学文献出版社·群学分社 （010）59367002
　　　　　 地址：北京市北三环中路甲 29 号院华龙大厦　邮编：100029
　　　　　 网址：www.ssap.com.cn
发　　行 / 社会科学文献出版社 （010）59367028
印　　装 / 唐山玺诚印务有限公司

规　　格 / 开　本：787mm × 1092mm　1/16
　　　　　 印　张：16　字　数：261 千字
版　　次 / 2024 年 1 月第 1 版　2025 年 2 月第 2 次印刷
书　　号 / ISBN 978-7-5228-2344-7
定　　价 / 128.00 元

读者服务电话：4008918866